westermann

Nike Neumann

Biologie für die Fachhochschulreife

Wirtschaft und Verwaltung/Technik/Gesundheit und Soziales/
Ernährung und Hauswirtschaft
Ausgabe NRW

3. Auflage

Bestellnummer 42260

Zusatzmaterialien zu Biologie für die Fachhochschulreife

Für Lehrerinnen und Lehrer

Lösungen zum Schulbuch: 978-3-427-42264-8
Lösungen zum Schulbuch Download: 978-3-427-42280-8

BiBox Einzellizenz für Lehrer/-innen (Dauerlizenz)
BiBox Klassenlizenz Premium für Lehrer/-innen und bis zu 35 Schüler/-innen (1 Schuljahr)
BiBox Kollegiumslizenz für Lehrer/-innen (Dauerlizenz)
BiBox Kollegiumslizenz für Lehrer/-innen (1 Schuljahr)

Für Schülerinnen und Schüler

BiBox Einzellizenz für Schüler/-innen (1 Schuljahr)
BiBox Einzellizenz für Schüler/-innen (4 Schuljahre)
BiBox Klassensatz PrintPlus (1 Schuljahr)

Zu vielen Inhalten steht Ihnen ein GIDA-Medienpaket mit Filmen zur Verfügung. Diese bieten passend zu den jeweiligen Themen eine Veranschaulichung, Ergänzung und an einigen Stellen eine Vertiefung. Dafür finden Sie Ihren individuellen Online-Schlüssel auf der Innenseite des Covers. Diesen können Sie unter https://www.westermann.de/landing/FHR-Biologie-42260 oder nach Aufruf des nebenstehenden QR-Codes eingeben. Dort finden Sie dann alle Videos mit einer jeweiligen Angabe der passenden Unterkapitel.

Sollten Sie zu diesem Produkt bereits eine BiBox mit Material erworben haben, so sind diese Zusatzmaterialien sowie (für Lehrkräfte) viele weitere Materialien selbstverständlich dort bereits integriert.

Druck und Bindung: Westermann Druck GmbH, Georg-Westermann-Allee 66, 38104 Braunschweig

ISBN 978-3-427-42260-0

Vorwort

Der vorliegende Schülerband bereitet die Inhalte für das Fach Biologie in zweijährigen Bildungsgängen der Berufsfachschule in Nordrhein-Westfalen entsprechend den Bildungsplänen von 2013 (Wirtschaft/Verwaltung = **WV**) bzw. 2014 (Technik/Naturwissenschaften = **TN**), 2015 (Ernährung/Hauswirtschaft = **EH**) sowie 2016 (Gesundheit/Soziales = **GS**) auf. Grundlage der Strukturierung ist der Bildungsplan für den wirtschaftlichen Schwerpunkt, über diesen hinausgehende Inhalte der weiteren Bildungspläne sind eingearbeitet oder in eigenen Abschnitten im Anhang zu finden. Die einführenden Seiten zu jedem Kapitel spiegeln diese Struktur entsprechend wider; dort sind die Inhalte den in den Bildungsplänen enthaltenen Zielformulierungen (**ZF**) zugeordnet. Da sich Nummerierung und Reihenfolge der Anforderungshorizonte (**AF**) bei den eingearbeiteten Plänen unterscheiden, ist für die Zuordnung eine Matrix auf S. 224 hinterlegt.

Der geforderten Kompetenzorientierung wird Rechnung getragen, indem die inhaltlichen Zielformulierungen jeweils mit schüleraktivierenden, Selbstständigkeit fördernden Arbeitsaufgaben versehen sind. Aufgabenstellungen vor der inhaltlichen Darstellung zu formulieren dient der Aktivierung von Vorwissen und der Selbstständigkeit der Er- und Bearbeitung von Materialien. Die Kenntnis kooperativer Methoden wird zum Teil vorausgesetzt. Die Aufgabenstellungen orientieren sich weitgehend im mittleren Niveau, variieren in Schwierigkeitsgrad und Komplexität und können jeweils individuell und/oder an die Lerngruppe angepasst werden.

Soweit Aufgabenstellungen verstärkt auf die geforderten Kompetenzen zielen, wird dies neben den Aufgabenblöcken über die Kompetenzquadrate angezeigt.

Mit der 3. Auflage wird dies auf die digitalen Kompetenzen erweitert:
Medienkompetenz, Anwendungs-Know-how und informatische Grundkenntnisse

In der Reihenfolge der Unterrichtsthemen findet auch eine Vernetzung der Inhalte untereinander statt und auf Kenntnisse und Fähigkeiten vorhergehender Kapitel wird zunehmend zurückgegriffen, so dass erworbene Arbeitsstrategien in verschiedenen Inhalten eingeübt und vertieft werden können.

Praktische Tätigkeiten wurden insbesondere nach dem Aspekt der Umsetzbarkeit mit geringem Aufwand ausgesucht und eingearbeitet, um die Einbindung in den Unterrichtsalltag zu ermöglichen. Die für die praktischen Tätigkeiten erforderlichen Gefährdungsbeurteilungen laut RISU-BK-NRW werden online bereitgestellt.

Wir wünschen allen Schülerinnen und Schülern, die mit diesem Buch arbeiten, viel Erfolg und Freude an der Biologie.

Zu vielen Inhalten steht Ihnen ein GIDA-Medienpaket mit Filmen zur Verfügung. Diese bieten passend zu den jeweiligen Themen eine Veranschaulichung, Ergänzung und an einigen Stellen eine Vertiefung. Dafür finden Sie Ihren individuellen Online-Schlüssel auf der Innenseite des Covers. Diesen können Sie unter https://www.westermann.de/landing/FHR-Biologie-42260 oder nach Aufruf des nebenstehenden QR-Codes eingeben. Dort finden Sie dann alle Videos mit einer jeweiligen Angabe der passenden Unterkapitel.

Sollten Sie zu diesem Produkt bereits eine BiBox mit Material erworben haben, so sind diese Zusatzmaterialien sowie (für Lehrkräfte) viele weitere Materialien selbstverständlich dort bereits integriert.

Inhaltsverzeichnis

Kapitel 1: Stoffwechselphysiologische und immunbiologische Grundlagen der Ernährung und Gesundheit

Kapitel 2: Genetische Grundlagen menschlicher Existenz

Kapitel 3: Ökologische Grundlagen lokaler und globaler Koexistenz

Kapitel 4: Ethologische Grundlagen sozialen Verhaltens

Anhang

Kapitel 1

Stoffwechselphysiologische und immunbiologische Grundlagen der Ernährung und Gesundheit

In diesem Kapitel werden Sie die Grundlagen der Ernährung kennenlernen, indem Sie Ihr eigenes Ernährungs- und Bewegungsverhalten dokumentieren und auswerten. In diesem Zusammenhang werden Sie sich mit den für den Körper wichtigsten Inhaltsstoffen beschäftigen sowie mit den Umwandlungsmechanismen, also mit der Frage, wie der Körper Nahrung in Energie umwandelt. Beispielhaft werden Nachweisversuche über die Inhaltsstoffe ausgewählter Nahrungsmittel durchgeführt. Sie werden den eigenen Energieverbrauch exemplarisch analysieren. Dabei beschäftigen Sie sich auch mit der Rolle des universellen Energieträgers ATP.

Im Körper laufen sehr viele verschiedene Stoffwechselprozesse parallel ab. Auch bei der Verdauung sind daran innerhalb des Organsystems maßgeblich verschiedene Enzyme beteiligt. Deren Aktivität ist von den Umgebungsbedingungen abhängig, was in entsprechenden Versuchen überprüft werden kann. Auf zellulärer Ebene können die verschiedenen Stoffwechselprozesse den Organellen der Zelle zugeordnet werden.

Alle Stoffwechselprozesse müssen reguliert werden, damit zu jedem Zeitpunkt die notwendigen Produkte zur Verfügung gestellt werden können. Beispielhaft werden Sie sich mit dem Blutzuckerspiegel auseinandersetzen und dabei auch thematisieren, wie Fehlfunktionen des Stoffwechsels, in diesem Fall Diabetes mellitus, mit der Ernährung in Zusammenhang gebracht werden können.

Der zweite Teilbereich dieses Kapitels beschäftigt sich mit dem Immunsystem des Menschen am Beispiel ausgewählter Infektionskrankheiten mit exemplarischem Verlauf der Malaria. Auch die Abwehrmechanismen sowie vorbeugenden Maßnahmen werden thematisiert: Zunächst werden hierzu die verschiedenen Infektionserreger klassifiziert und in ihrem Aufbau beschrieben. Die Ausbreitung von Erregern kann über eine Computersimulation veranschaulicht werden.

Ein Vergleich von Allergien als Überreaktion des Immunsystems mit der Autoimmunerkrankung Diabetes bzw. der Lactoseintoleranz veranschaulicht unterschiedliche Krankheitsursachen.

Als Abschluss dieses ersten Kapitels beschäftigen Sie sich mit den Auswirkungen von Krankheiten auf den einzelnen Menschen, den Betrieb und die Volkswirtschaft. In diesem Zusammenhang werden Sie auch Ideen entwickeln und diskutieren, welche lokalen und globalen Strategien zur Prävention von Krankheiten möglich und sinnvoll sind.

1

Kapitel 1

Stoffwechselphysiologische und immunbiologische Grundlagen der Ernährung und Gesundheit

1.1 Stoffwechselphysiologische Grundlagen der Ernährung und Gesundheit

Was ist dran an Ernährungsmythen?
Kaffee entzieht dem Körper Wasser – und Obst sollte man mit Schale essen. Diese und andere Ernährungsmythen kennen viele. Doch nicht an allen ist etwas dran. Irrungen und Wirrungen gehören beim Thema Ernährung fast schon dazu. Ob etwas gesund ist oder nicht – dazu wabern Ernährungsmythen durch Medien und Internet. Doch was genau versteht man darunter?
Quelle: tagesschau.de, Norddeutscher Rundfunk: Was ist dran an Ernährungsmythen?, 07.03.2024. In: https://www.tagesschau.de/wissen/gesundheit/ernaehrungsmythen-100.html [31.10.2024].

Ernährungsreport 2023: Deutsche greifen öfter zur Fleischalternative
Weniger Fleisch, mehr pflanzliche Alternativen: Der Ernährungsreport 2023 zeigt einen Trend bei den Essgewohnheiten der Deutschen. Auffällig: die großen Unterschiede zwischen Alt und Jung.
Quelle: tagesschau.de, Norddeutscher Rundfunk: Ernährungsreport 2023. Deutsche greifen öfter zur Fleischalternative, 13.10.2023. In: https://www.tagesschau.de/inland/ernaehrung-fleisch-vegetarier-100.html [31.10.2024].

Was macht eine nachhaltige Ernährung aus?
In ihrem Bericht „Our common future“ definierte die […] sogenannte Brundlandt-Kommission, 1987 die Nachhaltige Entwicklung als eine Entwicklung, die Grundbedürfnisse heute lebender Individuen befriedigt, ohne dass sie die Möglichkeiten zukünftig lebender Menschen, ihre Grundbedürfnisse zu befriedigen, einschränkt. Demnach wäre eine Ernährungsweise nachhaltig, die mit Blick auf die wachsende Bevölkerung auch langfristig die Gesundheit aller Menschen fördert und sich innerhalb der Belastungsgrenzen der Erde realisieren lässt.
Quelle: Umweltbundesamt: Was macht eine nachhaltige Ernährung aus? 30.10.2024,. In: https://www.umweltbundesamt.de/umweltatlas/umwelt-landwirtschaft/mein-handeln/nachhaltige-ernaehrung/was-macht-eine-nachhaltige-ernaehrung-aus-0 [31.10.2024].

Weltdiabetestag: Neue Behandlungsmethode könnte Spritzen überflüssig machen
Für Menschen mit Typ-2-Diabetes gibt es Hoffnung auf ein fast normales Leben – ohne Tabletten und Spritzen. Ein neues Verfahren könnte das möglich machen.
Die Zahl steigt und steigt: An Diabetes mellitus sind allein in Deutschland aktuell rund elf Millionen Menschen erkrankt, inklusive einer Dunkelziffer von zwei Millionen.
Quelle: Westdeutscher Rundfunk Köln: Weltdiabetestag: Neue Behandlungsmethode könnte Spritzen überflüssig machen, 14.11.2023. In: https://www1.wdr.de/nachrichten/weltdiabetestag-hitze-darm-typ-zwei-100.html [31.10.2024].

1.1.1 Bedeutung und Probleme der Ernährung

Die Schlagzeilen auf der Einstiegsseite machen deutlich, dass das Thema Ernährung in den letzten Jahren nicht nur eine höhere Bedeutung gewonnen hat, sondern auch aus ganz unterschiedlichen Blickwinkeln betrachtet werden kann. Viele Aspekte werden in den Medien diskutiert – zum Beispiel:

- Werden bestimmte Erkrankungen durch Ernährung ausgelöst?
- Führt Verzicht auf bestimmte Lebensmittel zu mehr Wohlbefinden?
- Sollte man Nahrungsergänzungsprodukte konsumieren?
- Kann man durch Ernährungsgewohnheiten die Umwelt entlasten?

Diese Liste kann beliebig fortgesetzt werden. Um sich den verschiedenen Aspekten qualifiziert annähern zu können, wird im Folgenden zunächst auf die biologischen Aspekte der Ernährung geschaut – was brauchen wir eigentlich?

1.1.2 Grundumsatz und Leistungsumsatz

Der Körper benötigt Energie, um die zur Aufrechterhaltung des Lebens notwendigen Stoffwechselprozesse zu betreiben. Der Begriff **Stoffwechsel** bezeichnet die Gesamtheit aller Umwandlungs- und Austauschprozesse des Körpers. Dazu zählen unter anderem Atmung, Blutkreislauf und Verdauung. Die für diese Prozesse erforderliche Energie ist, je nach Lebenssituation, unterschiedlich hoch.

Kalorienverbrauch in 30 Minuten (50-jähriger Mann, 180 cm, 90 kg)

Tanzen	115	Krafttraining	202
Spazieren gehen	134	Nordic Walking	230
Radfahren	153	Schwimmen	269

Kalorienverbrauch in 30 Minuten (50-jähriger Mann, 180 cm, 90 kg)

Stehen	68	Staubsaugen	134
Abwasch	88	Holzhacken	192
Bügeln	88	Gartenarbeit	230

Abb. 1.1: Grund- und Leistungsumsatz

Man unterscheidet hierbei den sogenannten Grundumsatz vom jeweiligen Leistungsumsatz. Der **Grundumsatz** ist die Energiemenge, die für die Aufrechterhaltung der Körperfunktionen im Ruhezustand, also zum Beispiel im Schlaf, notwendig ist. Immerzu laufen energieverbrauchende Prozesse wie Herzschlag, Blutkreislauf, Atmung und Stoffumwandlungs- und Transportprozesse ab – alle Organe werden in Funktion gehalten und benötigen daher Energie.

Zum Grundumsatz kommt der jeweilige **Leistungsumsatz** hinzu, der von den Aktivitäten des Menschen abhängt. Wenn sich ein Mensch bewegt oder zum Beispiel lernt, benötigen die für die Tätigkeit beanspruchten Organe mehr Energie als nur für die Grundversorgung. Je nach Art der Tätigkeit ist die Menge verbrauchter Energie unterschiedlich hoch.

Für den Grund- und Leistungsumsatz gibt es keine für alle Menschen gültigen Mengenangaben, denn der Bedarf jedes Einzelnen ist individuell. Auf die Richtwerte wird später noch einmal eingegangen.

1.1.2.1 Erfassung von Daten zur Ernährung

Die für jeden Menschen „richtige“ Energiemenge wird dann zugeführt, wenn diese Menge dem Verbrauch der Energie entspricht. Der Begriff „gesunde Ernährung“ zielt also erst einmal auf dieses Gleichgewicht – einerseits des angemessenen Energiebedarfs, andererseits der Inhaltsstoffe an funktionell benötigten Stoffen, um diese im Stoffwechsel verarbeiten zu können.

Als Ausgangspunkt für die weiteren Überlegungen soll zunächst eine Datengrundlage geschaffen werden. Ein Arbeitsschema ergibt sich aus den folgenden Seiten; Datengrundlage werden dann die Ernährungs- und Bewegungsgewohnheiten Ihrer Lerngruppe sein.

Um sich ein Bild von den eigenen Ernährungsgewohnheiten zu machen, benötigt man nicht nur eine Liste der konsumierten Lebensmittel, sondern auch eine Dokumentation der Tätigkeiten. Man kann eine solche Dokumentation in Form einer Tabelle anlegen, in der jeweils Datum, Nahrung und Tätigkeiten aufgelistet werden. Wichtig ist hierbei, nicht nur die Hauptmahlzeiten, sondern auch das, was zwischendurch gegessen oder getrunken wird, im Detail mit in die Liste aufzunehmen.

Methoden der Biologie: Datenerhebung

Zur Erfassung konkreter Daten werden als Erstes Überlegungen angestellt über die Art der Dokumentation und der Auswertung, die angewendet werden soll.

- Welche Daten sollen wie dargestellt werden?
- Welche Frage liegt einer Erhebung zugrunde?
- Welche möglichen Antworten sind zu erwarten?
- In welcher Weise können erwartete Ergebnisse zusammengefasst und veranschaulicht werden?

Es ist ein Unterschied, ob eine mit „ja“ oder „nein“ zu beantwortende Frage oder eine offene Frage, die zahlreiche Antwortmöglichkeiten bietet, bearbeitet werden soll. Daraus ergibt sich, welche Darstellung sinnvoll ist.

In diesem Abschnitt soll es inhaltlich um die Frage der „gesunden Ernährung“ gehen. Da diese Fragestellung die Gesamtheit der Nahrungsgewohnheiten sowie der Bewegungsgewohnheiten beinhaltet, ist eine offene Fragestellung erforderlich. Die gewonnenen Angaben müssen dann in einem zweiten Schritt in geeigneter Weise zusammengefasst werden, damit aus den Ergebnissen Aussagen formuliert werden können.

Arbeitsauftrag 1:

Erstellen Sie eine Dokumentation Ihrer Ess- und Bewegungsgewohnheiten für den Zeitraum einer Woche. Dokumentieren Sie dabei von mindestens drei der von Ihnen verzehrten Lebensmittel auch die Nährwertangaben, die auf den Verpackungen angegeben sind, in geeigneter Weise. Diese werden zu einem späteren Zeitpunkt zur Auswertung benötigt. Nutzen Sie hierfür geeignete Programme zu Erstellung der Tabelle. Erarbeiten Sie in der Gruppe zunächst, wie ein geeignetes Formular aussehen kann, und stellen Sie dieses allen Gruppenmitgliedern zur Verfügung.

Methoden der Biologie: Datenverarbeitung

Um von den aufgezeichneten Daten zu einer aussagekräftigen Zusammenfassung zu gelangen, gibt es unterschiedliche Methoden der Aufbereitung. Aus der Mathematik sind Ihnen bereits verschiedene Verarbeitungs- und Darstellungsmöglichkeiten von Daten bekannt. Es handelt sich bei den hier erhobenen Daten um Nominaldaten, die zur Zusammenfassung in Klassen unterteilt werden können.

Zunächst muss überlegt werden, wie man eine Zusammenfassung strukturieren kann. Dazu können Sie sich Kategorien oder Klassifikationen selbst zusammenstellen oder auf die Vorschläge auf der Seite zurückgreifen.

Arbeitsauftrag 2:

Da Stoffwechselvorgänge geschlechtsabhängig etwas unterschiedlich sind, setzen Sie sich in nach Geschlechtern getrennten Gruppen von jeweils vier Personen zusammen.

Finden Sie anhand Ihrer Aufzeichnungen Gemeinsamkeiten heraus. Entwickeln Sie Kriterien, nach denen sich die Daten Ihrer Gruppe zusammenfassen lassen. Dies kann zum Beispiel eine Aufstellung verschiedener Gruppen von Lebensmitteln – welche sind unter den fünf am häufigsten konsumierten? – oder eine Zusammenfassung in geeigneter Einteilung dazu sein, wie und wie häufig/lange Sie und Ihre Mitschülerinnen und Mitschüler sich täglich oder wöchentlich bewegen.

Methoden der Biologie: Abbildungen in der Biologie

Viele biologische Sachverhalte können zum besseren Verständnis über Abbildungen, Tabellen, schematische Darstellungen, Kurven, Diagramme und weitere grafische Darstellungen verdeutlicht werden.

Um diese Darstellungen auch zum besseren Verstehen nutzen zu können, sollten Sie diese detailliert und strukturiert betrachten. Zunächst muss man sich klarmachen, in welchem Zusammenhang sie zu sehen sind und welchen Themenausschnitt sie erläutern. Häufig kann man sich diese Einordnung durch die Titel und Beschriftungen der Abbildungen erleichtern.

Überlegen Sie, was dargestellt wird: Es kann sich um Prozesse oder Strukturen handeln oder auch um eine Kombination aus beidem.

Gewöhnen Sie sich ein bestimmtes Arbeitsschema an, um Abbildungen zu verstehen und zu erläutern. Beginnen Sie immer mit einem einleitenden Satz, der formuliert, worum es in der Abbildung geht. Beschreiben Sie im nächsten Schritt die Abbildung in einer bestimmten Reihenfolge, zum Beispiel von links nach rechts oder oben nach unten. Achten Sie bei der Beschreibung auch auf die grafischen Elemente wie die farbige Gestaltung, Rahmen oder Weiteres. Nutzen Sie bei der Beschreibung die Fachbegriffe!

Bei der Auswertung von Diagrammen und Kurven sind die dargestellten Daten immer unter Berücksichtigung der angegebenen Einheiten und Größen zu betrachten. Achten Sie hierbei insbesondere auch darauf, mit welchen Abständen die Skalen angegeben sind.

Bei allen Arten von Abbildungen erfolgt zunächst der beschreibende Teil, erst im folgenden Schritt wird eine Interpretation vorgenommen, also die Frage geklärt, was eine Abbildung aussagt.

Methoden der Biologie: Abbildungen erstellen

Diese grundsätzlichen Überlegungen, wie eine Abbildung zu lesen ist und welche Informationen ihr zu entnehmen sein sollten, müssen selbstverständlich auch bei der Erstellung von Abbildungen einbezogen werden.

Je nach Art des Datenmaterials ergeben sich sinnvolle und ansprechende Darstellungsmöglichkeiten. Häufig gebraucht werden in der Biologie Kurvendiagramme, Balken- oder Säulendiagramme und Tortendiagramme. Aber auch andere Darstellungen, z. B. als Skizzen von Prozessen, sind möglich. Optische Hervorhebungen können durch Farben, Formen, Bilder und Weiteres stattfinden. Hierbei ist zu beachten, dass diese dem Lesen der Informationen nützlich sein sollten.

Arbeitsauftrag 3:

Stellen Sie die Ergebnisse Ihrer Gruppe übersichtlich dar; vergessen Sie dabei nicht, auch die Art der Datengewinnung zu dokumentieren. (Über welchen Zeitraum wurden die Daten erhoben? Von wie vielen Personen welchen Geschlechts stammen die Daten?) In der Regel kann man diese grundlegenden Angaben in einer gut formulierten Überschrift, die jede Darstellung von Daten haben sollte, unterbringen. Die Abbildungen sollten jeweils pro Gruppe auf einem DIN-A4-Blatt bzw. einer Folie/Bildschirmgröße Platz finden.

Jede Gruppe stellt dann im Plenum ihre Ergebnisse vor, anschließend werden diese zur weiteren Auswertung aufbewahrt.

1.1.3 Bestandteile der Nahrung

Als Zwischenergebnis der Eigendokumentation ergibt sich ein Überblick über die am häufigsten genutzten Nahrungsmittel in den einzelnen Gruppen und in der Klasse. Damit ist eine Datengrundlage erstellt worden, eine Bewertung der Nahrungsgewohnheiten ist jedoch erst möglich, wenn Informationen zu den sogenannten Nährwerten der genutzten Nahrungsmittel vorliegen.

Jedes Lebensmittel besitzt einen **Nährwert**. Das ist die Bezeichnung der für den Körper nutzbaren Menge an Inhaltsstoffen. Neben den natürlicherweise in einem Lebensmittel enthaltenen Stoffen spielt dabei auch die Art der Zubereitung eine große Rolle: So sind gekochte Kartoffeln nährstoffreicher als dieselbe Menge Kartoffeln in frittierter Form, also als Pommes frites. Die Art der Zubereitung erhält oder vernichtet nutzbare Bestandteile der Lebensmittel.

1.1.3.1 Bausteine der Nahrung

Alle in einem Lebensmittel enthaltenen Stoffe müssen zunächst in ihre Moleküle zerlegt werden, damit sie in den Blutkreislauf gelangen und dort Teil des Stoffwechsels werden können. Diese Zerlegung erfolgt in vielen Teilschritten im Rahmen der Verdauung. Als Wiederholung ist der Verdauungsprozess in Kapitel 1.1.5 noch einmal kurz dargestellt. Nicht nur innerhalb der Verdauung, sondern in allen Stoffwechselprozessen spielen **Enzyme** eine zentrale Rolle. Das Verständnis ihrer Funktionsweise ist daher für alle weiteren Überlegungen von zentraler Bedeutung und wird hier kurz erklärt.

Grundlagen der Biologie: Enzymatik

Enzymatische Reaktionen – ein Beispiel für Schlüssel-Schloss-Prinzipien

Enzyme sind Reaktionsbeschleuniger – sie ermöglichen den Stoffwechsel von Lebewesen. Während außerhalb von Lebewesen die Energiezufuhr, die für chemische Reaktionen nötig ist, in der Regel durch Wärme erfolgt, finden diese Reaktionen innerhalb des Körpers mithilfe von Enzymen statt.

Enzyme funktionieren über ein Schlüssel-Schloss-Prinzip: Sie besitzen ein speziell geformtes aktives Zentrum, an dem der zu verändernde Stoff sich mit dem Enzym verbinden kann. Hier findet die Umwandlung statt und der veränderte Stoff wird wieder gelöst.

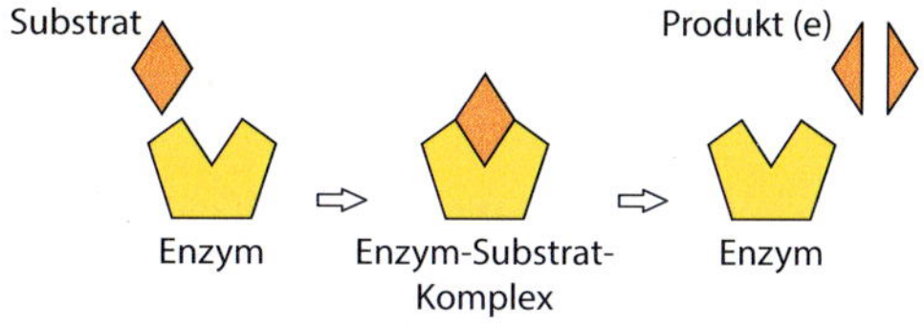

Abb. 1.2: Schema einer enzymatischen Reaktion

Enzyme sind auf eine bestimmte Reaktion „programmiert“: Sie können aus einem bestimmten Eingangsstoff (= Substrat) durch eine bestimmte (= spezifische) Reaktion einen bestimmten Ausgangsstoff (= Produkt) herstellen. Das Enzym geht aus der Reaktion immer unverändert hervor.

Zum Beispiel kann das Enzym Amylase, das sich im Mundspeichel befindet, Stärke (ein Polypeptid, Erläuterung siehe nachfolgend) in Maltose (ein Disaccharid, s. u.) spalten. Deshalb schmeckt zum Beispiel Brot süß, wenn wir es lange kauen.

Auch in der Verdauung im Dünndarm spielen Enzyme eine entscheidende Rolle: Sie bauen die Bestandteile der Nahrung in einzelne Moleküle ab, die dann in die Blutbahn übergeben werden können.

Alle chemischen Reaktionen, auch enzymatische Reaktionen, sind temperaturabhängig. Grundsätzlich gilt, dass bei höherer Temperatur Prozesse schneller stattfinden. Enzyme sind häufig Proteine und daher hitzeempfindlich, das heißt, dass sie bei zu hoher Temperatur ihre Funktionsfähigkeit verlieren. Auch bei zu geringer Umgebungstemperatur können Enzyme nicht arbeiten. Jedes Enzym besitzt ein spezifisches Temperaturoptimum, also eine Temperatur, bei der seine Arbeitsleistung am höchsten ist. Menschliche Enzyme arbeiten bei normaler Körpertemperatur. Bei zu starker Unterkühlung stellen sie ihre Funktion ein – der Stoffwechsel kommt zum Erliegen.

Auch der Säuregehalt (pH-Wert) der Umgebung beeinflusst die Aktivität von Enzymen; sie können nur in ihrer spezifischen Umgebung arbeiten. Die Amylase zum Beispiel kann im sauren Milieu (= Umgebung) des Magens nicht arbeiten; das Pepsin hingegen schon.

Arbeitsauftrag 4:

Der Informationstext weist darauf hin, dass verschiedene Reaktionen durch Enzyme katalysiert werden können. Als Beispiel ist dort eine Reaktion, die das Substrat teilt, dargestellt.

Entwerfen Sie entsprechend der beispielhaften Skizze in Abb. 1.2 Schemata zu enzymatischen Reaktionen, bei denen

a) zwei Substrate miteinander verbunden werden und
b) ein Teil eines Substrats an ein anderes Substrat angeheftet wird (Umbau).

Überlegen Sie zunächst, welche Ausgangsstoffe an den jeweiligen Reaktionen beteiligt sein müssen und wie das Produkt aussehen muss. Zeichnen Sie erst dann Ihre Skizze!

Der folgende Informationstext gibt einen Überblick über die wichtigsten Bestandteile der Nahrung und ihre Aufgaben im Körper. Die Abbildungen 1.3 bis 1.14 verdeutlichen die Informationen.

Arbeitsauftrag 5:

Bilden Sie Gruppen aus zwei bis vier Mitgliedern. Idealerweise sollten jeweils zwei oder drei Gruppen parallel ein Thema bearbeiten. Nach einem kurzen Einführungsteil lässt sich der folgende Text durch die Zwischenüberschriften in sechs Themenkomplexe aufteilen, von denen jeweils einer durch eine Gruppe bearbeitet werden soll.

Fassen Sie die Informationen des Textes und der Abbildungen zusammen und finden Sie eine geeignete Form, die wichtigsten Informationen übersichtlich für einen kurzen Vortrag zusammenzufassen. Ergänzen Sie ggf. durch eigene Recherche.

Die Präsentation der Ergebnisse erfolgt in einem zweiteiligen Museumsgang: Zunächst stellen die Gruppen, die das jeweils gleiche Thema bearbeitet haben, ihre Ergebnisse gegenseitig vor. Sie können untereinander Fragen stellen und jede Gruppe kann ggf. an ihrer eigenen Präsentation noch Verbesserungen vornehmen. Im Ergebnis sollten die Präsentationen so aufbereitet sein, dass sie selbsterklärend sind.

Die Materialien werden nun für jedes Thema an einem festen Tisch ausgestellt, alle Mitglieder der Lerngruppe informieren sich an allen Tischen über die Themen. Es sollte jeweils eine Person für Nachfragen zur Verfügung stehen; diese Expertenrolle sollte zwischendurch rolliert werden, damit alle die Chance haben, sich umfassend über alle Themen zu informieren.

Selbstverständlich sollte sich jeder Notizen zu den Ergebnissen der anderen Gruppen machen!

Nährstoffe und Aufgaben

Die Stoffe, die der menschliche Körper zur Versorgung all seiner Stoffwechselfunktionen benötigt, werden über die Nahrung zugeführt. Man unterscheidet zunächst nach Makro- und Mikronährstoffen. Als Makronährstoffe werden die Stoffe bezeichnet, die in erster Linie der Lieferung von Energie dienen: Kohlenhydrate, Fette und Proteine.

I. Kohlenhydrate

Der bedeutendste und am einfachsten zu verwertende Energielieferant für den Körper sind die **Kohlenhydrate**. Es handelt sich dabei um Kohlenstoffverbindungen in unterschiedlichen Varianten. Zu den Kohlenhydraten zählen die verschiedenen Zucker, aber auch Stärke und Cellulose. Die bekanntesten Einfachzucker (= Monosaccharide) sind Traubenzucker (Glucose) und Fruchtzucker

Abb. 1.3: Kohlenhydrate, Beispiele

(Fructose). Doppelzucker – was nichts anderes bedeutet, als dass zwei Einfachzucker miteinander verbunden sind und dann als Disaccharid („di" = zwei) bezeichnet werden – sind unter anderem Lactose (Milchzucker) und Maltose (Malzzucker). Polysaccharide, so der Fachbegriff für Vielfachzucker, sind in der Nahrung vor allem in Form von Stärke vertreten.

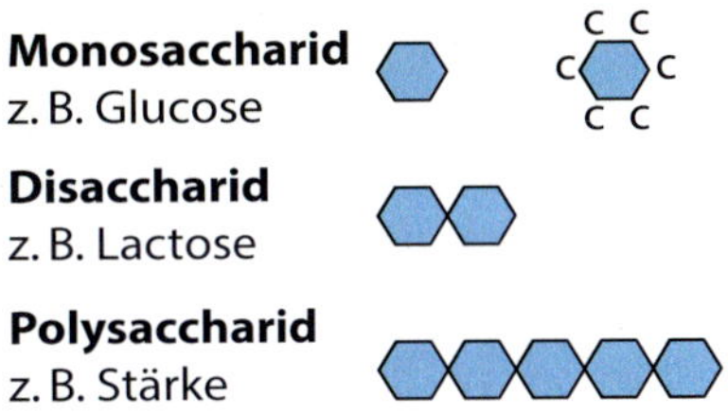

Abb. 1.4: Kohlenhydrate, Aufbau schematisch

Nicht alle Kohlenhydrate enthalten gleich viel und gleich gute Energie. Grundsätzlich gilt, dass die Einfach- und Zweifachzucker sehr schnell abgebaut werden können und dementsprechend schnell ins Blut gelangen, aber ihre Energielieferung nicht lange vorhält und der Körper schnell wieder Hunger verspürt. Je komplexer Kohlenhydrate aufgebaut sind, desto länger versorgen sie den Körper mit der notwendigen Energie und erzeugen damit auch ein Sättigungsgefühl.

II. Fette

Die **Fette** als zweite große Gruppe der Makronährstoffe dienen ebenfalls der Energielieferung, erfüllen aber auch weitere Funktionen im Körper. Der Grundbauplan aller Fette ist gleich: An jeweils einen „Kopf" aus Glycerin sind drei Fettsäuren gebunden. In der Zusammensetzung dieser Fettsäuren unterscheiden sich die Fette. Für die Verwertungseffizienz im Körper ist zwischen „gesättigten" und „ungesättigten" Fettsäuren zu differenzieren. Gesättigte Fettsäuren, die vor allem in tierischen Lebensmitteln zu finden sind, sind vom Körper schlechter zu verwerten und werden eher in Fettdepots umgewandelt, als dies bei ungesättigten Fetten der Fall ist. Chemisch betrachtet sind ungesättigte Fette reaktionsfreudiger, können also besser mit anderen Stoffen reagieren und daher auch besser vom Körper umgebaut bzw. aufgenommen werden. Man sollte also bei der Auswahl der konsumierten Nahrungsmittel nicht nur auf die Gesamtmenge, sondern auch auf die Art der Fette achten.

Abb. 1.5: Fette, Beispiele

Neben ihrer Funktion als Energielieferanten kommt den Fetten eine weitere wichtige Bedeutung im Stoffwechsel zu: Nur in ihrem Beisein können bestimmte Stoffe, zum Beispiel Vitamin A, überhaupt aufgenommen werden. Fettfreie Ernährung dient also nicht der Gesundheit! Bestandteile einiger Fette werden auch als Baustoffe für körpereigene Moleküle benötigt.

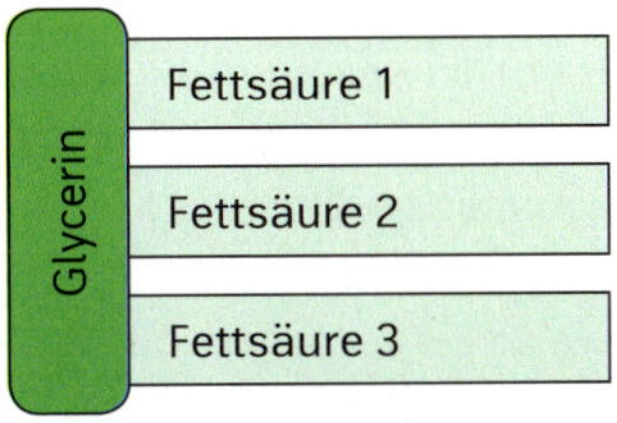

Abb. 1.6: Fette – Aufbau, schematisch

III. Proteine

Die dritte große Gruppe der Makronährstoffe sind die **Proteine** (= Eiweiße). Proteine bestehen immer aus Aminosäuren, die in Kettenform miteinander verbunden sind. Die Proteine haben im Körper vielfältige Bedeutung als Baustoffe und Reaktionspartner. Alle Reaktionen im menschlichen Körper funktionieren nur mithilfe von Enzymen, die dafür sorgen, dass Prozesse mit geringerem Energieaufwand durchgeführt werden können. Beispiele für die Rolle der Enzyme finden sich in der Infobox auf S. 14 „Enzymatik". Fast alle Enzyme sind Proteine oder besitzen zumindest einen Anteil Protein. Anders herum gesagt: ohne Proteine keine Reaktionen, also kein Stoffwechsel; damit wäre Leben ohne Proteine nicht möglich. Der Körper benötigt also die Zufuhr von Proteinen, um diese zu körpereigenen Proteinen umzubauen. Von den insgesamt 20 bekannten für den menschlichen Körper erforderlichen Aminosäuren, die sozusagen die „Perlen" einer Polypeptidkette (= Protein, aus vielen Peptiden aufgebaut) bilden, können nur zwölf durch Umbau im Körper hergestellt werden. Die weiteren acht Aminosäuren (AS) werden als essenziell bezeichnet, das heißt, dass sie dem Körper zwingend mit der Nahrung zugeführt werden müssen. Proteine können, wenn ihre Bausteine nicht anderweitig benötigt werden, auch zur Energiegewinnung im Körper dienen. Man unterscheidet in der Ernährung zwischen tierischen und pflanzlichen Proteinen, die in ihrem Bau und ihrer Zusammensetzung voneinander abweichen.

Abb. 1.7: Proteine – Beispiel

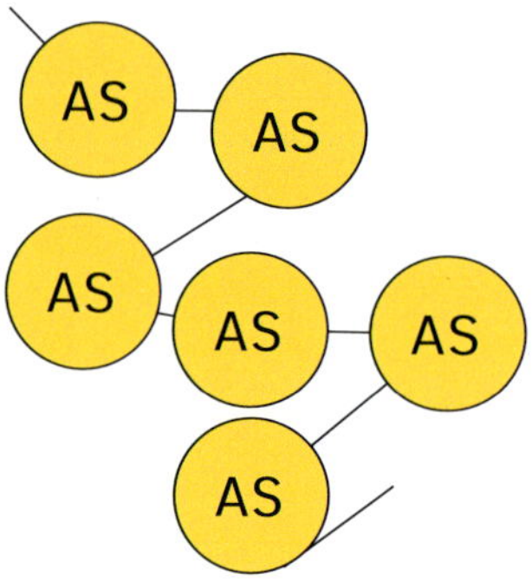

Abb. 1.8: Proteine – Aufbau, schematisch

IV. Mikronährstoffe

Mineralstoffe (25–1000 g im Körper eines Erwachsenen)		Vitamine (1 mg–5 g im Körper eines Erwachsenen)	
Mengenelemente	Spurenelemente	Fettlösliche Vitamine	Wasserlösliche Vitamine
Calcium, Chlor, Kalium, Magnesium, Natrium, Phosphor, Schwefel	Chrom, Eisen, Fluor, Jod, Kobalt, Kupfer, Mangan, Molybdän, Nickel, Selen, Silicium, Vanadium, Zink	Vitamin A, D, E, K	Vitamin C, B – Gruppe (acht verschiedene Vitamine)

Abb. 1.9: Mikronährstoffe – Übersicht (Auszug)

Als Mikronährstoffe werden die Bestandteile der Nahrung bezeichnet, die nicht der Lieferung von Energie dienen, aber als Reaktionspartner bei Stoffwechselfunktionen benötigt werden. Diese werden in der Regel nur in kleinen Mengen gebraucht, sind aber essenziell, müssen also zur Gewährleistung der Funktionen zur Verfügung gestellt werden. Die wichtigsten Stoffgruppen sind **Vitamine, Mineralstoffe, Spurenelemente** und **sekundäre Pflanzenstoffe**. So ist zum Beispiel Eisen als Mineralstoff notwendig, um den Transport des Sauerstoffs im Blut zu gewährleisten. Dieser Transport findet durch ein Molekül mit dem Namen Hämoglobin statt. Dieses Transportprotein (vgl. Proteine) besitzt als zentrales Atom ein Eisenmolekül. Werden also ausreichend Proteine zugeführt, kann trotzdem die Transportfunktion für Sauerstoff im Blut nicht gewährleistet werden, wenn nicht gleichzeitig ausreichend Eisen vorhanden ist. Für die Aufnahme von Eisen in den Körper wiederum gilt, dass diese bei Vorhandensein von Vitamin C, das als Kofaktor bei der Aufnahme wirkt, deutlich besser funktioniert als ohne. Die Bedeutung der meisten Mikronährstoffe bei den verschiedenen Stoffwechselprozessen lässt sich analog erklären.

Mineralstoffe werden anhand der Menge ihres Vorhandenseins im Körper nach Mengen- und Spurenelementen unterschieden (vgl. Abb. 1.9). Auch wenn nur geringste Mengen eines bestimmten Stoffs erforderlich sind, so kann doch nicht darauf verzichtet werden, wenn der Stoffwechsel einwandfrei funktionieren soll.

Vitamine sind keine chemisch einheitliche Stoffgruppe. Sie werden unterschieden nach den fettlöslichen Vitaminen, die speicherbar sind, und nach den wasserlöslichen Vitaminen, die ständig zugeführt werden müssen. Auch sie sind für den Körper keine Energielieferanten, sondern werden als Wirkstoffe benötigt. Sie sind für die Reaktionen des Stoffwechsels essenziell (vgl. auch Proteine). Einige Vitamine werden dem Körper als Vorstufen zugeführt und in das entsprechende Vitamin umgewandelt. Man spricht dann von Provitaminen. Allerdings gilt auch bei den Mikronährstoffen in der Regel nicht, dass die Zufuhr höherer Mengen besser ist: Überdosierung kann, genau wie Mangelversorgung, entsprechende Krankheitsbilder auslösen.

V. Ballaststoffe

Als **Ballaststoffe** werden die unverdaulichen oder schwer verdaulichen Bestandteile der Nahrung bezeichnet. Sie sind ausschließlich in pflanzlichen Lebensmitteln enthalten. Sie sind sehr wichtiger Bestandteil der Nahrung. Vor allem Cellulose, Hemicellulose und Pektin als Mehrfachzucker sorgen für das Sättigungsgefühl. Wasserlösliche Ballaststoffe quellen im Verdauungstrakt durch die Aufnahme von Wasser auf und verstärken so das Sättigungsgefühl. Andere Ballaststoffe dagegen sind unlöslich und quellen nicht.

Abb. 1.10: Ballaststoffe

Da der menschliche Körper keine Enzyme zur Spaltung dieser langkettigen Moleküle besitzt, gelangen sie unverändert in den Dickdarm. Dies ist durch die Art der Verknüpfung der Bausteine bedingt.

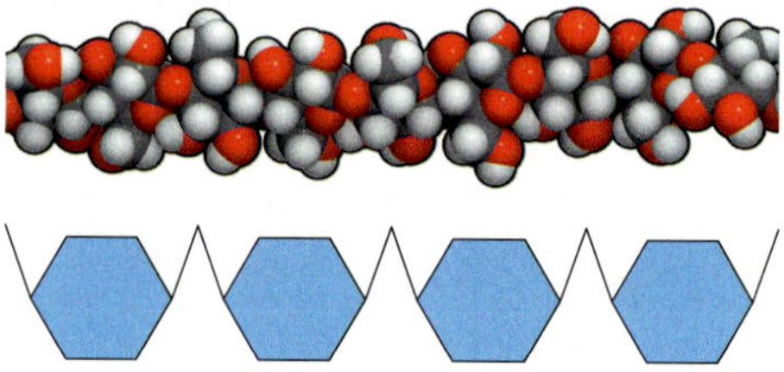

Abb. 1.11: Cellulose – Struktur

Man unterscheidet zwischen löslichen und nicht löslichen Ballaststoffen. Die löslichen Stoffe werden im Dickdarm von Bakterien abgebaut, sie werden nur sehr langsam gespalten und gehen entsprechend langsam ins Blut über. Sie helfen auf dem Weg der Verdauung, den Nahrungsbrei weiter mechanisch zu zerkleinern. Nach derzeitigen Erkenntnissen sind sie an der Regulierung der Insulinausschüttung beteiligt und dienen auch zur Vorbeugung von Darmkrebs.

Die unlöslichen Ballaststoffe fördern die Darmbewegung.

Neben frischem Obst und Gemüse sind auch Getreide und Getreideprodukte ballaststoffhaltig. Vollkornprodukte enthalten dabei deutlich mehr Ballaststoffe als Weißmehlprodukte. Das gilt auch für den Gehalt an Vitaminen und Mineralstoffen. Vollkornprodukte beinhalten alle Bestandteile des Ausgangsstoffes.

Die Energie, die Weißmehlprodukte liefern, wird daher auch als „leere Energie", also Energie ohne weitere sinnvolle und notwendige Stoffe für die Versorgung des Stoffwechsels, bezeichnet.

VI. Wasser

Wasser ist der Stoff, aus dem ein menschlicher Körper zu 55 % bis 70 % besteht – abhängig vom Lebensalter und Geschlecht.

Wasser ist also ein wichtiger Baustoff, mit dem praktisch alle Zellen des Körpers gefüllt sind. Dort befindet sich eine wässrige Lösung, das Cytoplasma, die viele gelöste Bestandteile enthält.

Abb. 1.12: Wassermoleküle

Wasser ist ein sehr reaktionsfreudiger Stoff, das heißt, es verbindet und trennt sich leicht mit und von anderen Stoffen. Dies ermöglichen seine besonderen chemischen Eigenschaften. Der molekulare Aufbau (Abb. 1.12) des Wassers zeigt die winkelige Struktur des Moleküls. Es ist an den Enden unterschiedlich geladen, positiv oder negativ. Die Ladungen verbinden sich schnell mit anderen Stoffen, daher rührt die Reaktionsfreudigkeit des Wassers.

Wasser ist auch die Grundlage für die wässrige Lösung „Blut", in der die meisten Stoffe im Körper transportiert werden, die wässrige Lösung „Speichel", die für die Verdauung benötigt wird, die wässrigen Lösungen „Urin" und „Schweiß", die der Abgabe von überflüssigen Stoffen dienen und vieles mehr.

Im Rahmen des täglichen Stoffwechsels geht auf dem Weg der Ausscheidung viel Wasser über eben diese Prozesse verloren. Würde der Körper nicht über ausgeklügelte Rückgewinnungsmechanismen verfügen, könnte dieser Verlust bei täglich etwa 7 Litern liegen.

Die trotzdem verlorene Flüssigkeit muss aufgefüllt werden. Täglich sollten mindestens 1,5 Liter Wasser zugeführt werden, um die Verluste zu ersetzen und den Stoffwechsel aufrechtzuerhalten. Wird zu wenig Wasser aufgenommen, führt dies schnell zu Schwindel, Kopfschmerzen oder extremer Müdigkeit.

Der Bedarf an Flüssigkeit sollte idealerweise durch Wasser oder Früchte- bzw. Kräutertees gedeckt werden. Andere Getränke enthalten neben der Flüssigkeit auch Nährstoffe, insbesondere ist der Zusatz von Zucker oder koffeinartigen Substanzen für den Körper nicht unproblematisch. Wasser ist der Stoff, der den größten Anteil an der Ernährung ausmachen sollte.

Abb. 1.13: Warum Wasser wichtig ist

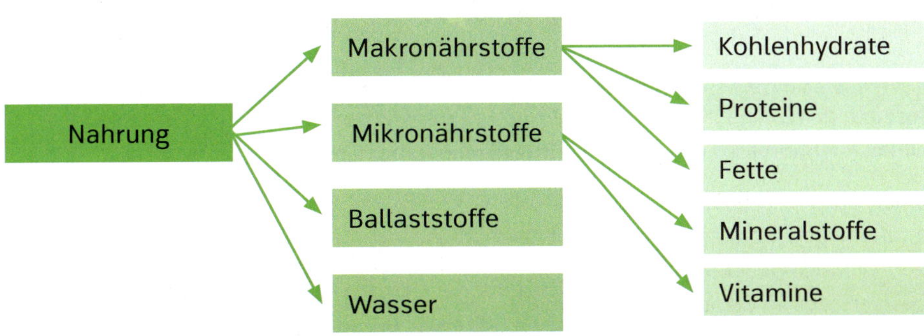

Abb. 1.14: Bestandteile der Nahrung

Biologie praktisch: Nachweis von Nährstoffen und enzymatischen Reaktionen[1]

Einzelne Bestandteile der Nahrung lassen sich über verschiedene Nachweisverfahren belegen. Je nach Zeitumfang und verfügbaren Materialien können verschiedene Versuche durchgeführt werden.

Zu testende Lebensmittel können angegebene Stoffe, aber auch weitere Objekte sein.

A. Nachweis von Fett mithilfe der Fettfleckprobe

Prinzip: Nachweisversuch

Fette sind Energielieferanten, die außerdem Ausgangsstoffe für die Herstellung körpereigener Substanzen enthalten. Sie sollten etwa 25–30 % der Gesamtenergiezufuhr pro Tag ausmachen. Viele unserer Lebensmittel enthalten nicht nur sichtbare, sondern zusätzliche versteckte Fette. Diese können schnell zur Überschreitung der empfohlenen Werte führen.

Material: Nahrungsmittel mit und ohne Fett in Petrischalen (z. B. Apfel, Nüsse, Butter, Milch, Saft, Brot, Frühstücksflakes usw.), Rundfilter in der Anzahl der verschiedenen Nahrungsmittel, Löffel oder Spatel, Mörser und Pistill

Dauer: etwa 10 Minuten

Durchführung: Die Lebensmittelproben (je ca. 1 cm^3) werden im Mörser zerrieben. Die Mischungen werden jeweils mit dem Löffel oder Spatel auf einen Rundfilter gegeben, der entsprechend beschriftet wird. Zwischen der Bearbeitung der verschiedenen Proben müssen jeweils Mörser und Pistill gründlich gereinigt werden!

Nach ca. 5 Minuten werden jeweils die Nahrungsmittelreste vom Rundfilter entfernt.

Auswertung: Die Fettflecken werden betrachtet und verglichen.

B. Nachweis von Stärke

Prinzip: Nachweisversuch

Stärke ist eine Form der Kohlenhydrate, die in der Nahrung häufig vorzufinden ist. Im Körper wird diese durch verschiedene Enzyme, so die Amylase aus dem Mundspeichel und aus dem Bauchspeichel, zunächst zu Maltose abgebaut. Stärke lässt sich durch Iodiodkalium-Lösung (= Lugolsche Lösung) nachweisen. Diese lagert sich in den Windungen des Stärkemoleküls an und wird als blaue Färbung sichtbar.

Material: Reagenzgläser und Reagenzglasständer, Mörser und Pistill, Leitungswasser, Stärke, Lugolsche Lösung, Lebensmittelproben in Petrischalen

Dauer: etwa 10–20 Minuten

Durchführung: Die Lebensmittelproben (je ca. 1 cm^3) werden mit etwa 10 ml Wasser im Mörser zerrieben. Die Mischungen werden jeweils in Reagenzgläser gegeben. Zusätzlich wird eine Mischung aus Stärke und Wasser hergestellt und in gleicher Menge

1 Für alle Versuche gilt: Vor Beginn informieren Sie sich bitte über Besonderheiten der Versuche. Die Gefährdungsabschätzungen zu den Versuchen finden sich in der zugehörigen BiBox.

in ein Reagenzglas gegeben. Außerdem wird ein Reagenzglas nur mit ca. 10 ml Wasser befüllt. Jeder Reagenzglasinhalt wird nun mit 2–5 Tropfen Lugolscher Lösung getestet. Zum Vergleich können trockene Lebensmittelproben durch direktes Auftropfen der Lösung getestet werden.

Auswertung: Die Farben vor und nach der Durchführung werden verglichen.

C. **Nachweis der Amylasereaktion**

Prinzip: Nachweis der Stärke abbauenden Eigenschaft der Amylase

Im Körper wird Stärke durch verschiedene Enzyme, so die Amylase aus dem Mundspeichel und aus dem Bauchspeichel, zunächst zu Maltose abgebaut.

Material: Reagenzgläser und Reagenzglasständer mit Lebensmittelproben aus Versuch B, die eine positive Reaktion auf den Stärkenachweis gezeigt haben, Amylase oder Speichel

Dauer: etwa 10 Minuten

Durchführung: Eine der Proben aus Versuch B, die eine positive Reaktion zeigen, wird zusätzlich mit etwas Amylase und/oder eine weitere oder gleiche Probe mit Speichel vermischt.

Auswertung: Die Farben vor und nach der Durchführung werden verglichen.

D. **Reaktionsbedingungen für enzymatische Reaktionen**

Prinzip: Nachweis der Temperaturabhängigkeit der Amylasereaktion

Führen Sie Versuch „C. Nachweis der Amylasereaktion" unter variierten Bedingungen durch: Setzen Sie von einer Lebensmittelprobe fünf Reagenzgläser in der bereits durchgeführten Weise an.

Material: Lebensmittelproben aus Versuch C, Lugolsche Lösung, Amylase oder Speichel, 5 Reagenzgläser, 5 Erlenmeyerkolben, 5 Thermometer, Wasserkocher, Reagenzglaszangen, Hitzeschutzhandschuh

Dauer: etwa 10 Minuten

Durchführung: Die Erlenmeyerkolben werden als Wasserbäder vorbereitet, indem sie mit unterschiedlich temperiertem Wasser gefüllt werden: 0 °C, 15 °C, 25 °C, 35 °C, 60 °C (Überprüfen Sie die Temperaturen mit dem Thermometer!).

ACHTUNG: Verbrennungsgefahr! Die mit Proben und Lugolscher Lösung gefüllten Reagenzgläser werden jeweils in ein Bad hineingegeben, dann möglichst zeitgleich die Amylase hinzugefügt. Im Abstand von 2 Minuten werden über einen Zeitraum von 10 Minuten die Farbveränderungen in den verschiedenen Ansätzen beobachtet und jeweils notiert.

Auswertung: Die Farbveränderungen der Proben mit unterschiedlichen Temperaturen werden verglichen. Daraus lässt sich eine Aussage ableiten über die Bedingungen, unter denen die Amylase optimal arbeitet.

E. Reaktionsbedingungen für enzymatische Reaktionen II

Führen Sie Versuch D nun in einer Variation theoretisch durch: Sie sollen untersuchen, bei welchem pH-Wert die Amylase optimal arbeitet.

F. Reaktionsbedingungen für enzymatische Reaktionen III

In einem wie in D durchgeführten Versuch sind die folgenden Versuchsergebnisse ermittelt worden:

pH-Wert	4,8	5	5,5	6	6,5	7	7,5	8	8,5	9	10
Enzymaktivität in %	15	29	44	62	85	100	85	62	44	29	15

Stellen Sie diese Ergebnisse mithilfe geeigneter EDV-Programme grafisch dar.

1.1.3.2 Optimierte Versorgung

Die Ernährung eines Menschen kann also dann als gesund angesehen werden, wenn der Bedarf an allen unterschiedlichen Bestandteilen gedeckt werden kann.

Das Modell des „Ernährungskreises“ veranschaulicht, welche Art von Lebensmitteln in welchem Anteil diesen Bedarf optimal decken.

Arbeitsauftrag 6:

Werten Sie den Ernährungskreis in Partnerarbeit aus, indem Sie eine strukturierte Betrachtung und Reihenfolge überlegen. Beachten Sie dabei sowohl die Anordnungen, die Mengenanteile und die farblichen Kennzeichnungen der unterschiedlichen Nahrungsmittel. Finden Sie für die Gruppen von Nahrungsmitteln jeweils Oberbegriffe.

Abb. 1.15: Ernährungskreis

1.1.4 Energiebedarf des Menschen

Nachdem grundlegende Informationen zu den wichtigen Inhaltsstoffen der Nahrungsmittel vorhanden sind, stellt sich die Frage, wie viel von welchen Nährstoffen täglich zugeführt werden sollte.

Hierzu findet man unterschiedliche Richtwerte, die aber nie allgemeingültig sein können. Manche Menschen besitzen einen schnellen, andere einen eher trägen Stoffwechsel. Immer sind die Bedarfsmengen im Zusammenhang mit der Lebensweise zu betrachten: Jemand, der täglich viele Stunden sitzend am Schreibtisch verbringt, benötigt weniger Energiezufuhr als jemand, der körperlich schwer arbeitet. Auch Menschen, die vorwiegend sitzende Tätigkeiten ausüben, benötigen Energie – der Grundumsatz muss gewährleistet sein und bei denkender Tätigkeit das Gehirn mit zusätzlicher Energie versorgt werden. Eine beispielhafte Darstellung von Richtwerten hat die Deutsche Gesellschaft für Ernährung herausgegeben:

Alter (Jahre)	Körpergewicht in Kilogramm		Ruheenergieverbrauch in Kilokalorien	
	m	w	m	w
15 bis unter 19	69,2	59,5	1.850	1430
19 bis unter 25	70,8	60,5	1.730	1370
25 bis unter 51	70,7	60,0	1.670	1310
51 bis unter 65	68,7	58,2	1.580	1220
65 und älter	66,8	57,1	1.530	1180

Tab. 1.1: Beispielhafter Energiebedarf von Menschen unterschiedlichen Alters bei unterschiedlichen Tätigkeiten

Die Werte aus der Tabelle stellen den Energieverbrauch in Ruhe dar. Jeder Mensch ist unterschiedlich aktiv und verbraucht entsprechend Kalorien in seinem individuellen Leistungsumsatz. Die sich tatsächlich ergebenden Werte des Kalorienbedarfs errechnen sich mithilfe des PAL (Physical Activity Level), welcher sich aus den Aktivitäten ergibt und mit dem Wert des Ruheenergieumsatzes multipliziert wird. Für eine Frau zwischen 19 und 25 Jahren mit einem PAL von 1,4 ergibt sich also ein täglicher Kalorienbedarf von 1918 Kilokalorien pro Tag.

Allgemein sind folgende PAL-Werte anzunehmen:

PAL	
1,2 – 1,3	Gebrechliche, immobile Menschen, die ausschließlich sitzen oder liegen
1,4 – 1,5	Menschen mit vorwiegend sitzender Tätigkeit wie Büroangestellte mit wenig oder keiner anstrengenden Freizeitaktivität
1,6 – 1,7	Wie oben, mit zeitweiligem Gehen oder Stehen, z. B. Studenten, Schüler
1,8 – 1,9	Vorwiegend sitzende oder gehende Menschen wie Verkäufer, Handwerker, Kellner
2,0 – 2,4	Menschen mit körperlich anstrengender Tätigkeit (Bauarbeiter, Landwirte) oder sehr aktiver Freizeit ((Leistungs-)Sportler)

Tab. 1.2: PAL-Werte

Biologie praktisch: Nachweis der Abhängigkeit des Energieverbrauchs von der Aktivität

Der Energieverbrauch eines Menschen lässt sich mit mehreren Methoden messen.

Die zugrunde liegende Überlegung ist bei allen Messverfahren, dass ein erhöhter Energieverbrauch eine höhere Sauerstoffzufuhr benötigt – der Sauerstoff wird bei der Zellatmung zur Herstellung des Energieträgers ATP benötigt.

Dieser Prozess lässt sich nachweisen, indem in einem abgeschlossenen Raum entweder der Sauerstoffgehalt oder aber der Kohlendioxidgehalt (= die Ausatemluft; Reaktionsprodukt der Zellatmung; vgl. Kapitel „ATP“) bestimmt wird. Eine weitere Möglichkeit ist die Messung der Kreislaufaktivität. Da das Blut den Sauerstoff transportiert, ist dessen Zirkulationsgeschwindigkeit entscheidend für die Mengen an Sauerstoff, die an die entsprechenden Stellen des Körpers gebracht werden können.

Versuchsablauf:
Ein Gruppenmitglied ist Zeitwächter – Messeinheit sind jeweils 30 Sekunden.

Zunächst wird der Puls (über Fühlen am Handgelenk) 30 Sekunden, alternativ bei Vorhandensein entsprechender Geräte auch/oder der Blutdruck, gemessen. Diese erste Messung erfolgt im Ruhezustand; alle Teilnehmenden haben vorher drei Minuten ruhig auf ihren Plätzen gesessen.

Die gemessenen Werte werden notiert.

Nun stellen sich alle Probanden mit ausreichendem Abstand zueinander neben ihre Plätze und machen 25 Kniebeugen.

Danach setzen sie sich unverzüglich auf ihre Plätze und führen erneut Messungen der Pulsfrequenz durch, und zwar wiederholt im Abstand von jeweils dreißig Sekunden, bis sechs Messwerte nach den Kniebeugen vorliegen. Sollten Messungen des Blutdrucks möglich sein, so ist sofort und drei Minuten nach dem Hinsetzen eine Messung durchzuführen. Die Werte werden in tabellarischer Form notiert.

Aus den Ergebnissen zeichnen alle Schülerinnen und Schüler eine Messkurve. Dann werden die eigenen Ergebnisse mit denen von zwei weiteren Personen verglichen und gemeinsam überlegt, weshalb es Ähnlichkeiten oder Unterschiede gibt.

In nach Geschlechtern getrennten Gruppen sollen nun Mittelwerte berechnet und anschließend die Werte der Jungen und der Mädchen verglichen werden.

Überlegen Sie, ob weitere Gruppenbildungen sinnvoll sein können und welche Unterschiede zu erwarten sind. Bilden Sie dann die entsprechenden Gruppen und berechnen Sie die Werte. Vergleichen Sie die Werte mit Ihren Erwartungen.

Achtung: Für Menschen mit Kreislaufproblemen ist diese Übung nicht geeignet!

Allgemein werden zwei Maßeinheiten verwendet, um den **Energiegehalt** von Nahrungsmitteln anzugeben. Neben der früher ausschließlich verwendeten Einheit Kalorie ist heute die gebräuchliche internationale Maßeinheit Kilojoule. Auf Lebensmitteln werden häufig weiterhin Kalorien als Maß angegeben.

Auch wenn es verschiedene Makronährstoffe gibt, so ist doch ihr Energiegehalt sehr unterschiedlich: Kohlenhydrate – Fette – Proteine.

Um eine Vergleichbarkeit herzustellen, wird der Energiegehalt jeweils bezogen auf ein Gramm des Nährstoffes angegeben.

Man kann also nicht allein anhand der Menge von Nahrungsmitteln beurteilen, ob die erfolgte Energiezufuhr dem Verbrauch der Person entspricht, sondern muss die Umrechnung in Energie in Form von Kcal oder kJ betrachten.

Definition von Energieeinheiten

J (Joule): abgeleitete SI-Einheit der Energie, der Arbeit und der Wärmemenge.

$$1\ \mathrm{J} = 1\ \mathrm{N} \cdot \mathrm{m} = 1\ \mathrm{W} \cdot \mathrm{s}\ (1/3{,}6) \cdot 10^{-6}\ \mathrm{kW} \cdot \mathrm{h} = 1\ \mathrm{kg} \cdot \mathrm{m}^2 \cdot \mathrm{s}^2$$ [1]

Eine nicht mehr DIN-konforme, aber noch häufig verwendete Einheit der Energie ist die Kalorie:

$$1\ \mathrm{cal} = 4{,}187\ \mathrm{J} \qquad 1\ \mathrm{J} = 0{,}239\ \mathrm{cal}$$

Eine Kalorie ist die Wärmemenge, die nötig ist, um die Temperatur von einem Gramm Wasser von 14,5 °C auf 15,5 °C zu erhöhen.

Arbeitsauftrag 7:

Zu Beginn dieser Unterrichtsreihe haben alle Gruppenmitglieder ihr Essens- und Bewegungsverhalten dokumentiert.

Greifen Sie auf die Ergebnisse zurück und berechnen Sie, wie viele Kalorien täglich etwa zugeführt werden.

Addieren Sie außerdem dazu: Auf jeder Packung ist angegeben, wie viel Prozent des täglichen Bedarfs an verschiedenen Inhaltsstoffen pro 100 g des jeweiligen Nahrungsmittels abgedeckt wird (diese Angabe ist nach EU-Recht seit 2016 verpflichtend).

Der Körper benötigt weitere Stoffe wie Vitamine und Mineralstoffe in geringen Mengen. Diese sind in einer Darstellung, wie sie nachfolgend beispielhaft angegeben ist, in der Regel nicht enthalten. Zutaten müssen auf der Packung angegeben werden und sollen in Ihre Auswertung übernommen werden.

Nährwertangaben für Produkte, die im frischen Zustand direkt verzehrt oder zubereitet werden, lassen sich über das Internet herausfinden. Achten Sie hier ebenfalls auf die Konkretisierung der Angaben: Rohes Obst und Gemüse enthalten mehr Nährstoffe als zubereitete Gerichte. Im Internet kann man Angaben zu den Nährwerten verschiedener Lebensmittel finden, z. B. auf der Seite der Deutschen Gesellschaft für Ernährung oder auch z. B. auf der Seite https://www.kohlenhydrate-tabellen.com/naehrwerttabelle-fruechte-obst/. Diese arbeiten Sie in Ihr persönliches Ernährungsprotokoll ein.

1 PTB-Mitteilungen, Jahrgang 117, Heft 2, 2007: Themenschwerpunkt Internationale SI-Einheiten, Braunschweig

Bei der Abschätzung, ob die zugeführte Energiemenge dem Bedarf entspricht, müssen die Tätigkeiten, die aus der ursprünglichen Datenerhebung hervorgehen, ebenfalls berücksichtigt werden.

Erstellen Sie eine Übersicht der Ergebnisse, die Sie für Ihre Gruppe zusammengestellt haben. Präsentieren Sie diese vor der Lerngruppe.

Neben diesen Hauptbestandteilen sind weitere Angaben für die Verwertbarkeit eines Lebensmittels wichtig: In der Zutatenliste findet man auch Angaben über Inhaltsstoffe, die nur in geringen Mengen enthalten sind, wie Vitamine und Mineralien, sowie Zusatzstoffe. Zusatzstoffe werden aus unterschiedlichen Gründen zugegeben: Sie können der Haltbarkeit oder Streichfähigkeit dienen, als Geschmacksverstärker fungieren oder aus optischen Gründen zugesetzt werden. Die Zusatzstoffe in unseren Lebensmitteln müssen alle zugelassen sein und werden im Rahmen dieses Verfahrens auf ihre Eigenschaften getestet. Grundsätzlich sollte man aber beachten, dass diese keine gesundheitsfördernden Eigenschaften besitzen.

Pflichtkennzeichnung (EU):

Nährwertangaben	je 100 g
Energie	1354 kJ 320 kcal
Fett	5,5 g
• davon gesättigte Fettsäuren	1,5 g
Kohlenhydrate	60,1 g
• davon Zucker	23,6 g
Eiweiß	7,6 g
Salz	0,07 g

Freiwillige Ergänzung (Portionsangaben):

Durchschnittliche Nährwerte	pro 100 g	pro Riegel
Energie	1807 kJ/430 kcal	442 kJ/107 kcal
Fett	15,3 g	3,8 g
davon ges. Fettsäuren	7,6 g	1,9 g
Kohlenhydrate	63,8 g	15,9 g
davon Zuckeer	26,6 g	6,7 g
Eiweiß	5,6 g	1,7 g
Salz	0,63 g	0,15 g

Freiwillige Angaben

- pro Portion sowie Brennwert pro 100 g
- sog. GDA-Angaben („Guideline Daily Amounts“, Referenzmengen)

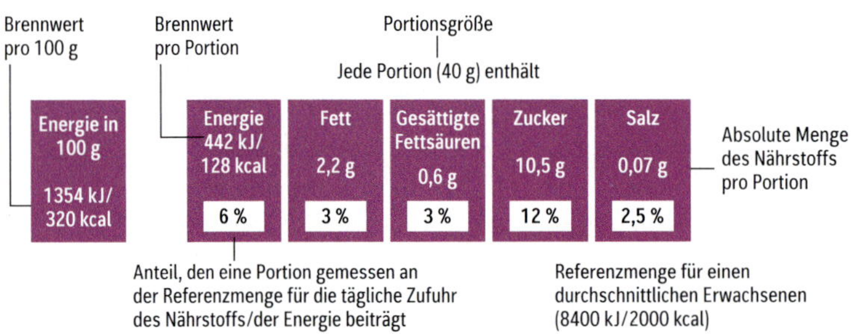

Abb. 1.16: Lebensmittelkennzeichnung

Die Nährwertkennzeichnung ist verpflichtend. Hier werden Angaben zur Nährstoffzusammensetzung gemacht, aber auch zum Energiegehalt des Lebensmittels (Brennwert). Diese Angaben erleichtern es, unterschiedliche Lebensmittel miteinander zu vergleichen. Für die Referenzwerte werden als Datengrundlage die Energieempfehlungen des Europäischen Gesetzgebers zugrunde gelegt (vgl. Abb. 1.16).

Recht neu ist die Angabe des Nutri-Scores (2020), welcher es ermöglicht, beim Einkauf verschiedene Produkte gleicher Kategorie miteinander zu vergleichen. Entwickelt wurde er von einem unabhängigen Team von Wissenschaftlern der Pariser Université 13 und vor seiner Einführung in Deutschland vom Bundesforschungsinstitut für Ernährung und Lebensmittel geprüft und als wissenschaftlich valide bewertet. Er stellt eine Hilfe für eine ernährungsphysiologisch günstigere Wahl aus Angeboten gleicher Kategorie dar. Nähere Informationen zum Nutri-Score kann man auf der Seite des Bundesministeriums für Ernährung und Landwirtschaft (www.bmel.de) finden.

Arbeitsauftrag 8:

Begründen oder widerlegen Sie die folgenden Aussagen:

a) Das Projekt „Fünf am Tag" wirbt dafür, mindestens fünfmal pro Tag etwa eine handgroße Portion verschiedener Obst- und Gemüsesorten zu sich zu nehmen.

Kann ein solches Projekt als sinnvoll eingeschätzt werden?

b) Immer beliebter werden Getränke, die in weiterem Sinne als „Energydrinks" bezeichnet werden. Häufig sind diese auch in leuchtenden Farben erhältlich, der Zusatz „isotonisch" ist schon fast üblich.

Würden Sie empfehlen, den täglichen Flüssigkeitsbedarf mit solchen Getränken zu decken?

c) Viele Menschen sind nicht zufrieden mit ihrem Gewicht und versuchen, durch eine Diät ein Idealgewicht zu erreichen. Eine bekannte Variante ist die „Ananas-Diät", bei der man sich tatsächlich ausschließlich von diesen Früchten ernährt.

Wie schätzen Sie Vor- und Nachteile einer solchen Diät ein?

Arbeitsauftrag 9:

Diskutieren Sie vor dem Hintergrund der theoretischen Kenntnisse von Ernährung, wie das Ernährungsverhalten in Ihrer Lerngruppe zu bewerten ist. Stellen Sie fest, ob es Auffälligkeiten gibt, die alle oder einen Teil dieser Mitglieder betreffen (Sportler, Vergleich männlich – weiblich u. a.).

1.1.4.1 Angemessene und ausgewogene Ernährung

Body-Mass-Index als Maßeinheit

Gängiges Instrument zur Einschätzung des Körpergewichts ist der BMI. Dieser **Body-Mass-Index** setzt das Gewicht ins Verhältnis zur Körpergröße und berechnet sich als:

$$\text{BMI} = \frac{(\text{Körpergewicht in kg})}{(\text{Körpergröße in m})^2}$$

Nach der Weltgesundheitsorganisation liegt dabei das Normalgewicht im Bereich zwischen 18,5 und 24,9; von Übergewicht spricht man bei einem Wert zwischen 25 und 29,9; von Adipositas (Fettsucht) bei einem BMI, der größer als 30 ist. Werte unterhalb von 18,5 werden als Untergewicht eingestuft.

Energie und Nährwert	Referenzmenge
Energie	8 400 kJ 2 000 kcal
Gesamtfett	70 g
gesättigte Fettsäuren	20 g
Kohlenhydrate	260 g
Zucker	90 g
Eiweiß	50 g
Salz	6 g

Quelle: Anhang XIII Teil B Verordnung (EU) Nr. 1169/2011 betreffend die Information der Verbraucher über Lebensmittel (LMIV).

Abb. 1.17: Referenzmengen der Energiezufuhr

Der Zusammenhang zwischen Energiebedarf und Energiezufuhr, wie weiter oben bereits dargestellt, ist entscheidend dafür, in welchem Gewichtsrahmen der Einzelne sich bewegt. Das folgende Bild ermöglicht es, sich einen Überblick darüber zu verschaffen, inwieweit der eigene Konsum und der Bedarf übereinstimmen.

Arbeitsauftrag 10:

a) Die Berechnung des BMI kann nach der vorstehend angegebenen Formel durchgeführt werden. Stimmt das Ergebnis mit Ihrer eigenen Einschätzung überein?

Im Internet lassen sich interaktive Kalorienbedarfsrechner finden, die eine individuelle Berechnung erlauben. Unter anderem ist dies auf der Seite der Techniker-Krankenkasse (www.tk.de) möglich.

b) Prüfen Sie die Ergebnisse aus der Dokumentation Ihres persönlichen Ernährungsverhaltens bezüglich der Angaben der Referenzmengen in Abb. 1.17. Beachten Sie, dass die Referenzmenge dort 2000 kcal beträgt, sodass Sie die Werte ggf. rechnerisch an Ihren persönlichen Wert anpassen müssen.

Arbeitsauftrag 11:

Verfassen Sie einen Text, in dem Sie die Ergebnisse Ihres persönlichen Ernährungsverhaltens strukturiert darstellen. Zeigen Sie auf, ob es Verbesserungsbedarf beim Essverhalten gibt, und notieren Sie Ideen, wie Verbesserungen umzusetzen wären.

Beziehen Sie alle bisher erarbeiteten Aspekte ein.

Arbeitsauftrag 12:

Abbildung 1.18 zeigt ein beispielhaftes Frühstück.

Begründen Sie, ob dieses anhand der von Ihnen erlernten Aspekte einer gesunden Ernährung als sinnvoll und gesund eingestuft werden kann.

Abb. 1.18: Gesundes Frühstück?

1.1.5 Das Verdauungssystem

Der Begriff „Verdauung" umfasst alle Prozesse, die an der Aufnahme und Verwertung von Nahrung beteiligt sind.

Die Verdauung des Menschen beginnt bereits im Mund. Die Zähne sorgen für eine mechanische Zerkleinerung der Mahlzeit, durch die Anreicherung mit Speichel aus den

Speicheldrüsen entsteht eine breiige, gleichmäßige Masse und die im Speichel enthaltenen Enzyme beginnen bereits mit der eigentlichen Verdauung. Die Amylase zerkleinert langkettige Kohlenhydrate in kürzere Abschnitte: Stärke wird zu Doppelzuckern abgebaut.

Die Masse wird nun durch die Speiseröhre in den Magen transportiert: Ringförmige Muskeln drücken den Speisebrei nach unten. Im Magen wird der Speisebrei mit Magensäure vermischt. Hierbei handelt es sich um eine fünfprozentige Salzsäure, die in erster Linie der Desinfektion der Nahrung dient. Viele darin enthaltene Krankheitskeime werden dadurch abgetötet und können gar nicht erst in das Körperinnere gelangen. Im Magen arbeitet außerdem ein weiteres Enzym: Das Pepsin denaturiert die Eiweiße, die in der Nahrung enthalten sind. Denaturierung bezeichnet die Veränderung der Form der Proteine: Sie bekommen dadurch eine größere Oberfläche und die später in der eigentlichen Verdauung arbeitenden Enzyme haben somit eine größere Angriffsfläche. Die Denaturierung von Eiweißen lässt sich in jeder Küche beobachten: Sobald man Eiweiß erhitzt, verändert es seine Farbe und Konsistenz; es wird hart. Entsprechend wirken die saure Umgebung des Magens und das Pepsin auf die Proteine in der Nahrung.

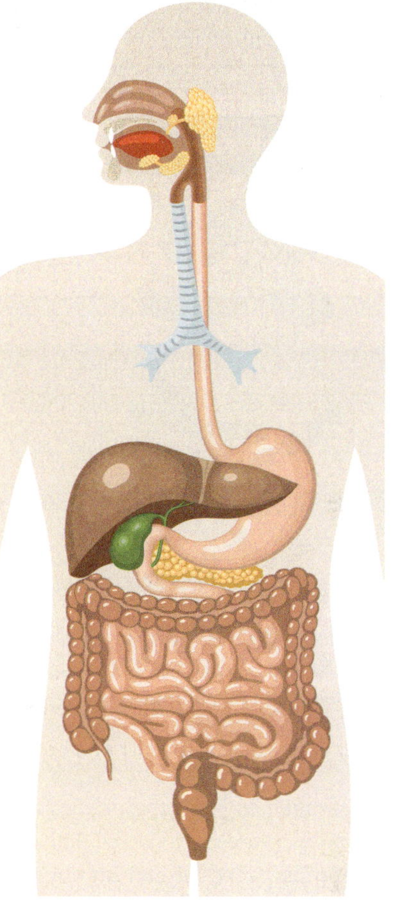
Abb. 1.19: Verdauungssystem des Menschen

Der Magen als Organ ist ein hohler Muskel, der in ständiger Bewegung ist und die Nahrung so durchmischt. Am Ende des Magens sorgt ein ringförmiger Muskel, der Pförtner, für einen portionsweisen Übertritt der Nahrung in den Dünndarm. Hier findet die eigentliche Verdauung statt. Im oberen Bereich des Dünndarms, der als Zwölffingerdarm bezeichnet wird, werden Bauchspeichel und Gallensaft eingeleitet. Der Bauchspeichel wird in der Bauchspeicheldrüse produziert und enthält Enzyme, die für die Zerkleinerung der Nahrung in ihre Bestandteile erforderlich sind. Der Gallensaft wird in der Leber produziert und in der Gallenblase gespeichert. Er dient der Verdauung von Fetten in der Nahrung.

Bei der eigentlichen Verdauung der Nahrung im Dünndarm werden alle enthaltenen verwertbaren Bestandteile nach und nach auseinandergebaut. Die eigentliche „Verdauung“ ist hier beendet. Wenn die Bestandteile ihre kleinste Form erreicht haben (also als Monosaccharid, Aminosäure oder Glycerin bzw. Fettsäure vorliegen), treten sie durch die Darmwand in den Blutkreislauf über. Dieser Vorgang wird als „Resorption“ bezeichnet. Das Blut dient als Transportmittel zu allen Zellen des Körpers.

Viele wichtige Bestandteile der Nahrung können die Enzyme des Menschen nicht aus der Nahrung entnehmen, vor allem Vitamine und Mineralien. Deshalb sind wir auf eine artenreiche Darmflora angewiesen – dies sind nützliche Bakterien, die im Darm arbeiten und für die Verfügbarkeit dieser Stoffe sorgen. Insbesondere der Blinddarm am Ende des Dünndarms ist für diese Funktion wichtig.

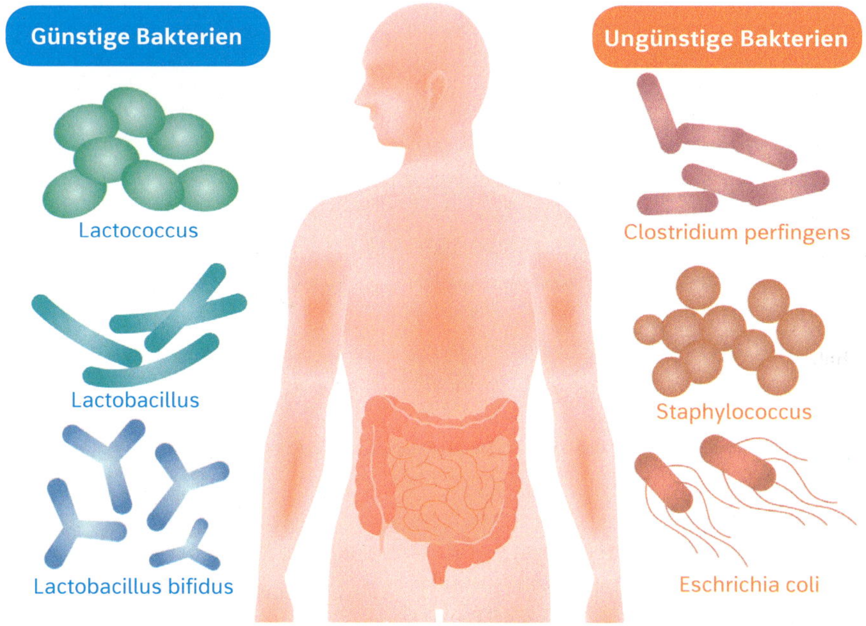

Abb. 1.20: Darmbakterien

Im Darm eines Menschen befinden sich mindestens 500–1000 verschiedene Arten von Bakterien, insgesamt sind es Billionen dieser Symbionten. Die Darmflora spielt, wie heute bekannt ist, auch für das Immunsystem eine große Rolle. Hier befindet sich eine große Anzahl von Abwehrzellen, es gibt eine stetige Kommunikation mit dem Gehirn und zudem mehren sich die Hinweise darauf, dass die Darmflora eine entscheidende Rolle bei der Entstehung bestimmter Krankheitsbilder spielt.

Hat der Nahrungsbrei Dünndarm und Blinddarm passiert, enthält er durch die Zugabe des Speichels einen hohen Anteil an Wasser. Bei der nun folgenden Passage durch den Dickdarm wird dieses Wasser aus der Nahrung entzogen und zurück in den Körper geführt. Ohne diesen Rückgewinnungsmechanismus müssten fünf bis sieben Liter Wasser täglich zusätzlich zugeführt werden.

Das, was am Ende als unverdaulich ausgeschieden wird, sind die wenigen Inhaltsstoffe der Nahrung, die in diesem Prozess nicht verwertet werden konnten.

1.1.6 Die Zelle

Die Zelle ist Kennzeichen des Lebendigen: Jedes Lebewesen besteht aus einer oder vielen Zellen, die auf einem gemeinsamen Grundbauplan beruhen. Da ein Leben als Einzeller möglich ist, müssen in einer Zelle alle Lebensfunktionen erfüllt werden können. Auch bei Vielzellern ist es so, dass alle Zellen einen gemeinsamen Grundbauplan besitzen, die einzelnen Zellen sind auf ihre Funktion spezialisiert.

Zellen sind durch eine Zellmembran abgegrenzt. Diese trennt das Zellinnere vom Äußeren. Pflanzenzellen besitzen zusätzlich eine Zellwand aus Cellulose, die der Stabilisierung dient und zusätzlichen Schutz bietet. Für Pflanzen sind die Zellwände so etwas wie ein Gerüst, denn sie besitzen im Gegensatz zu den Tieren kein echtes inneres Skelett. Innerhalb der Zellmembran befindet sich als Grundsubstanz der Zelle das Zytoplasma, eine gelartige Substanz, in der Moleküle unterschiedlicher Art und alle Organellen enthalten sind. Als Organellen werden die Funktionseinheiten innerhalb der Zelle bezeichnet. Neben einem Cytoskelett (das sind stabilisierende Proteine in unterschiedlichen Formen) findet man als wichtigstes Transport- und Umwandlungssystem das Endoplasmatische Retikulum (ER) vor. Dieses steht unmittelbar mit der Hülle des Zellkerns in Verbindung und besitzt als raues ER Ribosomen; als glattes ER jedoch nicht. Ribosomen bestehen aus zwei Untereinheiten und dienen dem Bau von Proteinen (= Proteinbiosynthese). Die Informationen für den Stoffwechsel im Zellkern liegen in Form von DNA (= Desoxyribonukleinsäure) vor und werden in Kopie in Form von RNA (= Ribonukleinsäure) als Bauanleitung für die innerhalb der Zelle notwendigen Proteine genutzt. Die DNA dient außerdem der Weitergabe von Erbinformationen an Tochterzellen (vgl. auch Kapitel Genetik). Im Zellkern ist außerdem das Kernkörperchen (= Nukleolus) enthalten, welches für die Produktion der Ribosomen zuständig ist. Der Zellkern besitzt eine doppelte Membran (= Kernhülle), die von Kernporen durchsetzt ist, durch die die RNA den Zellkern verlassen kann. An einigen Stellen geht die Kernhülle direkt in das ER über.

Weitere Transport- und Umwandlungsorganellen sind die Dictyosomen, welche aus je einem Stapel membranumhüllter Räume bestehen. Der Transport zu und von den Dictyosomen findet in Vesikeln statt. Vesikel sind membranumhüllte Kügelchen.

Die Mitochondrien besitzen eine doppelte Membran, von denen die innere stark gefaltet ist (Prinzip der Oberflächenvergrößerung). In dieser inneren Membran und im Innenraum des Mitochondriums (= Matrix) befindet sich eine große Menge von Enzymen, die in der Lage sind, energiereiche Stoffe wie Glucose auseinanderzubauen und dadurch ATP als Energiewährung zur Verfügung zu stellen.

In Pflanzen findet man außerdem Chloroplasten, die ebenfalls zwei Membranen mit innerer Oberflächenvergrößerung besitzen. Hier wird unter Verwendung der Sonnenenergie im Prozess der Fotosynthese Glucose als energiereicher Stoff hergestellt. Pflanzenzellen besitzen zudem eine Vakuole, das ist ein flüssigkeitsgefüllter Raum, der zur Lagerung und Speicherung unterschiedlicher Stoffe dient. Die Vakuole erzeugt darüber hinaus einen Innendruck in der Pflanzenzelle.

Die Reaktionsräume in der Zelle (also die Organellen) sind jeweils durch Membranen getrennt, die für den Durchlass von Stoffen entscheidend sind. Nicht jedes Molekül kann in jeden Teilbereich einer Zelle oder überhaupt in die Zelle gelangen. Membranen sind jedoch keine Gewebe entsprechend einer Haut, sondern schwimmende Strukturen, die sehr flexibel verändert werden können. Sie sind aus einer doppelten Schicht von Lipiden sowie Proteinen aufgebaut. Von Letzteren dienen verschiedene Formen dem ausgewählten Durchlass bestimmter Stoffe (Kanal- bzw. Transportproteine). Heute gültige Erkenntnisse der Forschung sprechen von einem Flüssig-Mosaik-Modell der Biomembran. Jedoch sind bei Weitem nicht alle Einzelheiten und Funktionsweisen geklärt; der Nobelpreis für

Medizin im Jahr 2013 wurde für die Forschung an Kommunikationsstrukturen der Membranen vergeben.

Tierische und pflanzliche Zellen unterscheiden sich in ihren Abschlussstrukturen und in ihrer äußeren Form: Pflanzliche Zellen besitzen einen eher eckigen, tierische Zellen einen eher runden Umriss.

Wenn die Zelle eine Firma wäre, wäre	
▪ der Zellkern (Nukleus):	**die Chefetage mit (Erb-)Informationen und den Aufgaben Steuerung und Kontrolle,**
▪ das Kernkörperchen (Nukleolus):	**die Unterabteilung mit Informationen zur Herstellung von Ribosomen,**
▪ das Endoplasmatische Retikulum (ER):	**ein Transportweg als Kanalsystem,**
▪ die Dictyosomen (Golgi-Apparat):	**ein Transportsystem von „Paketen“ (Vesikeln),**
▪ die Ribosomen:	**Maschinen zur Herstellung von Funktionseinheiten nach Vorlagen (Proteinbiosynthese),**
▪ das Cytoplasma:	**der gesamte Innenraum der Firma,**
▪ die Zellmembran:	**die Gebäudehülle,**
▪ das Mitochondrium:	**Maschinen, die die notwendige Energie für alle Prozesse verfügbar machen,**
▪ der Chloroplast:	**eine Maschine, die energiereiche Stoffe produziert,**
▪ die Zellwand:	**das Außengerüst des Gebäudes,**
▪ die Vakuole:	**ein Keller zu Lagerung (Pflanzen),**
▪ das Peroxysom:	**der Reaktionsraum für Reaktionen mit Sauerstoff (spezialisiertes Vesikel),**
▪ das Lysosom:	**der Reaktionsraum für Verdauungsprozesse (spezialisiertes Vesikel).**

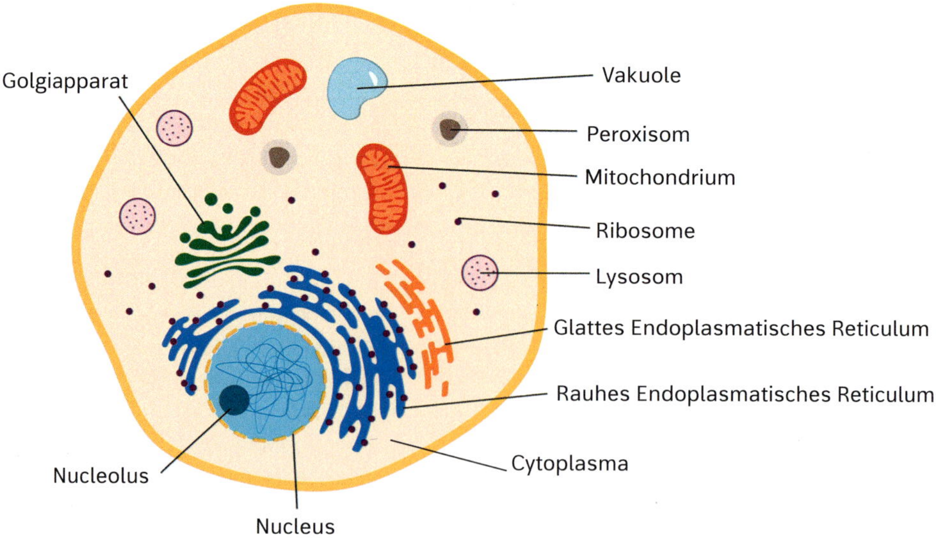

Abb. 1.21 Tierische Zelle

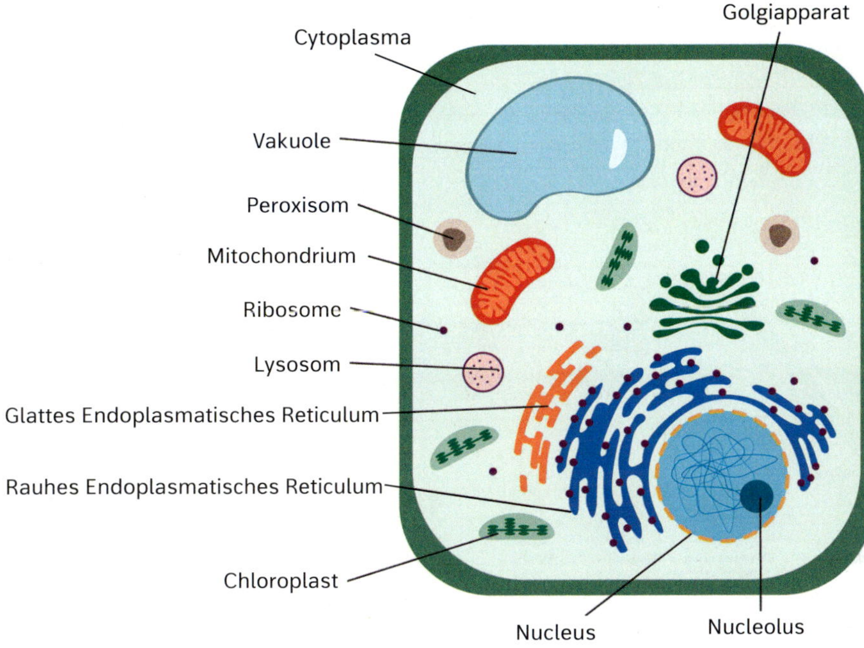

Abb. 1.22: Pflanzliche Zelle

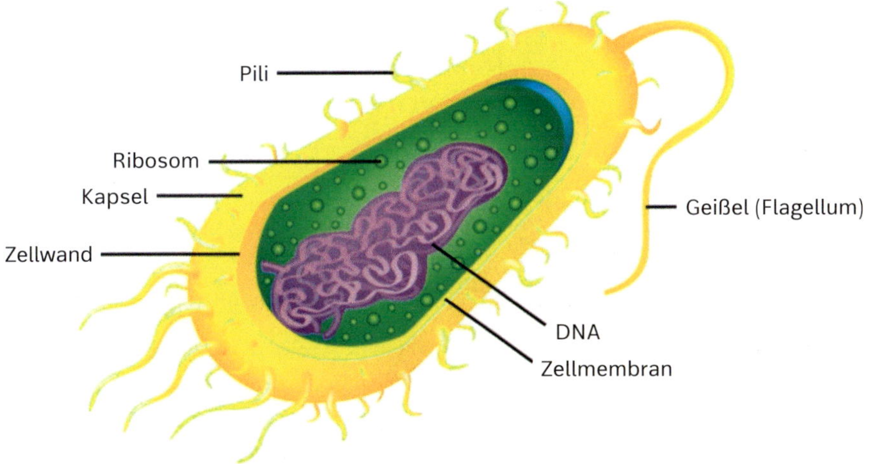

Abb. 1.23: Bau einer Bakterienzelle

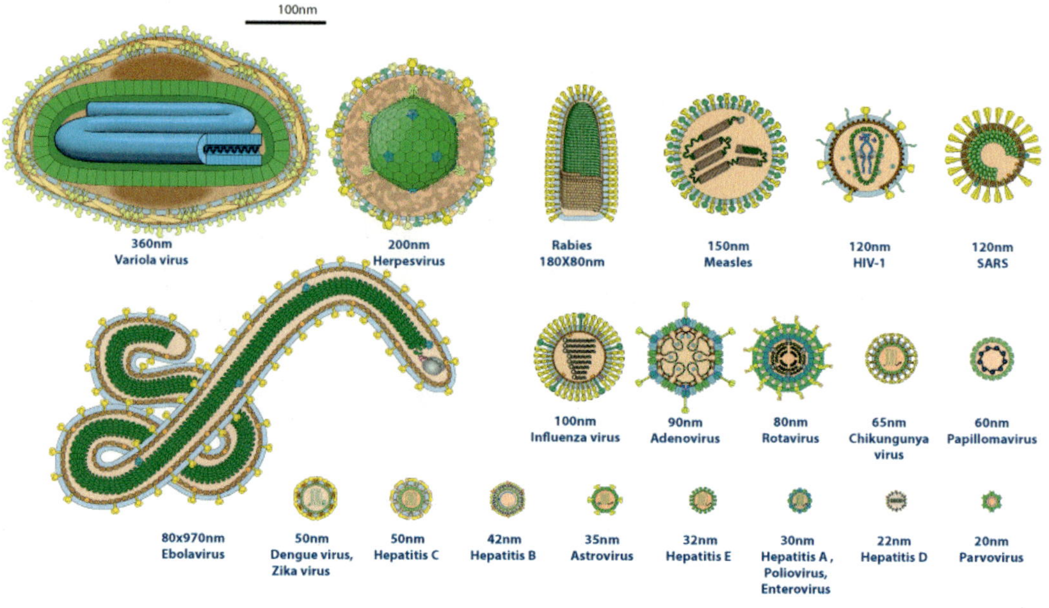

Abb. 1.24: Bau verschiedener Viren

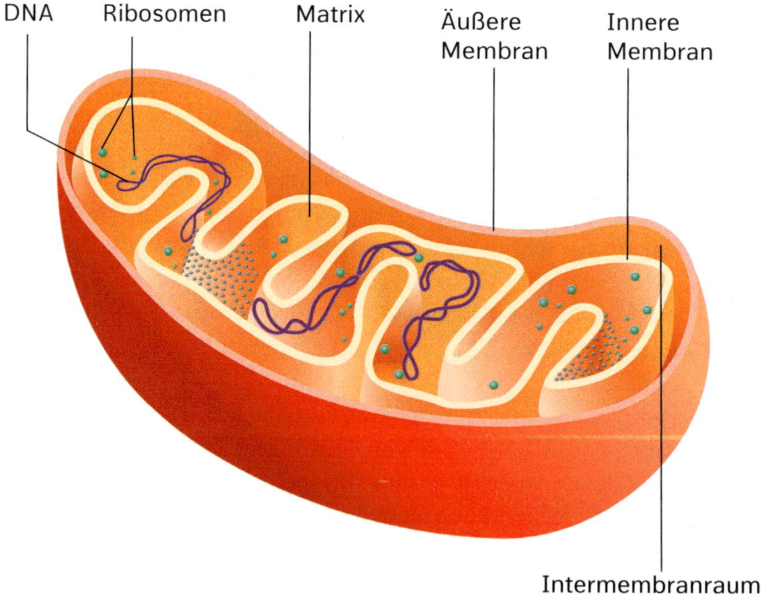

Abb. 1.25: Mitochondrium

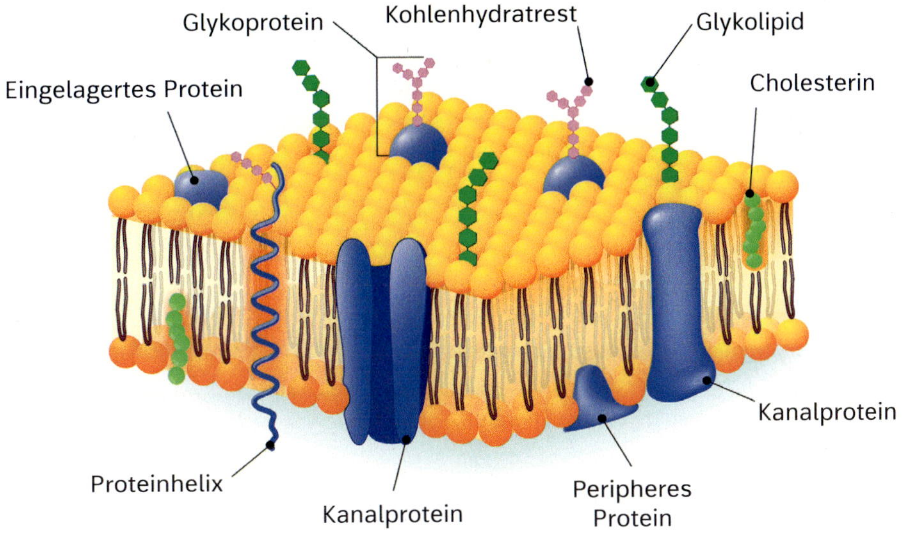

Abb. 1.26: Biomembran

1.1.7 Die Bedeutung des ATP

Nach der Betrachtung, welche Bestandteile in der Nahrung für welche Prozesse im Körper benötigt werden, stellt sich die Frage, wie die in Nährstoffen enthaltene Energie im Körper genutzt werden kann.

Sämtliche im Organismus erforderliche Energie wird in Form von **ATP** (Adenosintriphosphat) zur Verfügung gestellt. Es handelt sich dabei um ein Molekül Adenosin (A) mit drei (Tri) daran gebundenen Phosphaten (P). In den Bindungen zwischen dem Adenosin und dem Phosphat steckt jeweils Energie. Wird nun ein Phosphat (P) abgespalten, wird die darin enthaltene Energie frei und kann z. B. für die Bewegung eines Muskels oder für einen Transportvorgang verwendet werden. Aus dem ATP ist dann ein ADP (Adenosin mit zwei (= Di) Phosphaten) geworden, zusätzlich ist ein freies Phosphat übrig. Diese beiden werden im Rahmen der **Zellatmung** wieder verknüpft, unter Zugabe von Energie wird das freie Phosphat erneut verbunden und damit wieder energiereiches ATP zur Verfügung gestellt. Die Energie, die in diese Verbindung hineingesteckt werden muss, stammt aus der Zellatmung. Dieser Prozess findet in den Mitochondrien statt. Hier werden energiereiche Verbindungen, wie zum Beispiel Glucose oder Fett, die durch die Nahrungsaufnahme in den Körper gelangt sind, in einer Kette von Reaktionen gespalten und damit die in den Nährstoffen vorhandene Energie freigesetzt. Diese dann freie Energie kann in die Verbindung ATP gesteckt werden und somit steht dem Organismus Energie zur Verfügung. ATP ist die universelle Energiewährung, vergleichbar mit einer monetären Währung, mit der man nicht nur EU-weit, sondern weltweit bezahlen könnte.

An dem Beispiel des ATP kann man erkennen, dass der Organismus sehr energieeffizient arbeitet. Die Bestandteile der „Währung“ ATP werden immerzu auf- und abgebaut, die Moleküle gehen nicht verloren, sondern werden ständig wiederverwendet. Im Grunde funktioniert das ATP also wie ein Transporter für Energie, der ständig be- und entladen wird.

An diesen Reaktionen sind in allen Teilschritten, wie schon bei der Erläuterung der Proteine angesprochen, Enzyme beteiligt. Diese sorgen dafür, dass bei den erforderlichen Umbauprozessen möglichst wenig Energie für die Herstellung des ATP aufgewendet werden muss, indem sie den für die Reaktionen notwendigen Energieaufwand sehr niedrig halten. Nur auf diese Art und Weise kann eine positive Energiebilanz hergestellt werden.

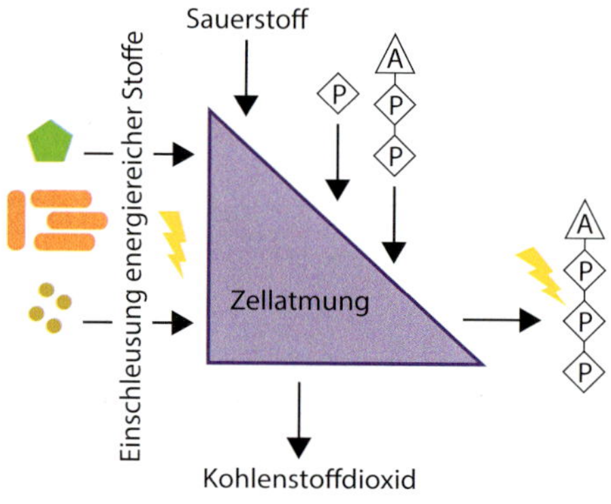

Abb. 1.27: Gewinnung von ATP in der Zellatmung

Viele andere Stoffe, die im Körper als Reaktionspartner benötigt werden, unterliegen ähnlichen Auf- und Abbauprozessen. Wichtige Reaktionspartner in vielen Prozessen sind Wasser oder Sauerstoff. Auch diese werden mithilfe von Trägermolekülen für Reaktionen zur Verfügung gestellt – sozusagen vorübergehend gespeichert.

Sauerstoff ist ein sehr wichtiges Molekül für unseren Stoffwechsel. Vorstehend wurde bereits auf die Bedeutung des Sauerstofftransportes und die Rolle des Eisens als Mikronährstoff eingegangen. Dass ohne Sauerstoff kein Leben möglich wäre, ist allgemein bekannt. Sauerstoff ist unabdingbarer Reaktionspartner bei der Gewinnung von Energie aus den Nährstoffen, die innerhalb der Zellatmung unter Verbrauch des Sauerstoffes erfolgt. Ohne Sauerstoff wäre also keine Energiezufuhr und damit auch kein Stoffwechsel möglich.

Über den Verbrauch von Sauerstoff ist es deshalb auch möglich, den Energieumsatz im Körper zu messen.

1.2 Regulierung des Stoffwechsels – das Beispiel Glucoseregulation

Alle Stoffwechselprozesse im Körper werden reguliert. Es gibt für jeden Prozess bestimmte Signale, die ihn an- oder ausschalten. Auf der energetischen Ebene betrachtet ist dies sinnvoll, denn nur dann kann effektiv Leben stattfinden. Es wäre zum Beispiel unsinnig, wenn Auf- und Abbauprozesse eines Stoffes zeitgleich stattfänden – das Ergebnis würde dann immer gleich „null“ sein!

Häufig sind Signal- oder Botenstoffe Stoffe, die an der fraglichen Reaktion beteiligt sind, entweder als Substrat, also der Stoff, der in einer Reaktion verändert wird, oder als Produkt, also der Stoff, der am Ende einer Reaktion hergestellt wird. Weit verbreitet ist auch die Signalgebung durch Hormone, die als Botenstoffe fungieren.

Ein bekanntes Beispiel für eine Stoffwechselreaktion ist die Regulierung des Blutzuckerspiegels und mögliche Fehlfunktionen, die als Diabetes bezeichnet werden.

Arbeitsauftrag 13:

Der Begriff „Blutzuckerspiegel" ist der Fachausdruck für die Menge an Glucose, die im Blut zu einem bestimmten Zeitpunkt enthalten ist.

Erläutern Sie, woher Glucose im Blut stammt und weshalb der Zuckerspiegel schwankt.

Im Rahmen der Verdauung werden die Inhaltsstoffe der Nahrung in ihre Bestandteile zerlegt – die kleinste Einheit der Kohlenhydrate ist der Einfachzucker, auch Glucose genannt. Diese kleinste Zuckereinheit tritt aus dem Dünndarm, wo sie aus der Nahrung herausgelöst worden ist, in den Blutkreislauf. Dies erfolgt über die Grenzflächen zwischen Darm und Blutgefäßen. Die Glucose wird mit dem Blutkreislauf an alle Stellen des Körpers transportiert und erreicht so alle Zellen im Körper, die auf diesem Weg Energie erhalten. Glucose wird in jeder einzelnen Zelle benötigt, um diese mit Energie zu versorgen. Nachdem also eine Mahlzeit verdaut worden ist, steigt der Blutzuckerspiegel an, da die aus der Nahrung herausgelösten Glucosemoleküle sich nun im Blut, das als Transportmittel dient, befinden. In gewissem zeitlichem Abstand nach einer Mahlzeit ist ein erhöhter Blutzuckerspiegel also der normale Zustand für einen gesunden Menschen. Der Glucosespiegel im Blut sorgt gleichzeitig für die Produktion des Hormons Insulin in der Bauchspeicheldrüse und dessen Ausschüttung in den Blutkreislauf. Das Insulin verbessert die Durchlässigkeit der Zellmembranen für die Glucose, dieser wird damit sozusagen für den Eintritt in die Zelle die „Tür" geöffnet (vgl. Abb. 1.27).

Dieser die Aufnahme von Glucose in die Zellen fördernde Prozess wird auf Anforderung in Gang gesetzt. Ist der Blutzuckerspiegel hoch, ist dies das Signal, Insulin freizusetzen, um die Aufnahme der Glucose in die Zellen zu erleichtern.

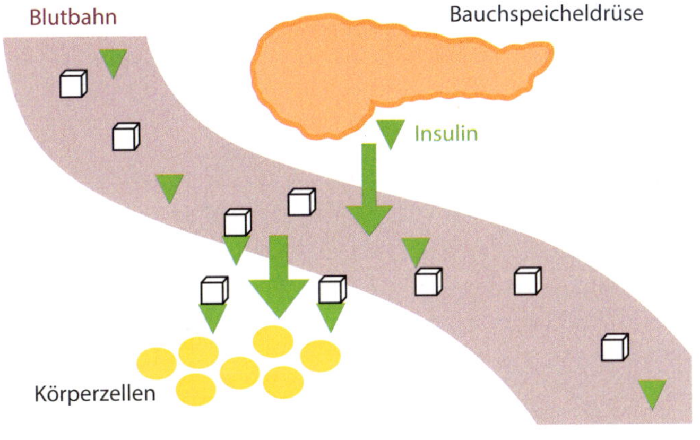

Abb. 1.28: Wirkungsweise des Insulins bei der Aufnahme von Glucose in Zellen

Arbeitsauftrag 14:

Werten Sie die Abbildung 1.27 aus. Berücksichtigen Sie dabei auch die bereits besprochene Vorgehensweise bei der Auswertung von Abbildungen.

Wenn der Blutzuckerspiegel zu weit absinkt, weil der Verbrauch sehr hoch war oder die letzte Mahlzeit ausgelassen wurde, kann der Körper auch diese Abweichung ausgleichen. In der Leber wird Glykogen (ein Polysaccharid) gespeichert, welches bei ausreichendem Glucosegehalt des Blutes aus der Glucose eingelagert wird. Ist nun der Blutzuckerspiegel unterhalb des Sollwertes, so wird der Botenstoff Glukagon, ebenfalls ein Hormon und der Gegenspieler des Insulins, freigesetzt. Dieses Hormon wiederum bewirkt, dass Glykogen und Fett, das im Muskelgewebe gespeichert ist, als Glucose verfügbar gemacht wird. Diese gelangt in den Blutkreislauf und versorgt die Zellen mit Energie.

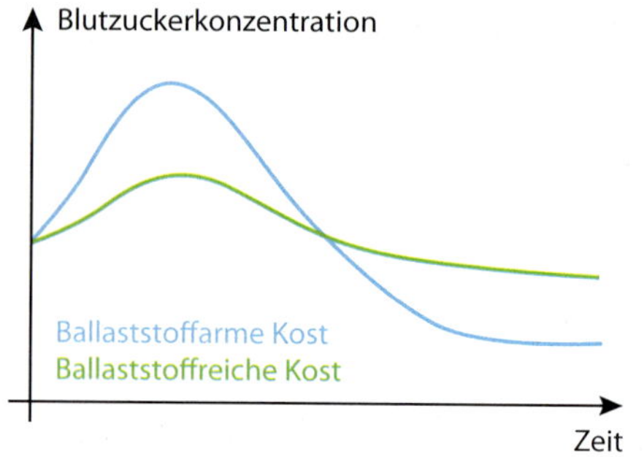

Abb. 1.29: Veränderungen des Blutzuckerspiegels eines gesunden Menschen über den Tag

Auf diese Weise wird bei gesunden Menschen ein relativ konstanter Blutzuckerspiegel erreicht. Für alle Stoffe, die aus der Umwelt aufgenommen und an diese abgegeben werden, gibt es Mechanismen, die ähnlich der beschriebenen Regelung des Blutzuckerspiegels funktionieren. Man bezeichnet dies als Fließgleichgewicht oder Homöostase.

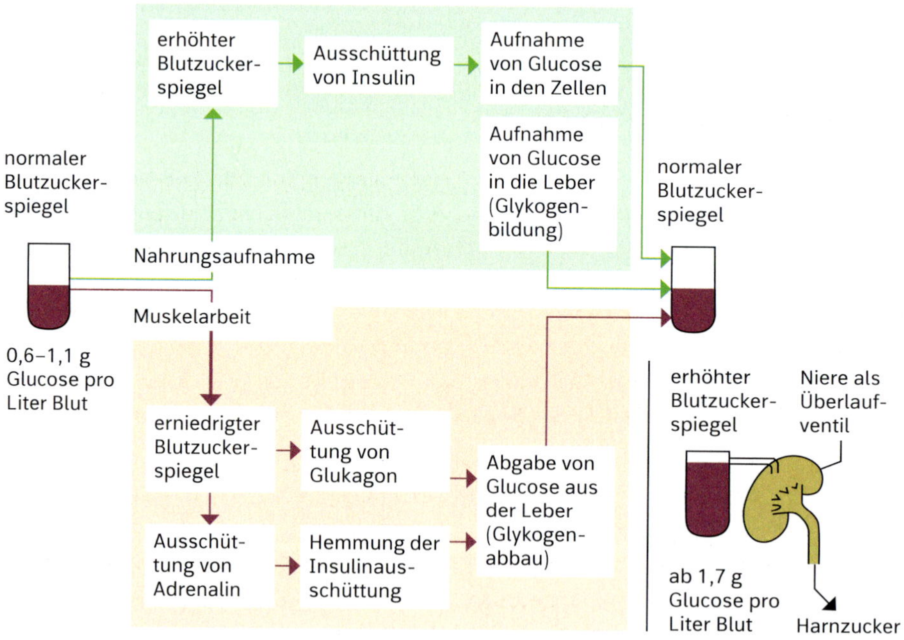

Abb. 1.30: Stoffwechselwege der Blutzuckerregulation (vereinfacht)

1.2.1 Störungen in der Blutzuckerregulation: Diabetes

Als Diabetes werden unterschiedliche Krankheitsbilder zusammengefasst, die Störungen der Regulation des Blutzuckerspiegels sind.

Die wohl bekannteste Form des Diabetes ist der Diabetes Typ 2 – auch bezeichnet als Altersdiabetes – der aufgrund einer zunehmenden Unempfindlichkeit der Zellen gegen Insulin entsteht. Die Rezeptoren der Zellmembranen sprechen nicht mehr auf das Insulin an; es entwickelt sich eine Resistenz. Daher kann die Glucose aus der Blutbahn schlecht in die Zellen gelangen und verbleibt im Blut. Dies führt zu einer Mangelversorgung der Zellen mit Energie und zur Erkrankung der Blutgefäße aufgrund des ständig zu hohen Zuckerspiegels im Blut.

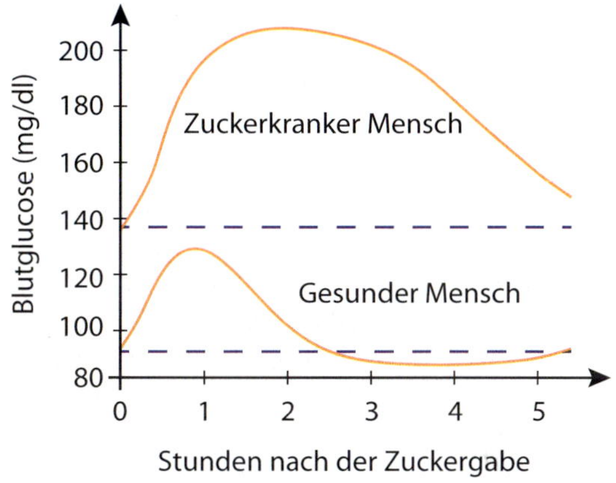

Abb. 1.31: Veränderungen des Blutzuckerspiegels eines gesunden Menschen und eines Diabetikers im Vergleich über den Tag

Arbeitsauftrag 15:
Werten Sie die Abbildung 1.31 aus.

Diese Form des Diabetes steht häufig im Zusammenhang mit falscher Ernährung. Die verschlechterte Reaktion der Zellen auf das Insulin führt zunächst zu einer Mehrproduktion des Hormons. Diese wiederum überfordert und schädigt langfristig die Insulin produzierenden Betazellen der Bauchspeicheldrüse. Leichte Formen dieser Erkrankung sind durch eine Umstellung der Ernährung und der Bewegungsgewohnheiten zu behandeln, bei schwereren Formen muss dem Körper das Hormon Insulin zugeführt werden, entweder in Tablettenform oder über Injektionen. Die moderne Insulinproduktion bedient sich gentechnischer Methoden, auf die im Kapitel Genetik näher eingegangen werden wird.

Obwohl sich der Begriff „Altersdiabetes“ eingebürgert hat, ist in den letzten Jahren verstärkt zu beobachten, dass auch Jugendliche und junge Menschen an dieser Form des Diabetes erkranken. Die medizinische Forschung führt dies auf die veränderten Lebens- und Ernährungsgewohnheiten zurück. Insbesondere wird ein Zusammenhang zum hohen Glucosegehalt vieler Lebensmittel gesehen, denn die hohe Zufuhr kann zur Überlastung und Zerstörung der Insulin produzierenden Zellen führen.

Auch die Behandlung mit Insulin verhindert nicht schwere Folgeerkrankungen, die mit einem Diabetes Typ 2 einhergehen: Grauer Star, Durchblutungsstörungen bis hin zur notwendigen Amputation von Gliedmaßen (diabetischer/s Fuß/Bein), Polyneuropathien, erhöhtes Herzinfarktrisiko usw. Zwingend notwendig ist in jedem Fall eine Umstellung der Ernährungsgewohnheiten!

Arbeitsauftrag 16:

Der Text stellt dar, dass es weitere Formen des Diabetes gibt. Die Folgen der Erkrankung sind ähnlich, die Ursache ist aber eine andere. Diabetiker, die unter dem Typ-1-Diabetes leiden, sind lebenslang auf die Insulintherapie angewiesen.

Versuchen Sie unter Einbeziehung der Informationen und Abbildungen aus diesem Kapitel zu erklären, durch welche andere Einschränkung in der Funktionskette der Blutzuckerregulation ein Diabetes entstehen könnte.

Das Beispiel des Diabetes steht für Prozesse im Körper, die in ihrer Funktionsweise auf ähnlichen Prinzipien aufgebaut sind:

Systeme werden auf einer ausgeglichenen Ebene gehalten (Homöostase). Dies geschieht durch Regelsysteme, die mit Botenstoffen arbeiten.

Die Regelungen sind durch das Gegenspielerprinzip jeweils in beide Richtungen beeinflussbar – bestimmte Stoffe steuern in gegensätzliche Richtungen.

Arbeitsauftrag 17:

a) Nennen Sie weitere Beispiele für Regelsysteme oder Fließgleichgewichte im menschlichen Körper.

b) Recherchieren Sie, wie sich weitere bekannte Formen des Diabetes entwickeln, z. B. Diabetes Typ 1 oder Schwangerschaftsdiabetes.

c) Begründen Sie, weshalb regelmäßige Bewegung bzw. sportliche Betätigung für den Diabetes Typ 2 beschwerdemindernd wirkt.

Das Beispiel des Diabetes steht auch für Erkrankungen, die im Zusammenhang mit Ernährung auftreten können. Man kann dabei unterscheiden zwischen solchen, die im Zusammenhang mit der Umwelt, also der eigenen Ernährungsweise, auftreten, und solchen, die unmittelbar körperlich bedingt sind.

Arbeitsauftrag 18:

Verteilen Sie in der Klasse Themen für Kurzreferate, die sich mit Besonderheiten der Ernährung im weitesten Sinne befassen.

Diese können als Kurzreferate in Hausarbeit oder in Gruppenarbeiten in der Schule angefertigt werden. Recherchieren Sie im Internet Informationen. Achten Sie darauf, dass Sie seriöse Seiten für Ihre Materialien auswählen! Dies können z. B. verschiedene Ministerien, Verbraucherzentralen, Krankenkassen oder ähnliche Institutionen sein, aber auch Seiten von Selbsthilfegruppen, also Betroffenen. Die Quellen müssen jeweils angegeben werden.

Einige Vorschläge für zu bearbeitende Themen werden hier gemacht; diese Liste hat aber keinen Anspruch auf Vollständigkeit. Sollten Sie Interesse an anderen Themen haben, besprechen Sie mit Ihrer Lehrkraft, ob die Bearbeitung möglich ist.

Mögliche Themen könnten sein:

Magersucht, Bulimie, Adipositas, Lactose-Intoleranz, Zöliakie, Vegetarismus, Biolebensmittel, Sportlerernährung, Diäten, Vitamine, Fettstoffwechselstörungen, Jodmangel, Mangelernährung, ...

1.2.2 Nachhaltigkeit in der Ernährung

Abb. 1.32: Ernährung – am besten gesund und nachhaltig

Der Aspekt der Nachhaltigkeit spielt in unserem Alltag eine immer größere Rolle. Mit diesem Begriff wird ein Handlungsprinzip beschrieben, welches sich auf all unser Handeln beziehen soll, mit dem Ziel der dauerhaften Erhaltung und Bewahrung der natürlichen Ressourcen. Auf diese Ziele wird im Kapitel Ökologie näher eingegangen. Hier soll im Zusammenhang mit der Ernährung aber vorgreifend dargestellt werden, dass diese als ein Teil unseres Wirtschaftens erhebliche Auswirkungen hat.

Immer häufiger gerät die Verschwendung von Lebensmitteln in die Schlagzeilen, ebenso wie Berichte über mögliche ökologische Vorteile vegetarischer bzw. veganer Ernährung sowie eine kritische Betrachtung unseres Einkaufsverhaltens, welches aus Sicht der Nachhaltigkeit so umfangreich wie möglich regionale und saisonale Produkte, die dabei weitgehend unverarbeitet sein sollten, bevorzugen sollte. Oft weite Transportwege stellen eine hohe ökologische Belastung dar, zudem werden auch zunehmend Produktionsbedingungen diskutiert – welche Arbeitsbedingungen bei der Produktion der hier zu erwerbenden Lebensmittel herrschen und welche tatsächlichen Emissionen anfallen, sind nur zwei dieser Aspekte. Da diese Fragestellungen Produkte aller Arten betreffen, versuchen sowohl die Bundesregierung als auch die EU, mithilfe der Lieferkettengesetze Transparenz und vor allem auch Verantwortlichkeiten der Verkäufer zu schaffen.

Initiativen der Bundesregierung sind u.a. in Form des Nationalen Aktionsplans „IN FORM“ oder der im Januar 2024 beschlossenen Strategie „Gutes Essen für Deutschland“ zu finden. Darüber hinaus ist aber im Sinne der Nachhaltigkeit auch die weltweite Ernährung ein Thema. Über aktuelle Entwicklungen wird auf der Internetseite der Bundesregierung unter dem Begriff „Ziele nachhaltiger Entwicklung“ berichtet, über die auch in verschiedene Themenbereiche verlinkt wird.

1.3 Das Immunsystem des Menschen

Der menschliche Körper ist wie alle Lebewesen durch viele verschiedene Mechanismen in der Lage, sich vor schädlichen Umwelteinflüssen zu schützen und seinen eigenen Stoffwechsel funktionsfähig zu halten – mit anderen Worten: gesund zu bleiben.

Trotzdem gelingt es einigen Krankheitserregern, in den Körper zu gelangen und den Stoffwechsel in seinem Ablauf zu stören – eine Krankheit bricht aus. Verschiedene Infektionserreger werden in ihrer Klassifizierung und ihren Aufbaumerkmalen im Anhang in Kapitel A.1.1 behandelt.

Wie gelingt es dem Körper, Krankheiten zu bekämpfen und wieder gesund zu werden? Wie kann man den Körper bei den notwendigen Abwehrreaktionen unterstützen? Wie kann bestimmten Erkrankungen vorgebeugt werden?

1.3.1 Das menschliche Immunsystem

Arbeitsauftrag 19:

a) Lesen Sie die Abschnitte des Textes zur Abwehr von Infektionen in reziproker Methode.
b) Nennen Sie Beispiele für Erkrankungen, bei denen eine aktive Immunität erworben wird.
c) Überlegen Sie, was mit dem Begriff „passive Immunität“ gemeint sein kann.

1.3.1.1 Äußere Abwehrmechanismen

Der Schutz beginnt bei der äußeren Beschaffenheit des Körpers: Er ist durch die Haut weitgehend vor dem Eindringen von Fremdkörpern aller Art geschützt. Der auf der Haut befindliche Säuremantel hilft zusätzlich, Keime aller Art abzutöten. An den Stellen, an denen sich im Körper Öffnungen befinden, helfen Schleimhäute und feine Haare beim Abfangen von Eindringlingen. Beispielhaft zerstört in der Nasenschleimhaut das Enzym Lysozym die meisten Krankheitserreger. Aufgenommene Nahrung wird durch die Magensäure desinfiziert.

Abb. 1.33: Äußere Abwehrmechanismen des Menschen

Die äußeren Einflüsse, denen die Gesundheit von Menschen ausgesetzt ist, sind je nach Lebensumständen sehr unterschiedlich. In den Industrieländern herrschen weitgehend gute hygienische Bedingungen, während in den weniger entwickelten Gebieten der Erde massive gesundheitliche Gefährdungen durch die Umwelt bedingt sind: verschmutztes Trinkwasser, Umweltbelastungen aufgrund fehlender Entsorgungskonzepte und schlechter Arbeitsbedingungen, durch Mangelernährung bedingte Schwächen des Abwehrsystems sowie fehlende medizinische Versorgung hinsichtlich Prävention und Behandlung von Krankheiten.

Lebenswandel und berufliche Tätigkeiten in den Industrieländern hingegen führen oftmals zu sogenannten Zivilisationskrankheiten, welche man in den Entwicklungsländern nur selten vorfindet.

1.3.1.2 Innere Abwehrmechanismen

Abb. 1.34: Akute Infektionsgefahr

Sind Krankheitserreger trotz der Barrieren in den Körper gelangt, treten die Mechanismen des Immunsystems in Kraft. Antikörper sorgen dafür, dass Erreger unschädlich gemacht werden.

Das Blut dient nicht nur als Transportmittel für unterschiedliche Substanzen wie z. B. Nährstoffe und Gase, sondern enthält verschiedene Zellen, die ebenfalls transportiert werden. Die roten Blutkörperchen (Erythrozyten) dienen dem Gastransport, die Blutplättchen der Blutgerinnung und die weißen Blutkörperchen der Abwehr und Immunität. Diese zellulären Elemente des Blutes entwickeln sich aus gemeinsamen Stammzellen und besitzen nur eine begrenzte Lebensdauer. Sie werden im roten Knochenmark ständig neu produziert.

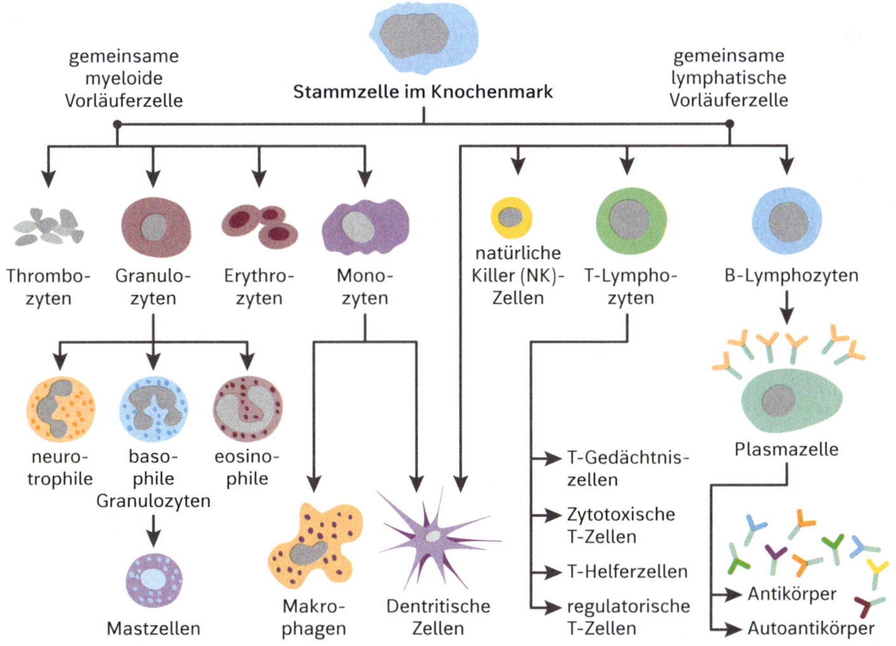

Abb. 1.35: Zusammensetzung des Blutes

Die weißen Blutkörperchen (Leukozyten) treten in fünf unterschiedlichen Varianten auf. Sie alle bekämpfen auf verschiedene Weise Infektionen und bilden ein Immungedächtnis.

Eingedrungene Bakterien werden von weißen Blutkörperchen vernichtet, indem sie als „fremd" erkannt und verdaut, also in ihre molekularen Bestandteile auseinandergebaut, werden. Aufgrund der chemischen Signale, die die Bakterien aussenden, werden die Fresszellen angelockt und verdauen mithilfe ihrer Enzyme die Bakterien. Dies erfolgt in erster Linie durch die Makrophagen: Da sie keine feste Gestalt besitzen, können sie die Fremdkörper umfließen und so einschließen, um sie dann zu verdauen.

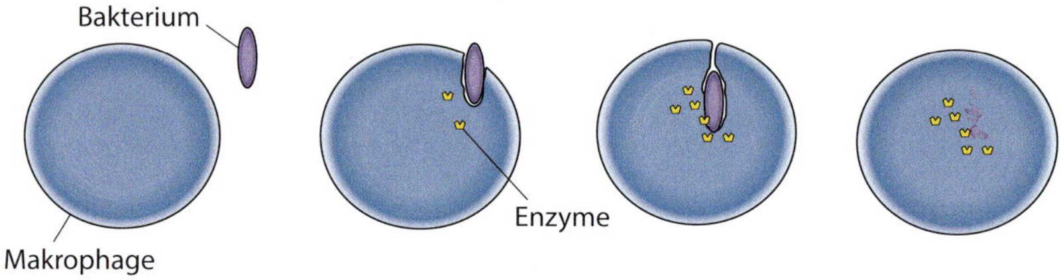

Abb. 1.36: Arbeitsweise eines Makrophagen

Einige krankmachende Erreger, die als Pathogene bezeichnet werden, haben allerdings Mechanismen entwickelt, sich gegen diese Vernichtung zu wehren. Möglich ist das durch eine besondere Beschaffenheit der Außenhülle von Bakterien oder Parasiten, die das Eindringen der Verdauungsenzyme unmöglich macht.

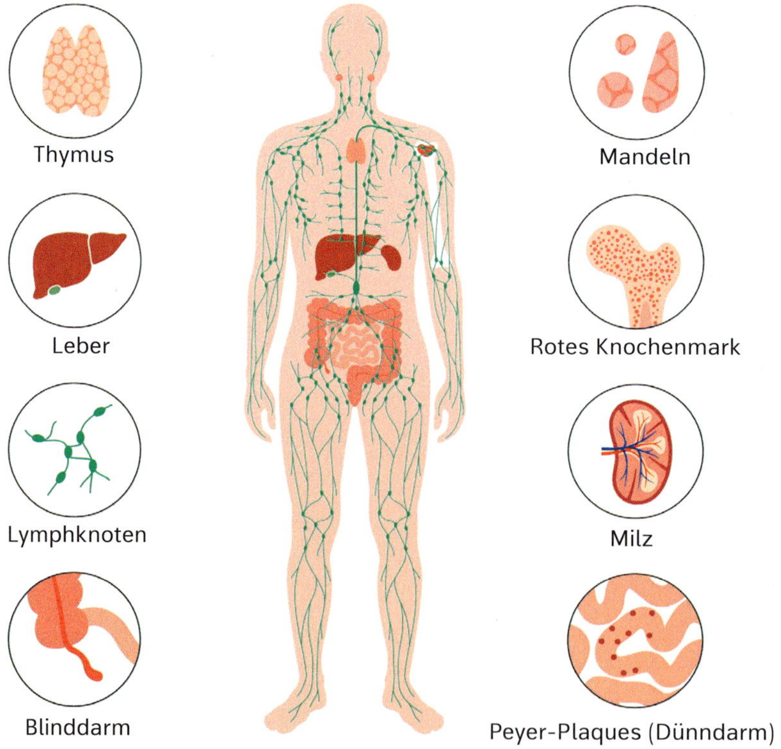

Abb. 1.37: Immunsystem des Menschen – beteiligte Organe

Viele der Fresszellen wandern ständig mit dem Blut oder der Lymphe durch den Körper und damit durch alle Gewebe, viele sind aber auch an bestimmten Punkten des Körpers festsitzend (= stationär), wie in bestimmten Bereichen der Lunge und in den Lymphknoten. Auch der Wurmfortsatz des Blinddarms und die Mandeln gehören neben weiteren Organen zum Lymphsystem und damit zum Abwehrsystem des menschlichen Körpers. Eine andere Variante der weißen Blutkörperchen vernichtet nicht die Eindringlinge selbst, sondern zerstört Zellen des Körpers, die sie als infizierte Zellen erkennen.

Neben diesen bisher beschriebenen Abwehrmechanismen, die der unspezifischen Immunabwehr zugerechnet werden, gibt es ein weiteres spezifisches Abwehrsystem, das auf bestimmte Erreger reagiert.

Erreger, die eine spezifische Abwehrreaktion hervorrufen, werden als Antigene bezeichnet. Aufgrund der speziellen Beschaffenheit der Antigene werden hierauf reagierende Antikörper gebildet. Im Gegensatz zu den bereits beschriebenen unspezifischen Reaktionen wird in diesem Abwehrmechanismus jeweils ein bestimmter Erreger erkannt und vernichtet. Die Antikörper verbinden sich mit einem oder mehreren Erregern und werden als Komplex von den Fresszellen verdaut.

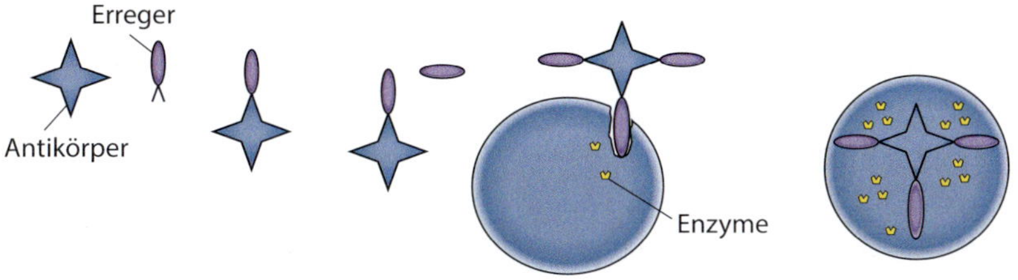

Abb. 1.38: Immunabwehr mithilfe von Antikörpern

Immunreaktionen dieser Art bilden zusätzlich zu den Abwehrzellen auch Gedächtniszellen. Diese sorgen dafür, dass ein Erreger bei erneuter Infektion unverzüglich abgewehrt werden kann. Durch bestimmte Erkrankungen wird also eine aktive Immunität erworben.

1.3.1.3 Abwehrreaktionen

Wie in den letzten beiden Absätzen beschrieben, ist der menschliche Körper durch eine Reihe von Barrieren vor Eindringlingen geschützt, die als „äußere Abwehrmechanismen" bezeichnet werden. Manche Krankheitserreger können diese Barrieren allerdings überwinden, der Körper hat dagegen die „inneren Abwehrmechanismen" entwickelt. In diesem Absatz werden die bei dieser Abwehr ablaufenden Reaktionen genauer beschrieben.

Allgemein werden Krankheitserreger oder dessen Teile als Antigene bezeichnet, gegen die das Immunsystem in Aktion tritt und die jeweils als Erkennungssymbole für Erreger dienen.

Da sich Erreger zunächst in den Körperflüssigkeiten befinden, falls sie die äußeren Barrieren überwunden haben, wird die „humorale Abwehr" (lat. humor = Körperflüssigkeit) aktiv. Die sogenannten Fresszellen werden über das Blut oder die Lymphe durch den Körper transportiert, es handelt sich um eine der Arten weißer Blutkörperchen. Diese können bei Bedarf Blutgefäße und Lymphbahnen verlassen und in das Gewebe eindringen, so z. B. bei einer Wundinfektion. Dann werden Signalstoffe ausgeschüttet, die die Fresszellen veranlassen, zum Infektionsherd zu wandern. Die Fortbewegung der Fresszellen erfolgt kriechend, ihre Form ändert sich ständig. Sie sind in der Lage, Krankheitserreger zu „umfließen“ und sie somit einzuschließen.

Wenn die Fresszelle mithilfe ihrer Pseudopodien den Krankheitserreger umfließt, entsteht in ihrem Zellinneren eine Nahrungsvakuole. Dort hinein werden Verdauungsenzyme abgegeben, die für die Auflösung des Krankheitserregers verantwortlich sind – man bezeichnet dies als Phagozytose. Teile des Erregers (Antigene) werden danach an die Oberfläche der Fresszellen transportiert und auf der Membranaußenseite „präsentiert“.

Dieses Präsentieren der Antigene an der Membranoberfläche der Fresszellen aktiviert und informiert die T-Helferzellen über die Art und Beschaffenheit des eingedrungenen Krankheitserregers. Eine T-Helferzelle, die den passenden Rezeptor besitzt, dockt an das Antigen an. Aufgrund des Antigenkontakts vermehrt sie sich vielfach. Die T-Helferzellen setzen damit weitere spezifische Abwehrreaktionen unserer Immunabwehr in Gang. Neben der Aktivierung weiterer Immunzellen (siehe unten) werden Gedächtniszellen gebildet, die der Immunität bei erneutem Eindringen dieses speziellen Krankheitserregers zu einem späteren Zeitpunkt dienen.

Auch die sogenannten B-Zellen befindet sich in den Körperflüssigkeiten und tragen wie T-Helferzellen verschiedene Rezeptoren auf ihrer Oberfläche. Auch hier erfolgt eine Aktivierung der Abwehrzelle durch den Kontakt mit dem Antigen, sofern die B-Zelle den passenden Rezeptor besitzt. Der Erreger wird durch Einstülpung aufgenommen, durch Verdauungsenzyme aufgelöst und einzelne Teile – analog zu den Fresszellen – an der Oberfläche präsentiert. Das Andocken einer bereits durch den Kontakt mit dem Erreger aktivierten T-Helferzelle führt zu einer Ausschüttung von Botenstoffen und damit zu einer zusätzlichen Aktivierung der B-Zelle. Diese beginnt sehr rasch mit der Vermehrung und bildet Plasmazellen sowie Gedächtniszellen.

Plasmazellen können große Mengen von Antikörpern produzieren. Es handelt sich dabei um Eiweiße (Proteine), deren Aufbau einem Y ähnelt und die zu den eingedrungenen Krankheitserregern mit ihrer spezifischen Oberflächenstruktur (Antigenen) passen (Schlüssel-Schloss-Prinzip), da sie jeweils speziell für einen bestimmten Erreger hergestellt werden. Wenn in der Körperflüssigkeit Krankheitserreger und Antikörper aufeinandertreffen, verbinden sie sich und verklumpen – dies wird als Antigen-Antikörper-Komplex bezeichnet. Dieser Komplex ist nun für Fresszellen gut zu finden und wird durch diese in der Phagozytose verdaut.

Sind Viren in Körperzellen eingedrungen, können Fresszellen oder Antikörper sie nicht erreichen. Viren nutzen Körperzellen für die eigene Vermehrung. Die Zelle wird dazu gebracht, die Erbsubstanz des Virus zu vervielfältigen und Virushüllsubstanzen zu produzieren. Noch in der Wirtszelle werden die Virusbestandteile zusammengebaut. Neu entstandene Viren infizieren nach Verlassen der „ursprünglichen“ Wirtszelle weitere Körperzellen.

Jedoch werden einige Teile des Erregers (Antigene) bei diesem Prozess an der Oberfläche der Körperzelle präsentiert, welche durch die T-Killerzellen mithilfe eines speziellen Oberflächenrezeptors erkannt werden. Dieser Typ weißer Blutkörperchen ist in der Lage, in Körperzellen eingedrungene Erreger zu bekämpfen. Durch das Andocken an das präsentierte Antigen werden sie aktiviert. Die bereits durch denselben Krankheitserreger aktivierte T-Helferzelle regt durch chemische Botenstoffe die T-Killerzelle zusätzlich an, sich zu vermehren und Klone zu bilden. Ein Teil davon wird zu Gedächtniszellen umgewandelt, ein anderer Teil beginnt mit der Ausschüttung von Perforin: aktivierte T-Killerzellen, die an einer infizierten Körperzelle haften, schütten dieses spezielle Protein Perforin aus. Dieser Stoff durchlöchert (perforiert) die infizierte Körperzelle. Dadurch dringt Flüssigkeit in die Zelle ein, sie bläht sich auf und zerplatzt schlussendlich, wird also vernichtet. Nach Aufplatzen der Wirtszelle gelangen die verbliebenen Krankheitserreger in die Körperflüssigkeit, wo sie auf die Antikörper der humoralen Immunabwehr treffen, die sie nach dem oben beschriebenen Prinzip vernichten.

1.3.2 Infektionserreger

Der Begriff „**Infektionskrankheit**“ (aus dem Lateinischen: inficere = beeinträchtigen, beeinflussen) beschreibt im allgemeinen Sprachgebrauch den Eintritt von Mikroorganismen in einen Organismus sowie ihre Ansiedlung und Vermehrung. Klassifizierungen können nach unterschiedlichen Kriterien erfolgen, z. B. nach der Art der Übertragung, dem befallenen Organ, dem Zeitpunkt der Infektion und weiteren Kriterien. Eine gängige Unterscheidung von Infektionskrankheiten erfolgt nach der Art der Mikroorganismen, auf die an dieser Stelle näher eingegangen werden soll.

1.3.2.1 Bakterien

Bakterien sind etwa 0,1 bis 700 Mikrometer groß. Sie können sehr unterschiedliche Formen aufweisen, wie es beispielhaft in der Abb. A.2 zu sehen ist.
Gemeinsam ist ihnen, dass es sich um einzellige Lebewesen mit eigenem Erbgut und eigenem Stoffwechsel handelt. Sehr viele Bakterien leben in Symbiose mit dem menschlichen Körper, das bedeutet, dass sie einen positiven Beitrag zur Gesundheit des Menschen leisten. Aktuelle Forschungen gehen davon aus, dass die Darmflora des Menschen mindestens 500 bis 1 000 unterschiedliche Bakterienarten enthält.

Nur etwa ein Prozent aller Bakterien lösen Krankheitserscheinungen beim Menschen aus. Diese Bakterien produzieren für den Menschen giftige Stoffwechselprodukte, die Krankheitsbeschwerden auslösen. Viele Bakterien sind Überlebenskünstler und können auch unter schwierigen Umweltbedingungen sehr lange überleben. Bakterien kommen natürlicherweise überall in der Umwelt vor. Ihr Aufbau unterscheidet sich von anderen Lebewesen dadurch, dass sie zusätzlich eine die Zellwand umgebende Hülle, z. B. aus Polysacchariden, besitzen, die sie gegen Umwelteinflüsse schützt.

Bekannte Bakterien sind zum Beispiel Salmonellen, die die Salmonellose verursachen, eine typische Lebensmittelerkrankung. Staphylokokken können Abszesse oder eine Blutvergiftung auslösen. Krankheiten wie Tuberkulose, Keuchhusten, Scharlach oder Harnwegsinfekte werden durch Bakterien verursacht, Durchfallerkrankungen und Lungenentzündungen können sowohl durch Bakterien als auch durch Viren entstehen.

Bakterielle Erkrankungen lassen sich durch Antibiotika bekämpfen. Da Bakterien über einen Stoffwechsel verfügen, nehmen sie die entsprechenden Stoffe von außen auf und können durch diese in ihrer Vermehrung gehindert oder vernichtet werden.

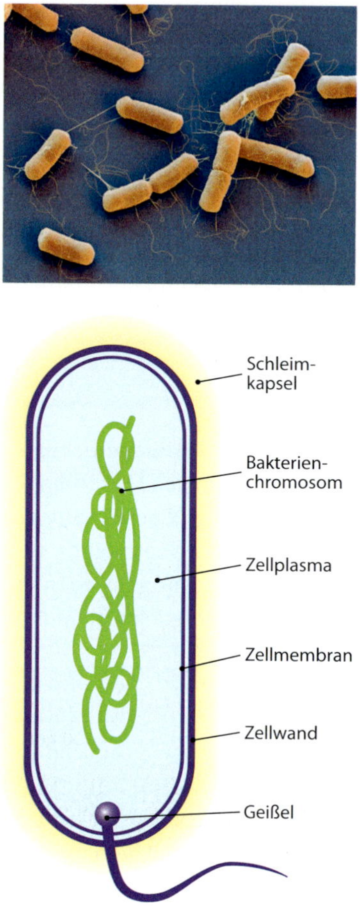

Abb. 1.39: Bakterium schematisch

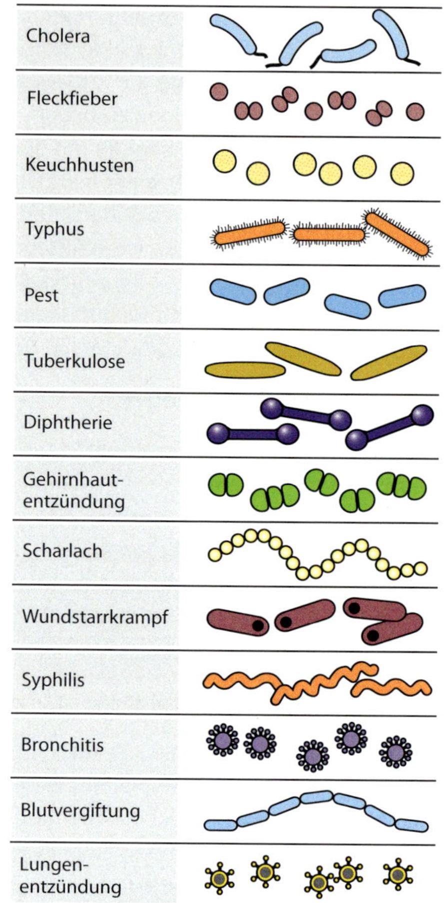

Abb. 1.40: Krankheitserregende Bakterien

1.3.2.2 Viren

Viren sind einfach aufgebaut: Sie bestehen aus einem oder mehreren Molekülen und sind manchmal von einer Eiweißhülle umgeben. Die Moleküle enthalten das Erbgut. Viren sind keine Zellen, sie haben keinen eigenen Stoffwechsel, keine eigene Energiegewinnung und keine Möglichkeit zur Proteinherstellung – aus biologischer Sicht sind sie daher streng genommen auch keine Lebewesen. Aufgrund ihrer geringen Größe von 20 bis 300 Nanometern sind sie nur unter einem Elektronenmikroskop zu erkennen. Sie treten in vielen verschiedenen Formen auf und können oval mit Geißel, rund oder auch stäbchenförmig sein.

Da Viren weder über einen eigenen Stoffwechsel noch über die Fähigkeit zur Proteinsynthese verfügen, docken sie sich in den Zellen des befallenen Organismus an („Wirtszellen“) und bringen diese dazu, den Virus zu vermehren (vgl. Abb. 1.40). Medikamentös können nur wenige Virusarten bekämpft werden. Da Viren keinen Stoffwechsel haben, sind zum Beispiel Antibiotika gegen Viren wirkungslos. Hat das körpereigene Immunsystem jedoch

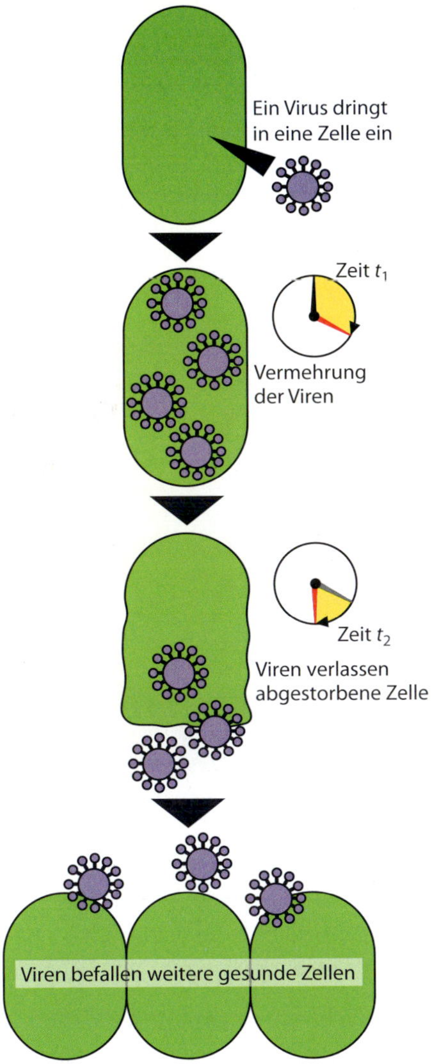

Abb. 1.41: Form und Größe einiger Viren

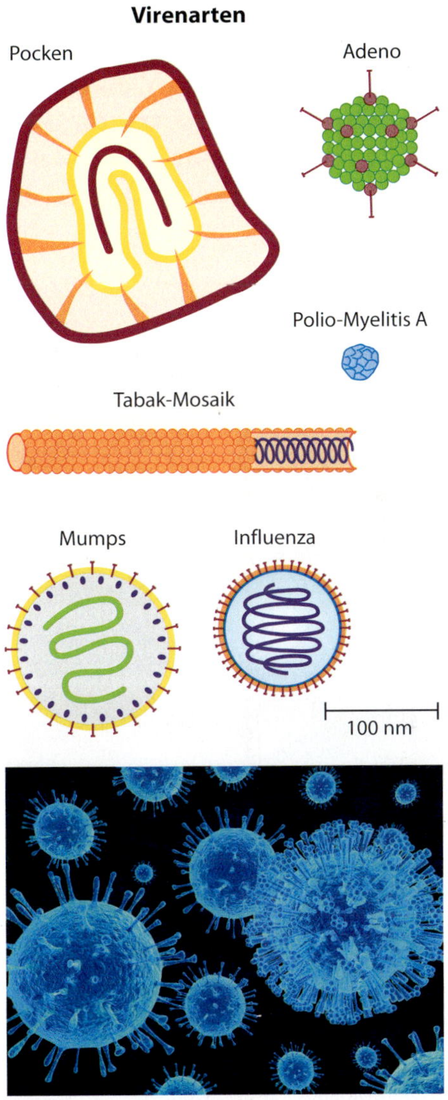

Abb. 1.42: Form und Größe einiger Viren

den Erreger erfolgreich bekämpft, entsteht in vielen Fällen eine Immunität. Viren verändern sich genetisch ständig, daher ist zum Beispiel gegen das Influenza-Virus („Grippevirus") jährlich erneut eine Impfung notwendig.

Erkrankungen durch Viren sind zum Beispiel relativ harmlose Erkältungen oder Lippenherpes, viele der Magen-Darm-Infektionen, einige der „klassischen" Kinderkrankheiten wie Windpocken, Masern und Röteln. Viren verursachen aber auch sehr ernste Erkrankungen wie Aids oder Hepatitis.

1.3.2.3 Pilze

Pilze sind aufgrund ihrer Bauart weder den Pflanzen noch den tierischen Organismen zuzuordnen. Sie bestehen aus einem Geflecht von lang gezogenen Zellen (Myzel), die Fruchtkörper bilden können (umgangssprachlich: Pilze). Dies ist zum Beispiel der Belag, den wir bei Schimmelbefall von Lebensmitteln beobachten können. Pilze besitzen als Schutz gegen die Umwelt eine Zellwand. Der Fruchtkörper trägt Sporen, die weit fortgetragen werden und unter günstigen Bedingungen keimen können.

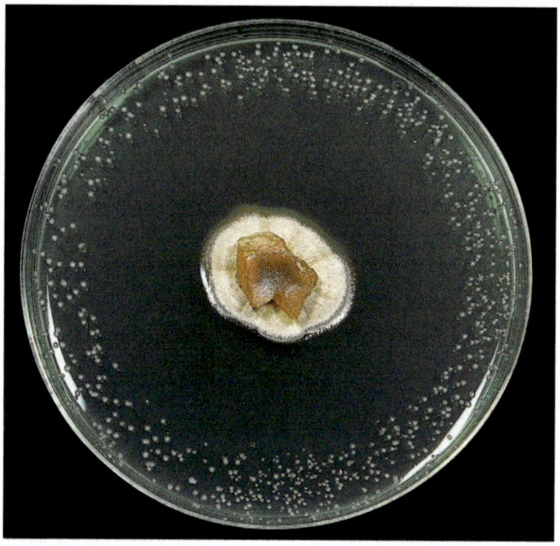

Abb. 1.43: Schimmelpilz – Fruchtkörper

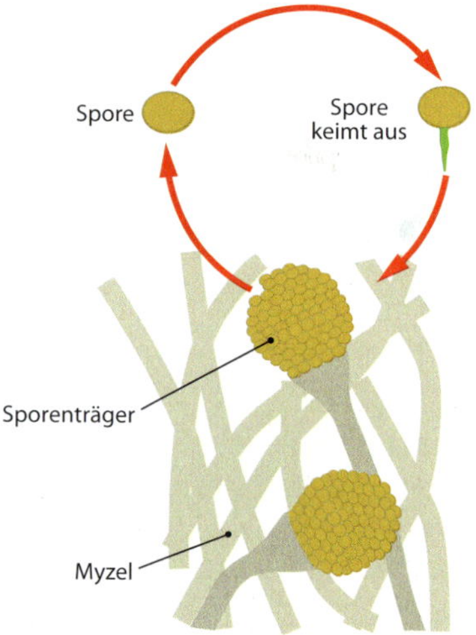

Abb. 1.44: Vermehrung von Pilzen

Viele Pilze sind für den Menschen nützlich oder neutral; Krankheiten, die durch Pilze verursacht werden, bezeichnet man als Mykosen. In der Regel sind Haut, Nägel oder Schleimhäute betroffen, nur selten werden innere Organe durch Pilze befallen. Behandlungen sind durch Antipilzmittel möglich, die zum Beispiel den Aufbau der Zellwand verhindern oder diese löchrig machen.

1.3.2.4 Parasiten

Parasiten sind Lebewesen, die von ihrem Wirt leben und diesen schädigen. Parasiten des Menschen sind zum Beispiel Kopfläuse, Bandwürmer oder Flöhe. Parasiten selber machen in der Regel nicht krank (von unangenehmen Begleiterscheinungen wie z. B. Juckreiz bei Läusebefall abgesehen) und können häufig chemisch gut behandelt werden. Parasiten vermehren sich durch Eier.

Problematisch ist jedoch, dass einige der Parasiten Krankheitserreger auf den Menschen übertragen können. So wird das Malariavirus durch Mücken übertragen (siehe Abbildung A.8), Zecken können Borreliose (Bakterien) und FSME (Virus, das Hirnhautentzündung auslösen kann) übertragen. Auch die Toxoplasmose, die insbesondere für Ungeborene gefährlich ist, ist eine Infektionskrankheit, die durch Parasiten übertragen wird.

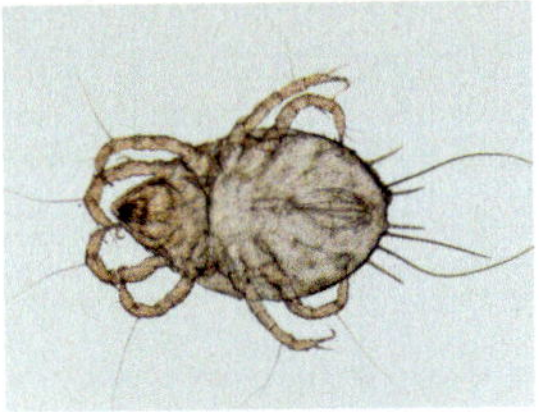

Abb. 1.45: *Beispiele für Parasiten: Krätzmilbe, Kopflaus*

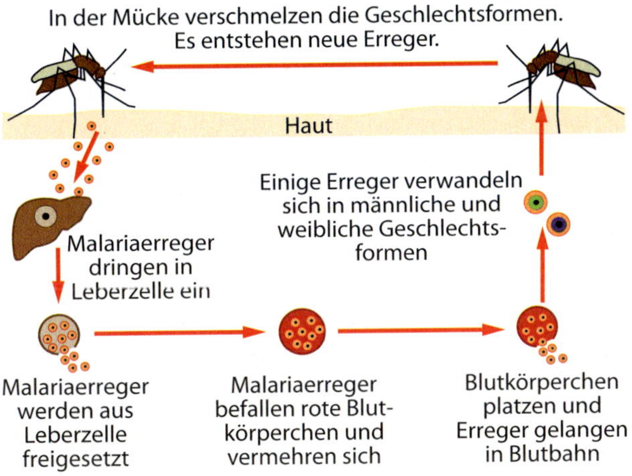

Abb. 1.46: *Beispiel für Parasiten: Malariaübertragung*

Arbeitsauftrag 20:

Auf der Internetseite der Bundeszentrale für gesundheitliche Aufklärung unter http://www.infektionsschutz.de finden Sie Erregersteckbriefe für unterschiedliche Infektionskrankheiten.

Erarbeiten Sie in Kleingruppen verschiedene Krankheiten und stellen Sie diese als Kurzreferat, anschaulich auf einem Plakat dargestellt, in Ihrer Lerngruppe vor.

1.3.3 Immunbiologische Grundlagen

1.3.3.1 Starkes Immunsystem

An der Immunabwehr des Menschen sind viele Organe beteiligt (vgl. Abb. 1.37). Sie dienen der Speicherung und Weitergabe von abwehrrelevanten Informationen sowie der Produktion oder dem Abbau beteiligter Zellen.

Die im vorherigen Abschnitt dargestellten unterschiedlichen Gedächtniszellen werden gespeichert, die Bestandteile abgebauter Erreger müssen vernichtet werden. Dies geschieht unter Beteiligung der in der Abbildung dargestellten Organe.

Über eine Stärkung des Immunsystems kann man sich an vielen Stellen informieren. Je nach Autor und häufig auch nach der damit verbundenen Interessenlage können dabei verschiedene Maßnahmen in den Fokus gerückt werden.

Wie bereits weiter oben erwähnt, ist für ein gesundes Immunsystem eine ausgewogene Ernährung essenziell. Wer auf reichhaltige und bunte Kost achtet, benötigt in der Regel keine sogenannten Ergänzungsstoffe, wie sie heutzutage überall angeboten werden. Bewegung an der frischen Luft oder Sport begünstigen das Immunsystem ebenso wie ausreichender Schlaf und Stressvermeidung. Die Wirksamkeit von z.B. Saunagängen auf das Immunsystem kann wissenschaftlich dagegen nicht nachgewiesen werden – wohl aber auf die Thermoregulation. In gesundem Zustand können solche aber keinesfalls schaden, ebenso wenig wie Wechselduschen, die den Kreislauf anregen. Auch die Stimmung spielt eine Rolle bei der Anfälligkeit, daher ist ebenfalls das psychische Wohlbefinden ein Faktor. Wie bereits erwähnt, hat sich in den Forschungen der letzten Jahre gezeigt, dass die Darmflora eine sehr große Rolle im Abwehrsystem des Menschen spielt.

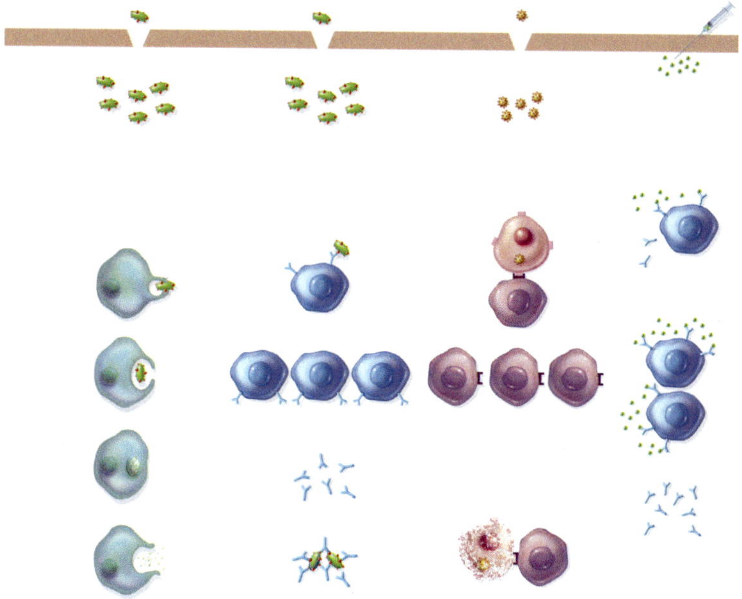

Abb. 1.47: Immunreaktion nach Infektion

1.3.3.2 Immunisierung

Dank der recht weit entwickelten biochemischen und medizinischen Erkenntnisse sind viele Krankheiten heute vermeidbar – Menschen und auch Tiere können gegen bestimmte Erreger geimpft werden.

Bei vielen Erkrankungen wird nach einer Infektion eine **Immunität** aufgebaut. Der Körper bildet die bereits beschriebenen Gedächtniszellen, und ein Erreger, der bereits bekannt ist, wird bei neuerlichem Eindringen in den Körper erkannt und vernichtet. Die krankmachende Wirkung des Erregers kommt gar nicht erst zum Tragen, sondern es erfolgt eine unverzügliche Vernichtung desselben. Daher kann man an den meisten Kinderkrankheiten nur einmal im Leben erkranken.

Impfungen machen sich das Prinzip des körpereigenen Immunsystems auf unterschiedliche Weise zunutze. Bei der aktiven Immunisierung werden abgeschwächte oder abgetötete Erreger gespritzt. Diese werden vom Immunsystem erkannt, führen aber aufgrund ihrer Behandlung nicht zur Krankheit, sondern sorgen für die Bildung von Antikörpern und vor allem auch für die Bildung von Gedächtniszellen. Diese können in der Folge sehr schnell aktiviert werden, wenn der Erreger ein weiteres Mal in den Körper eindringt, und verhindern so eine Erkrankung.

Bei der **passiven Immunisierung** werden nicht die Erreger, sondern die Antikörper gespritzt. Diese Art der Impfung verhindert die Erkrankung durch den entsprechenden Erreger; auf diese Weise werden aber keine körpereigenen Gedächtniszellen produziert. Deswegen müssen diese Impfungen in bestimmten zeitlichen Abständen wiederholt werden.

Aktive Immunisierung

Bei der aktiven Immunisierung wird eine Infektion simuliert. Er werden entweder harmlose Verwandte des Erregers, abgetötete Erreger oder Bruchstücke von solchen Krankheitserregern gespritzt. Der Körper produziert daraufhin Antikörper, die auch den echten, gefährlichen Erreger verklumpen und somit unschädlich machen können. Der Körper bildet bei dieser Reaktion auch Gedächtniszellen. Aktive Impfung findet als Vorbeugung statt, um das Erkranken und vor allem die Gefahr von schweren Nebenwirkungen oder bleibenden Schäden zu verringern. Aktive Impfungen schützen einige Jahre lang, manche auch lebenslang.

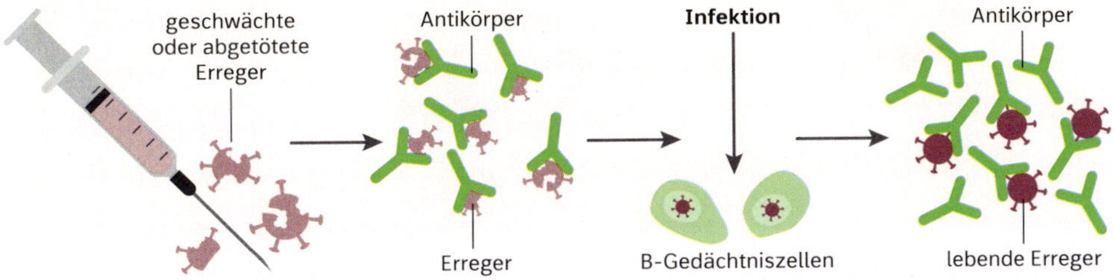

Passive Immunisierung

Bei der passiven Immunisierung wird ein Serum mit fertigen Antikörpern gegen den Erreger verabreicht. Diese Art der Impfung erfolgt bei Verdacht auf eine mögliche Infektion oder zur Unterstützung einer Behandlung. Dieser Impfschutz hält nur für einen begrenzten Zeitraum. Das körpereigene Abwehrsystem wird nicht aktiviert, weshalb keine eigenen Antikörper und damit auch keine Gedächtniszellen gebildet werden.

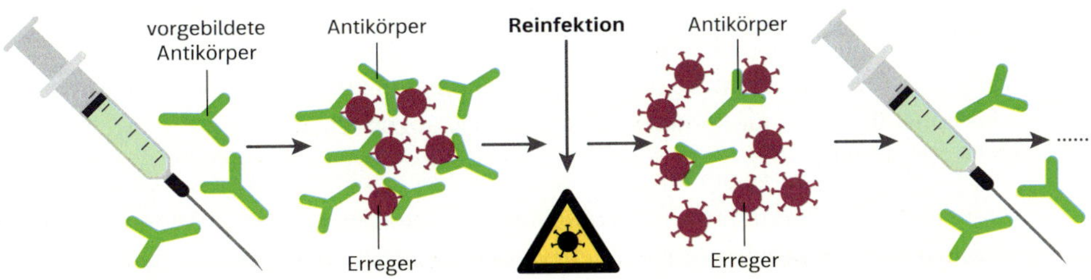

Abb. 1.48: Aktive und passive Immunisierung

Neu auf den Markt gekommen ist im Rahmen der Corona-Pandemie 2021 eine weitere Art der Impfung, nämlich m-RNA-Impfungen. Zum Verständnis dieses Prinzip trägt auch das Kapitel Genetik, insbesondere der Abschnitt über die Proteinbiosynthese, bei, denn darauf beruht diese neue Impfung. Es wird eine Boten-(messenger-)RNA verimpft, mit deren Hilfe in den Zellen die Spike-Proteine (Erkennungs-Proteine) des Virus hergestellt werden. Da es sich bei diesen um für den menschlichen Körper fremde Proteine handelt, reagiert das Immunsystem mit Herstellung der entsprechenden Antikörper, die über einen gewissen Zeitraum gespeichert werden und im Falle einer Infektion zu Nicht-Erkrankung oder abgeschwächten Krankheitsverläufen führen.

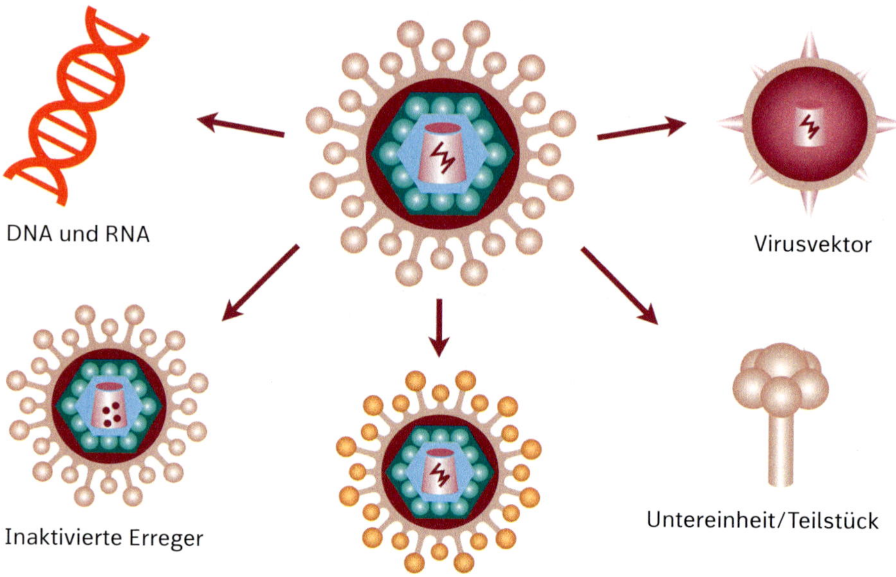

Abb. 1.49: Verschiedene Methoden der Impfung

Eine weitere Impfstoff-Art, die im Rahme der Corona-Pandemie zum Einsatz kamen, sind Vektorimpfstoffe. Dabei wird die Erbinformation des Spike-Proteins des Corona-Virus in ein für Menschen harmloses Schimpansen-Erkältungsvirus eingebaut. Nach der Impfung gelangen diese Proteine in die Zellen und eine Boten-RNA wird dort hergestellt – wie bei den mRNA-Impfstoffen wird dann das Spike-Protein hergestellt und das Immunsystem arbeitet entsprechend.

In der Regel ist mRNA im Körper nur für einen begrenzten Zeitraum haltbar, sodass der verimpfte Stoff über die körpereigenen Systeme abgebaut wird.

Impfungen sind nur gegen Erreger wirksam, die sich selbst nicht oder wenig verändern. Krankheiten, die in früheren Zeiten epidemisch auftraten, können in vielen Gebieten der Erde heute als ausgerottet angesehen werden. Lässt allerdings die Impfbereitschaft der Bevölkerung nach, können sich diese Erreger auch wieder ausbreiten. Andere Erreger dagegen verändern sich genetisch so schnell, dass entsprechende Impfungen nur über einen relativ kurzen Zeitraum wirksam sind und in veränderter Form erneut durchgeführt werden müssen. Zu diesen sich schnell verändernden Pathogenen gehören unter anderem Grippe- und Coronaviren.

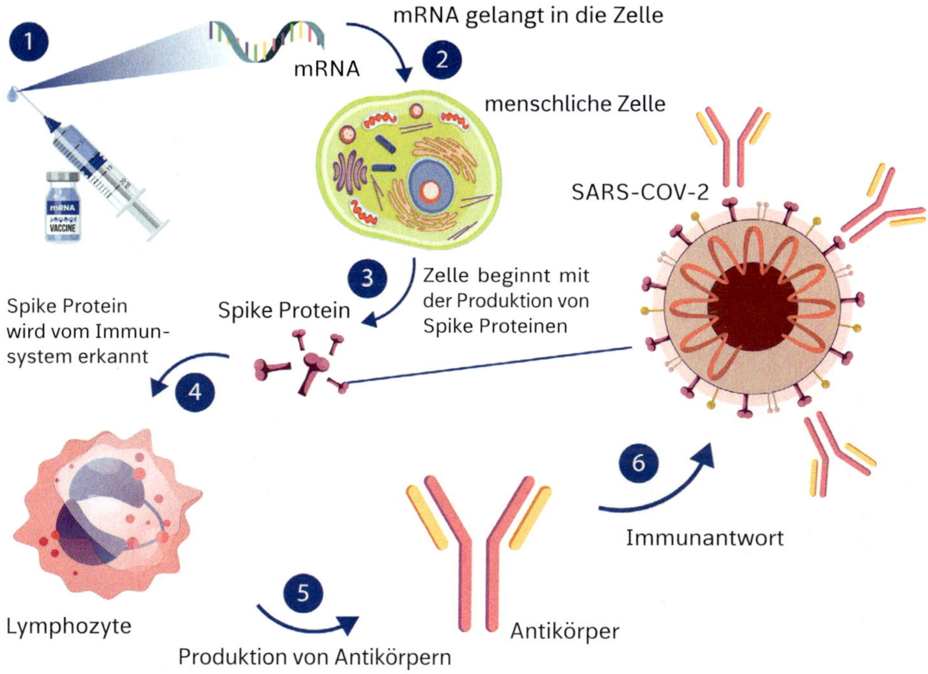

Abb. 1.50: Wirkungsweise einer mRNA-Impfung

1.3.3.3 Ausbreitung von Krankheitserregern

Das Beispiel der Corona-Pandemie im Jahr 2020 hat gezeigt, wie hoch die Geschwindigkeit der Ausbreitung pathogener Viren sein kann – innerhalb von Wochen konnte das Virus sich in zahlreichen Gebieten weltweit ausbreiten. Eine Eindämmung gelang über Monate nicht, die Entwicklung möglicher Impfstoffe war in dieser Situation jedoch verhältnismäßig schnell erfolgreich. Bis dahin wurde zur Eindämmung der Verbreitung in zahlreichen Staaten auf Isolation gesetzt, und das öffentliche Leben kam weitgehend zum Erliegen.

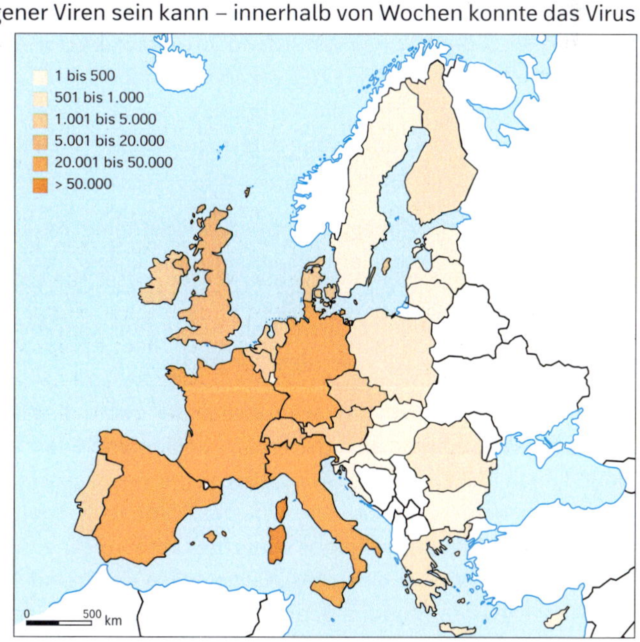

Abb. 1.51: Ausbreitung der Corona-Infektionen im April 2020

Wie rasch und mit welchen verheerenden Wirkungen sich dieses neue Virus verbreitete, davon zeugt die

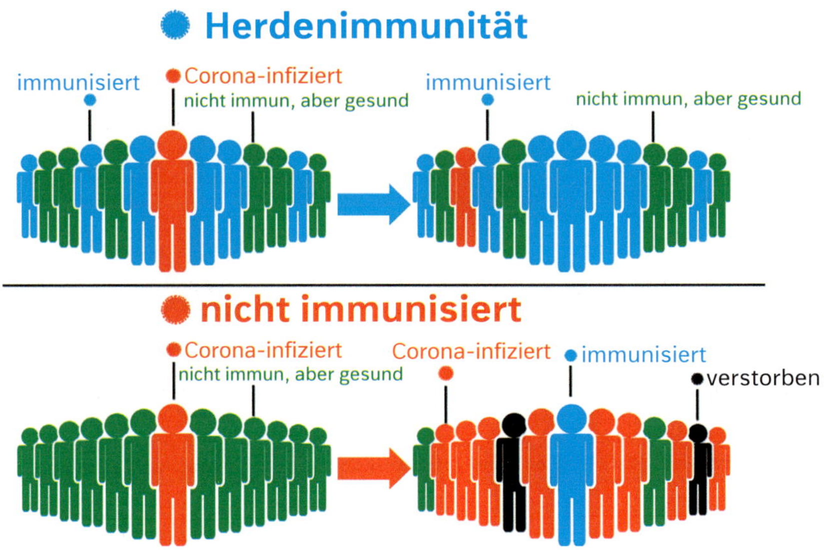

Abb. 1.52: Herdenimmunität am Beispiel des Corona-Virus

Karte (Abb. 1.51) aus dem April 2020, nur wenige Wochen, nachdem das SARS-Cov2 erstmals in Europa nachgewiesen wurde.

Mit der Zulassung der ersten Impfstoffe, die erstmals auf dem oben erläuterten Prinzip der mRNA-Impfung basierten, konnte eine Herdenimmunität erreicht werden. Dies spielt auch bei der Eindämmung vieler anderer Krankheiten die entscheidende Rolle.

Sobald eine größere Menge von Individuen immun gegen einen Erreger ist, verlangsamt sich dessen Verbreitung. Ein Erreger kann sich sehr schnell verbreiten, wenn er auf nicht-immune Menschen trifft – die Verbreitung ähnelt einem Schneeballsystem, welches unterbrochen werden kann, wenn eine ausreichende Anzahl an potenziellen Überträgern nicht mehr an ihm erkrankt.

Bei dem Coronavirus haben sich zwei Besonderheiten herauskristallisiert: Das menschliche Immunsystem speichert scheinbar die Antikörper nicht effektiv, sodass sowohl nach Impfung als auch nach Erkrankung eine erneute Infektion und Erkrankung möglich ist, es wird also keine Immunität erworben. Außerdem können Menschen, die selbst nicht erkranken, trotzdem als Überträger fungieren.

Für zahlreiche Erkrankungen, wie zum Beispiel dem in Kapitel 1.2.1 dargestellten Diabetes als Typ-1-Diabetes, also der erblich bedingten Variante, gibt es solche präventiven Maßnahmen (noch) nicht; sie sind aber in der medizinischen Entwicklung ein wichtiges Forschungsthema. Bei dieser Variante des Diabetes handelt es sich um eine sogenannte Autoimmunreaktion: Der Körper vernichtet körpereigene, notwendige Stoffe, in diesem Fall das Insulin, weil er diese fälschlicherweise als „fremd" erkennt. Hier wird zurzeit an einer umgekehrten Impfung gearbeitet: Dem Körper soll abtrainiert werden, Antikörper gegen Insulin zu bilden.

Arbeitsauftrag 21:

a) Erstellen Sie ein anschauliches Schema darüber, welche Maßnahmen für eine gute Funktionsfähigkeit des körpereigenen Immunsystems geeignet sind.

b) Beschreiben Sie die Methoden der aktiven und der passiven Immunisierung mit eigenen Worten. Nehmen Sie den Text zu Hilfe, beziehen Sie die Abbildung in Ihre Erläuterungen ein.

c) Prüfen Sie Ihren Impfpass und vergleichen Sie mit einem Impfkalender: Gegen welche Erkrankungen erfolgt eine aktive, gegen welche eine passive Immunisierung?

d) Überlegen Sie, weshalb in Deutschland nur gegen bestimmte Erkrankungen standardmäßig geimpft wird; gegen andere, für die es ebenfalls einen Impfstoff gibt, dagegen nicht.

e) Erläutern Sie, inwieweit ansteckende Krankheiten, z. B. Kinderlähmung oder Masern, die in anderen Staaten epidemisch auftreten, ein Risiko für die einheimische Bevölkerung darstellen. Beziehen Sie in Ihre Überlegungen auch die Abb. 1.52 zur Herdenimmunität ein.
Sammeln Sie in Kleingruppen (max. vier Personen) Ideen, wie der geschilderten Gefährdung zu begegnen ist.

f) Informieren Sie sich im Internet, welche zusätzlichen Maßnahmen zum Gesundheitsschutz bei geplanten Reisen in bestimmte Gebiete der Erde empfohlen werden.

g) Informieren Sie sich im Internet, z. B. auf der Seite der BzgA, über vorbeugende und bekämpfende Maßnahmen gegen Infektionskrankheiten wie etwa Hygienemaßnahmen und Meldepflichten.

h) Informieren Sie sich gruppenteilig über den Verlauf von und Gegenmaßnahmen zu Salmonellosen und Toxoplasmosen sowie EHEC (diese Liste kann je nach Gruppengröße angepasst werden) und stellen Sie dem Plenum Ihre Ergebnisse vor.

1.3.3.4 Allergien

Allergien

Der Begriff „Allergie“ (aus dem Griechischen: allos = fremd; ergon = Reaktion) beschreibt eine (oftmals heftige) Reaktion des Immunsystems auf eigentlich harmlose Stoffe. Die Symptomatik ist individuell verschieden. Symptome können unter anderem sein: Juckreiz, Hautausschlag, Atemnot, Bauchschmerzen, Erbrechen, Durchfall, Ekzeme, Nesselsucht, Heuschnupfen.

Allergische Reaktionen werden in vier Typen differenziert. Beispielhaft wird an dieser Stelle auf die Reaktion des Typs 1 eingegangen. Hierbei handelt es sich um die häufigste Form der Allergie, bei der eine sehr schnelle Reaktion auf den allergieauslösenden Stoff erfolgt.

Grund für die übermäßige Reaktion ist dabei das Fehlen von T-Zellen. Diese beschränken normalerweise die Aktivität der IgE-Antikörper. Da die Beschränkung fehlt, werden von den IgE-Antikörpern in großer Menge Stoffe freigesetzt, die eine Entzündungsreaktion einleiten oder aufrechterhalten (z. B. Histamine oder Mastzellen). Die Symptome sind innerhalb von Sekunden bis Minuten möglich und zeigen sich an Haut, Schleimhaut oder auch systemisch.

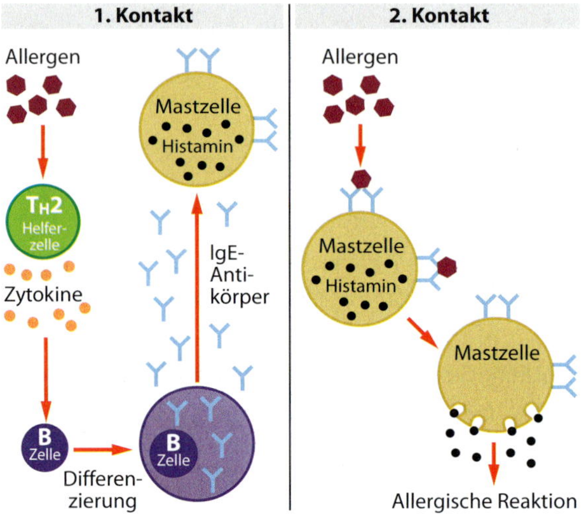

Abb. 1.53: Allergische Reaktionen

Die Diagnose erfolgt durch verschiedene Methoden der Konfrontation mit dem vermuteten Allergen, darauf erfolgende Reaktion bestätigt die Allergie. Das Auftreten allergischer Reaktionen kann man grundsätzlich vermeiden, indem man den Kontakt mit allergieauslösenden Stoffen zu vermeiden versucht. Die allergische Reaktion kann durch medikamentöse Behandlung abgemildert werden oder eine langfristige Beseitigung mithilfe einer Hyposensibilisierung erreicht werden. Hierbei werden sehr geringe, sich steigernde Mengen des Allergens injiziert, um den Körper an den als fremd erkannten Stoff zu gewöhnen und „anzutrainieren", auf diesen nicht mehr mit der überschießenden Abwehrreaktion zu reagieren.

Allergien nehmen seit Jahren ständig zu. Zu den Ursachen dieser Zunahme gibt es verschiedene Hypothesen. So werden z. B. ein durch verstärkte Hygiene unterfordertes Immunsystem, veränderte Ernährungsgewohnheiten und individuelle Lebensstile, Umweltverschmutzung und weitere Möglichkeiten diskutiert.

Arbeitsauftrag 22:

Formulieren Sie anhand der obigen Informationen aus Text und Abbildung den Ablauf einer Allergiereaktion und stellen Sie diesen in einem Regelschema dar.

Vergleichen Sie die Allergie mit der Lactoseintoleranz als Unverträglichkeit und/oder mit dem Typ 1 Diabetes als Autoimmunerkrankung. Überlegen Sie dazu im Vorfeld, welche Kriterien sich für diesen Vergleich eignen, und stellen Sie dann die beiden Erkrankungen einander gegenüber.

(Hinweis: Diese Aufgabe kann auch auf weitere Erkrankungen der beiden Typen erweitert werden und ggf. in Referatsform vorgestellt werden.)

1.3.4 Konsequenzen von Krankheiten – für Individuum, Betriebe und Volkswirtschaft

Krankheiten wirken sich nicht nur in persönlicher, sondern auch in betrieblicher und volkswirtschaftlicher Hinsicht aus. In diesem Kapitel werden die Folgen auf unterschiedlichen Ebenen betrachtet.

Arbeitsauftrag 23:

Stellen Sie in einer kleinen Gruppe von drei bis vier Personen jeweils eine Liste auf:

- An welche eigenen Erkrankungen innerhalb der letzten beiden Jahre können Sie sich erinnern?
- Wie lange haben Sie deshalb in der Schule/bei der Arbeit gefehlt?
- Welche Auswirkungen hatte die Erkrankung für Sie persönlich?
- Gab es Auswirkungen für andere: Mitschülerinnen und Mitschüler, Arbeitskolleginnen und Arbeitskollegen, Arbeitgeberinnen und Arbeitgeber sowie weitere Personen oder Institutionen?

1.3.4.1 Individuelle Folgen von Erkrankungen

Neben der Beeinträchtigung des Gesamtbefindens während der Krankheit können Erkrankungen weitere Folgen nach sich ziehen. Einige Krankheiten können zu dauerhaften Einschränkungen führen, wenn sie chronisch werden oder als Folge eine bleibende Schädigung auftritt. Dies kann im schlimmsten Fall zu einer Berufs- oder gar Erwerbsunfähigkeit führen.

Krankheiten kosten Geld. Arztbesuche und Medikamente belasten das Budget der Krankenkassen und durch das heutige System häufig auch das eigene Portemonnaie aufgrund der Zuzahlungen und Eigenbeteiligungen. Wer länger als sechs Wochen aufgrund der gleichen Erkrankung am Arbeitsplatz fehlt, bekommt statt einer Lohnfortzahlung nur noch Krankengeld. Allerdings wird dieses – sofern die Arbeitsunfähigkeit aufgrund der selben Erkrankung bestehen bleibt – für maximal 72 Wochen gezahlt. Wie sich das finanzielle auswirkt und im weiteren Verlauf auswirken kann, ist der Abb.1.54 mit einem konkreten rechnerischen Beispiel zu entnehmen.

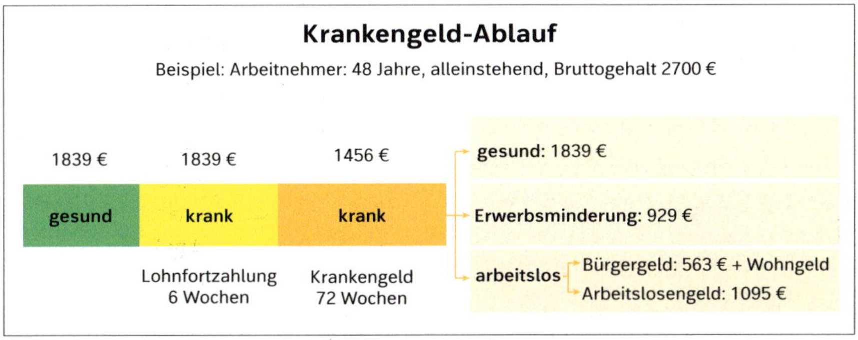

Abb. 1.54: Individuelle finanzielle Folgen von Krankheit (Beispielrechnung, Stand 2025)

Krankheiten können auch zu vorübergehender oder dauerhafter sozialer Isolation führen, je nach Krankheitsbild und Schwere der Erkrankung.

Beste Prävention ist eine gesunde Lebensweise bezüglich der Ernährung, ausreichende Erholungsphasen und viel Bewegung zur Stärkung des Immunsystems.

Ist es zu einer Krankheit gekommen, so ist es sinnvoll, dem Körper die Gelegenheit zur Gesundung und Regeneration zu geben. Eine nicht auskurierte Krankheit führt zu erhöhter Anfälligkeit für ähnliche und andere Erreger, verschleppte Krankheiten können in der Folge Organe in Mitleidenschaft ziehen und sind so in ihren Folgen nicht zu überblicken.

Eine Folge des demografischen Wandels ist, dass das durchschnittliche Alter der Erwerbstätigen in den nächsten Jahren ansteigen wird – und damit verbunden die Häufigkeit bestimmter Erkrankungen in der Arbeitswelt.

Arbeitsauftrag 24:

Erklären Sie, weshalb ein Immunsystem, das an der Abwehr einer Erkrankung arbeitet, anfälliger für weitere Erreger ist.

1.3.4.2 Betriebliche Folgen von Erkrankungen

Das durchschnittliche Alter der Erwerbstätigen steigt in den nächsten Jahren stark an – mit Auswirkung auf die Häufigkeit bestimmter Krankheiten.

Arbeitsauftrag 25:

Werten Sie die Abbildung 1.55 aus und stellen Sie die Ergebnisse differenziert dar. Beachten Sie, dass die Bezugsdaten der beiden Abbildungen unterschiedlich sind.

Die Auswirkungen auf einen Betrieb durch die Erkrankung von Mitarbeitenden sind vielfältig: Neben den Kosten, die durch Lohnfortzahlungen entstehen, muss die ausfallende Arbeitsleistung kompensiert werden. In der Regel müssen Kolleginnen und Kollegen die Arbeit, die nicht erledigt werden kann, mit übernehmen. Dies führt zu einer Mehrbelastung dieser Menschen und kann, je nach Umfang der erforderlichen Mehrarbeit, wiederum zu Erkrankungen führen.

Das häufigere Vorkommen bestimmter Krankheiten mit steigendem Lebensalter der Mitarbeitenden ist zu großen Teilen durch die Lebensführung bedingt – wer aus Unwissen oder Zeitmangel nicht auf gesunde Ernährung und ggf. körperliche Aktivität achtet, wer keine Möglichkeiten findet, den Stress, der häufig durch die Arbeitssituation ausgelöst oder verstärkt wird, abzubauen, ist anfälliger für Krankheiten. Doch das Fehlen am Arbeitsplatz aufgrund von Krankheit ist immer auch eine Risiko im Hinblick auf die Sicherheit des Arbeitsplatzes und kann auch selbst eine Belastung darstellen. Immer häufiger sind deshalb die in der Abbildung 1.56 (Präsentismus und Absentismus) dargestellten Phänomene zu beobachten.

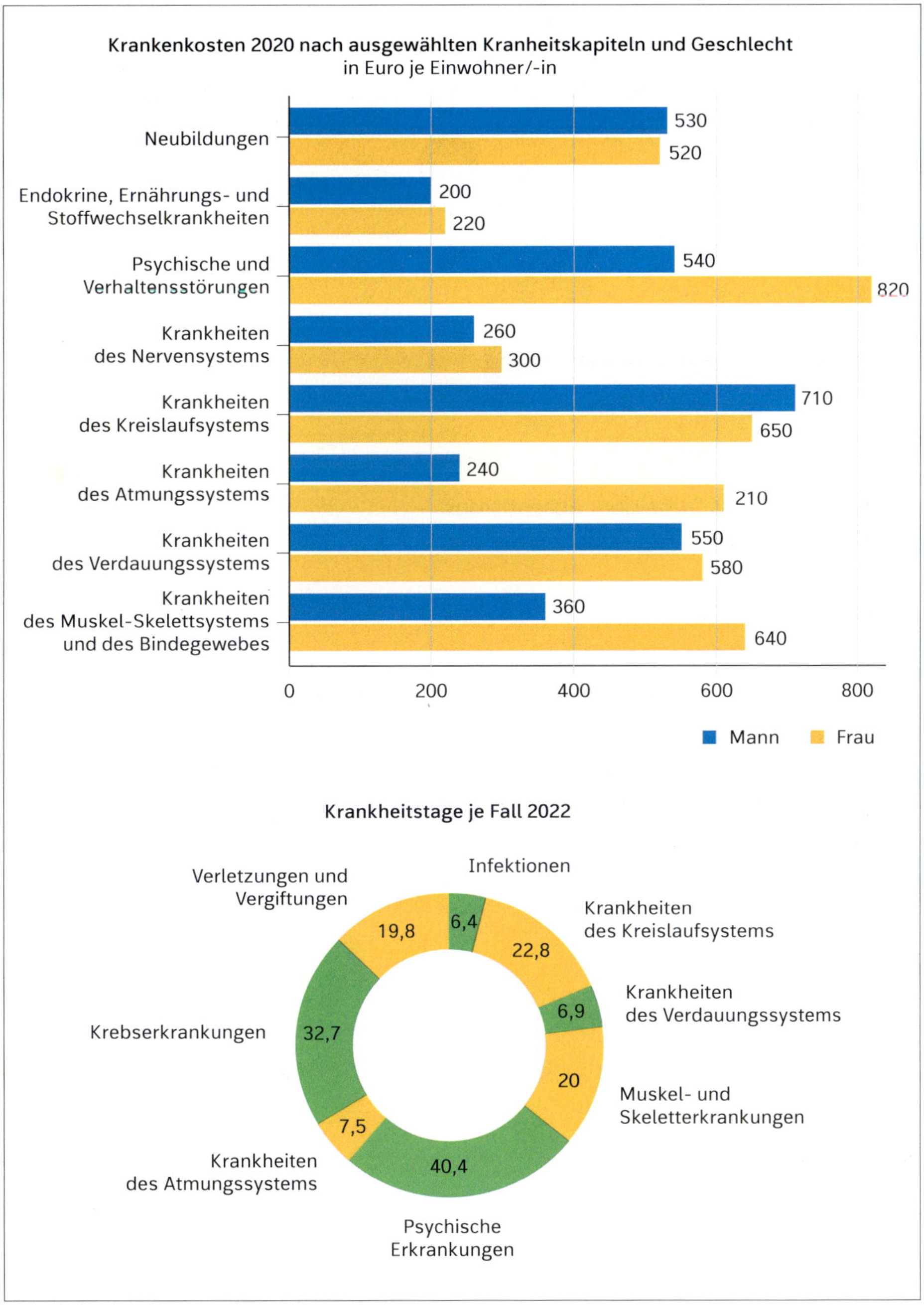

Abb. 1.55: Krankheitskosten nach Krankheiten

Abb. 1.56: Präsentismus und Absentismus

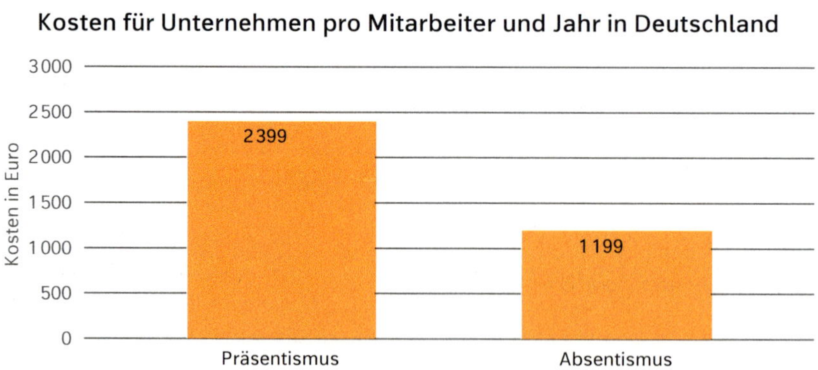

Abb. 1.57: Absentismus und Präsentismus: Kosten (vgl.: Statistisches Bundesamt; BMAS; Booz & Company)

Neben der eigenen Gefährdung und Abstrichen bei der Qualität geleisteter Arbeit beinhaltet das Erscheinen am Arbeitsplatz trotz Erkrankung auch das Ansteckungsrisiko und damit eine Gefährdung aller Kontaktpersonen.

Um gehäuft auftretenden Krankheiten von Mitarbeitenden vorzubeugen, gibt es nach dem Sozialgesetzbuch die Möglichkeit, diesen Maßnahmen anzubieten oder sie mit entsprechenden Anforderungen genügenden Maßnahmen finanziell zu unterstützen. Dazu zählen unter anderem die Bereiche Bewegungsprogramme, Förderung von gesunder Ernährung und Stressbewältigung. Auch fördern viele der gesetzlichen Krankenkassen solche Programme.

Arbeitsauftrag 26:

Erklären Sie unter Berücksichtigung der verschiedenen Abbildungen in diesem Kapitel die Schwerpunkte der Präventionsmaßnahmen durch Arbeitgeber und Krankenkassen.

1.3.4.3 Volkswirtschaftliche Folgen von Erkrankungen

Krankheiten haben in ihrer Gesamtheit Einfluss auf die Volkswirtschaft.

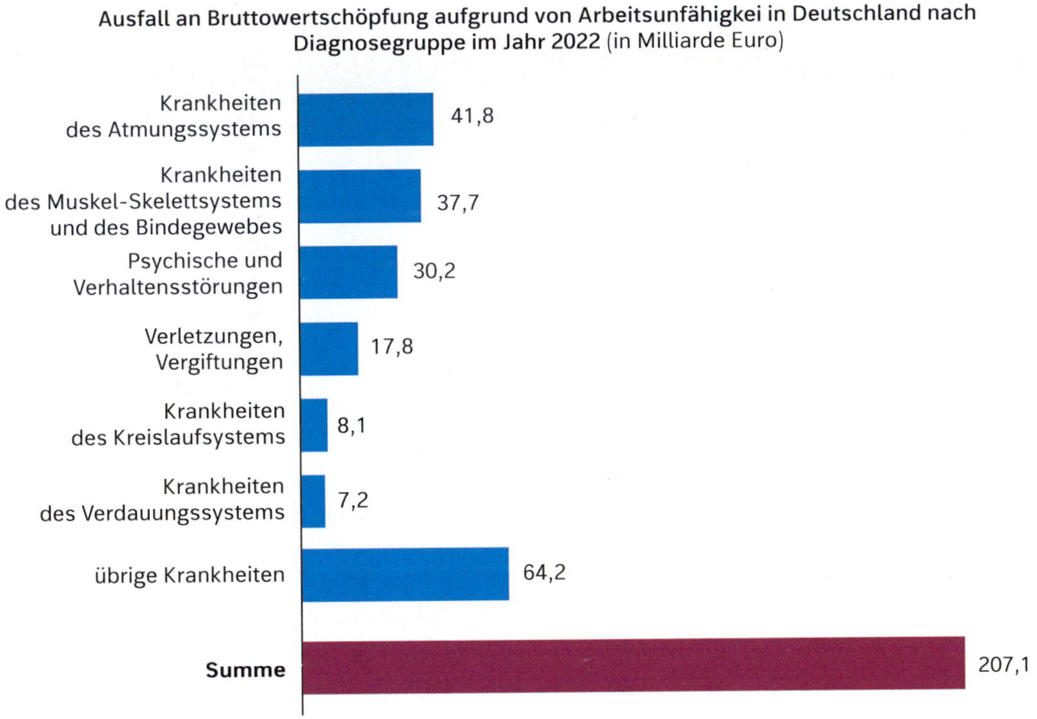

(Quelle: Sicherheit und Gesundheit bei der Arbeit, Bundesministerium für Arbeit und Soziales, 2015)

Abb. 1.58: Ausfall von Bruttowertschöpfung aufgrund von Arbeitsunfähigkeit 2022

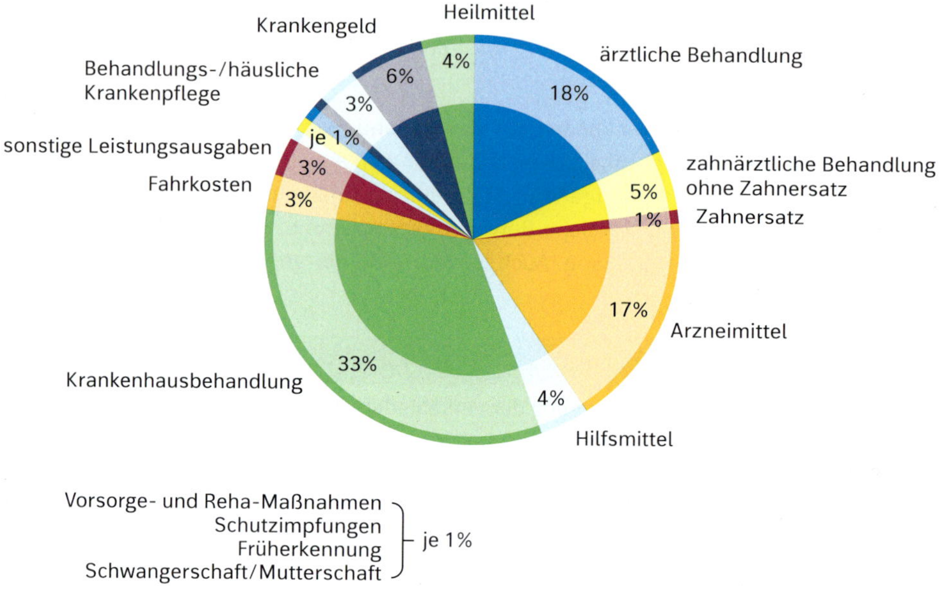

Abb. 1.59: Kosten der Krankenkassen 2021

Arbeitsauftrag 27:

a) Stellen Sie die angegebenen Daten aus der Pressemitteilung unten in passenden Diagrammen dar, indem Sie ein Tabellenkalkulationsprogramm, z. B. Excel, verwenden.

b) Nehmen Sie begründet Stellung zu folgenden Aussagen:

„Für Berufstätige, die vor allem im handwerklichen Bereich arbeiten, sind präventive Gesundheitsmaßnahmen weniger erforderlich als für Mitarbeitende, die mit vielen Menschen in Kontakt kommen."

„Die Bevölkerung in Deutschland ist aufgrund der vielen Impfungen vor weltweit verbreiteten Krankheiten geschützt."

c) Informieren Sie sich über die Richtlinien zur Vorbeugung und Bekämpfung von Infektionskrankheiten. Hierzu zählen z. B. Hygienemaßnahmen, Überwachung, Impfpflichten usw. Stellen Sie drei Beispiele vor und diskutieren Sie deren Wirksamkeit und Sinnhaftigkeit in der Klasse, indem Sie sich zunächst Kriterien zur Bewertung überlegen, mit Hilfe derer Sie die Rechercheergebnisse einander gegenüber stellen können.

WIESBADEN – Im Jahr 2020 verursachten Krankheiten und Gesundheitsprobleme in Deutschland Kosten in Höhe von 431,8 Milliarden Euro. Wie das Statistische Bundesamt (Destatis) mitteilt, sind die Krankheitskosten damit im Vergleich zu 2015 insgesamt um 28 % gestiegen. Die durchschnittlichen Pro-Kopf-Kosten haben sich von 2015 bis 2020 um 25 % auf 5190 Euro erhöht. Bei Frauen lagen sie 2020 mit 5690 Euro etwa um 1000 Euro höher als bei Männern. Jedoch haben sich die Pro-Kopf-Kosten von Männern und Frauen im Zeitverlauf kontinuierlich angeglichen. 2002 entfielen auf Frauen pro Kopf noch 38 % höhere Kosten als auf Männer, 2008 waren es 27 %, 2015 noch 22 % und 2020 noch 21 %.[...]

Höhere Kosten bei Frauen vor allem durch höhere Lebenserwartung

Die höheren Pro-Kopf-Kosten bei Frauen sind neben der unterschiedlichen Bedeutung typischer geschlechtsspezifischer Erkrankungen und den Kosten durch Schwangerschaft und Geburt vor allem auf die höhere Lebenserwartung beziehungsweise den größeren Anteil an den Älteren und Hochbetagten zurückzuführen. Von den fast 2,5 Millionen hochbetagten Menschen, die 2020 mindestens 85 Jahre alt waren, waren 66 % weiblich. Die Angleichung der Pro-Kopf-Kosten zwischen Männern und Frauen ist daher auch durch eine Annäherung der Lebenserwartung und somit einen gestiegenen Männeranteil an den 85-Jährigen und Älteren zu erklären (2002: 24 %, 2020: 34 %).

Krankheiten des Kreislaufsystems verursachen die höchsten Kosten

Auch im Jahr 2020 verursachten Krankheiten des Kreislaufsystems mit 56,7 Milliarden Euro die höchsten Krankheitskosten, dicht gefolgt von psychischen und Verhaltensstörungen mit 56,4 Milliarden Euro. Somit machten beide Krankheitskapitel jeweils rund 13,1 % des gesamten Krankheitskostenvolumens aus. Im Jahr 2002 lagen die Kosten für Krankheiten des Kreislaufsystems mit einem Gesamtkostenanteil von 15,4 % noch um 4,4 Prozentpunkte höher als die Kosten für psychische und Verhaltensstörungen.

Krankheiten des Kreislaufsystems waren bei Männern mit durchschnittlich 710 Euro pro Kopf mit höheren Kosten verbunden als bei Frauen (650 Euro), ein umgekehrtes Bild zeigte sich bei psychischen und Verhaltensstörungen. Hier lagen die Krankheitskosten pro Kopf bei Frauen bei durchschnittlich 820 Euro, bei Männern bei 540 Euro.

Krankheiten des Verdauungssystems verursachten mit 47,1 Milliarden Euro oder 10,9 % die dritthöchsten Krankheitskosten. Bestimmt werden sie überwiegend von den Kosten für zahnärztliche Leistungen und Zahnersatz. An vierter Stelle folgten Neubildungen, also vor allem Krebserkrankungen, mit 43,8 Milliarden Euro oder 10,1 % der Krankheitskosten. Damit war rund die Hälfte der Kosten auf vier Krankheitskapitel zurückzuführen.

Krankheitskosten steigen mit dem Lebensalter an
Mit fortschreitendem Alter nahmen die Krankheitskosten deutlich zu. Über die Hälfte entfiel auf die Bevölkerung ab 65 Jahren, mit steigender Tendenz. Auf die unter 15-Jährigen entfielen mit 2440 Euro die geringsten Pro-Kopf-Kosten. 2015 war noch die Altersgruppe 15 bis 29 Jahre diejenige mit den geringsten Krankheitskosten pro Kopf. Die höchsten Pro-Kopf-Kosten entstanden bei den 85-Jährigen und Älteren mit 25 350 Euro, die damit fast fünfmal so hoch wie der Durchschnitt waren.

Methodische Hinweise:
Die Krankheitskostenrechnung schätzt die ökonomischen Folgen von Krankheiten für die deutsche Volkswirtschaft ab. Zu den Kosten zählen die unmittelbar mit einer medizinischen Heilbehandlung, Präventions-, Rehabilitations- oder Pflegemaßnahme verbundenen Ausgaben. Aufgrund der weitgehenden Übereinstimmung der Datengrundlagen sind die Krankheitskostenrechnungen 2020 und 2015 im sehr hohen Maße miteinander vergleichbar. Ferner bietet die Krankheitskostenrechnung eine wichtige Grundlage für weitere Analysen wie altersstandardisierte Geschlechtsvergleiche. Ausführliche Erläuterungen zur Methodik und Vergleichbarkeit zu früheren Ergebnissen sind im Qualitätsbericht zu finden.

Krankheitskosten im Zusammenhang mit COVID-19 werden nicht explizit in der Krankheitskostenrechnung 2020 ausgewiesen, da sich die verwendeten Basisstatistiken vornehmlich auf Hauptdiagnosen beziehen. Gemäß der Kodierempfehlung der Weltgesundheitsorganisation (WHO) vom Juli 2020 ist COVID-19 eine Nebendiagnose.

Quelle: Statistisches Bundesamt: Krankheitskosten pro Kopf gleichen sich zwischen Männern und Frauen weiter an. Pressemitteilung Nr. 316, 27. Juli 2022. In: https://www.destatis.de/DE/Presse/Pressemitteilungen/2022/07/PD22_316_236.html [31.10.2024].

Arbeitsauftrag 28:

a) Rollenspiel

Kleingruppen von – je nach Klassengröße – drei bis fünf Mitgliedern vertreten die aufgeführten Positionen aus der Sicht der jeweiligen Interessengruppen. Überlegen Sie zunächst in der Gruppe, welche Argumente Ihr Vertreter für die angegebenen Thesen anführen kann. Fertigen Sie Stichpunkte dazu an.

Jede Gruppe entsendet dann eine Person in eine Podiumsdiskussion, an der also je ein Vertreter oder eine Vertreterin pro Gruppe teilnimmt. Es ist erlaubt, nach jeweils fünf Beiträgen eine kurze Pause einzulegen, in der die Sprecher und Sprecherinnen Rücksprache mit ihren Gruppen halten können, um neue Argumentationsstrategien festzulegen.

Selbstverständlich steht es Ihnen frei, die vorgeschlagenen Rollen mit weiteren oder auch ganz anderen Argumenten auszustatten oder um weitere Interessengruppen zu ergänzen.

Ausgangssituation

Die Bundesregierung plant ein neues Gesetz, welches alle Beschäftigten dazu verpflichtet, viermal im Jahr die Teilnahme an einem achtstündigen Kurs oder Seminar nachzuweisen, das als präventive Gesundheitsmaßnahme qualifiziert ist. Über die Organisation und Finanzierung dieser Kurse ist noch nicht entschieden.

(Die folgenden Formulierungen entsprechen nicht tatsächlichen Äußerungen der genannten Gruppen, sondern sind fiktiv.)

Gruppe 1: Vertreter der Arbeitnehmenden

Die Gesundheit der Mitarbeitenden liegt vor allem im Interesse der Arbeitgebenden. Daher sind diese gefordert, präventive und fortbildende Maßnahmen innerhalb der Arbeitszeiten und kostenneutral für die Beschäftigten anzubieten, die daran teilnehmen können.

Gruppe 2: Vertreter der Arbeitgeber

Jeder Mensch hat ein eigenes, individuelles Interesse an der Aufrechterhaltung seiner Gesundheit, damit er dem Arbeitsmarkt möglichst lange zur Verfügung stehen und sich so eine angemessene Altersvorsorge erwirtschaften kann. Daher obliegt auch jedem Einzelnen die Pflicht, für seine Gesundheit Sorge zu tragen. Es handelt sich nicht um eine Aufgabe der Unternehmen!

Gruppe 3: Vertreter der Krankenkassen

Die Beiträge für die Krankenkassen werden, wenn aktuelle Entwicklungstendenzen nicht umgekehrt werden können, in den nächsten Jahren stark steigen. Insbesondere Erkrankungen im Zusammenhang mit dem Skelett- und Muskelsystem sowie den Ernährungsgewohnheiten treten immer häufiger auf. Behandlungen kosten viel Geld zulasten der Versicherten; steigende Beiträge müssten von beiden Seiten auf dem Arbeitsmarkt getragen werden. Daher liegt es in beider Interesse, vorbeugend zu agieren – es kann aber nicht Aufgabe der Krankenkassen sein, diese Maßnahmen zu finanzieren.

Gruppe 4: Vertreter der Ärztekammer

Die Entwicklung bestimmter Erkrankungen ist erschreckend. Ursächlich hierfür sind insbesondere die Anforderungen, die die heutige Berufswelt an Arbeitnehmende stellt. Die Kombination aus hohen, mit Stress verbundenen Anforderungen, unzähligen Überstunden in Verbindung mit fehlenden Ausgleichsmöglichkeiten innerhalb der Arbeitszeit und quantitativ und/oder qualitativ nicht ausreichender Fürsorge über angemessene Ernährungsangebote führt zu gesundheitlich bedingten Ausfällen. Die zunehmenden Erkrankungen belasten den Einzelnen, aber auch die Sozialversicherungen in zunehmendem Maße. Daher sind Konzepte erforderlich, die auch innerhalb eines 10- oder 12-Stunden-Arbeitstages die Belange der Gesundheit der Mitarbeitenden berücksichtigen.

b) Diskutieren Sie im Plenum, welche weiteren Auswirkungen bei unveränderter Entwicklung, wie sie aus den Materialien dieses Kapitels hervorgeht, auf die bundesdeutsche, aber auch die internationale Wirtschaft durch Krankheiten zu erwarten sind.

Kapitel 2

Genetische Grundlagen menschlicher Existenz

In diesem Kapitel werden Sie sich mit den genetischen Grundlagen des (menschlichen) Lebens beschäftigen. Neben einem Überblick über die Zellbiologie, also über Aufbau und Funktionsweise der Zelle und insbesondere des Zellkerns, beinhaltet dies zunächst den Vorgang der Meiose als grundlegenden Prozess für die geschlechtliche Fortpflanzung.

Sie werden beschreiben, wie die Übersetzung der genetischen Information, die in der DNA enthalten ist, in körpereigene Stoffe funktioniert. Unterstützend kann dieser Prozess in einer Computersimulation betrachtet werden.

Die Grundlage der Genetik sind noch heute die Theorien, die Gregor Mendel bereits im Jahre 1866 veröffentlichte: die Mendelschen Regeln. Erkenntnisse aus der modernen Cytologie und Molekulargenetik lassen sich mit diesen Gesetzmäßigkeiten verbinden.

Mutationen äußern sich innerhalb der Meiose oder der Proteinbiosynthese und sind die Grundlage für genetische Variabilität, welche Evolution des Lebens auf der Erde ermöglicht. Die daraus entstandene Vielfalt der Organismen und ihr Zusammenleben werden Sie im dritten Anforderungshorizont, der Ökologie, kennenlernen. Diese Veränderungen der genetischen Information können aber auch als spezifische Erkrankungen ausgeprägt werden, wozu Sie einige Beispiele erarbeiten werden. In diesem Zusammenhang lernen Sie auch die gängigen Methoden der molekularbiologischen Untersuchungen kennen, wie sie unter anderem in der Kriminalistik und bei Vaterschaftstests verwendet werden, und können diese in einem virtuellen Labor durchführen.

Moderne Forschung ermöglicht es, genetische Informationen in ihren Auswirkungen zu beeinflussen oder zu verändern. Dies wird als Gentechnologie bezeichnet und beinhaltet neben vielen Vorteilen auch einige Risiken. Nicht zuletzt spielen in diesem Zusammenhang wirtschaftliche Faktoren, aber auch Nachhaltigkeitsaspekte eine große Rolle.

Inwieweit der moderne Mensch Produkt seiner Gene ist, werden Sie im letzten Abschnitt des Kapitels betrachten und bewerten.

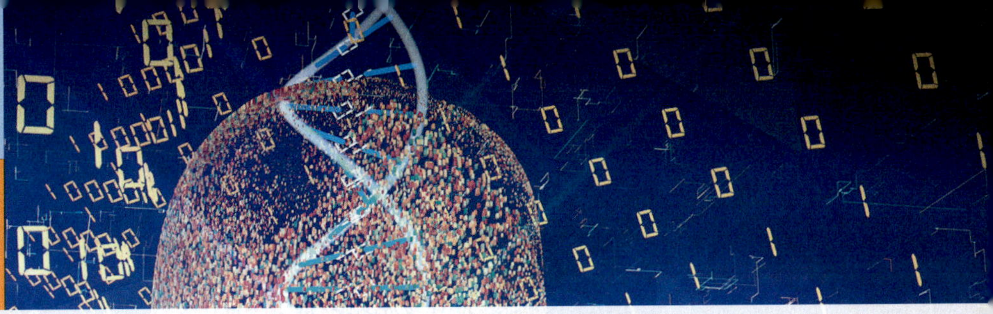

Kapitel 2
Genetische Grundlagen menschlicher Existenz

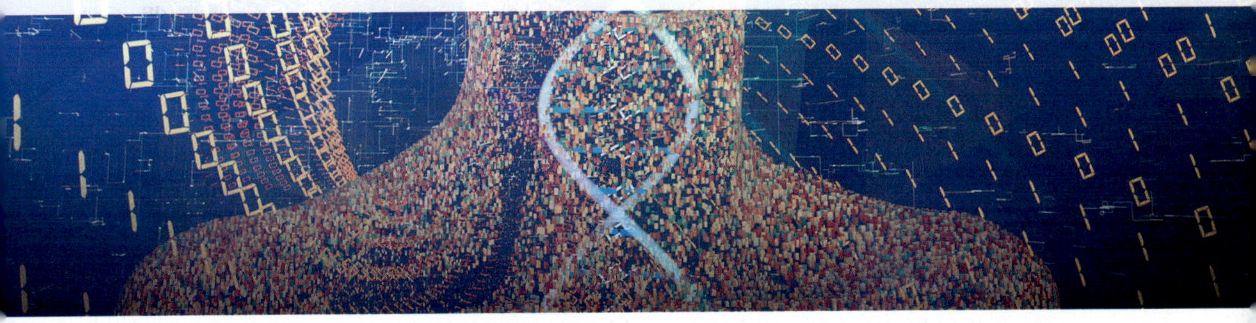

Sie erinnern sich an den folgenden Unterrichtsinhalt?

„Von einer Grundgesamtheit, also zum Beispiel allen Jugendlichen einer Klasse, wird ein bestimmtes Merkmal erhoben. Ist das erhobene Merkmal zum Beispiel die Körpergröße, so sind die gemessenen Körpergrößen die Merkmalsausprägungen."

Dieses Beispiel stammt aus einem Mathematikbuch und beschäftigt sich mit dem Aspekt der Datenerhebung von Körpergrößen.

Biologisch betrachtet stellt sich hier eine ganz andere Frage: Wie kommt es dazu, dass ein bestimmtes Merkmal, z. B. die Körpergröße, bei einer bestimmten Art, z. B. dem Menschen, so unterschiedlich ausgeprägt ist?

Die grundlegenden Erkenntnisse über die Rolle einer Substanz, für die Erbinformationen codiert, und deren Gesetzmäßigkeiten im Hinblick auf die Vererbung verdanken wir Gregor Mendel, der nach langen Experimenten mit Pflanzen bereits im Jahre 1866 die Mendelschen Regeln formulierte. Gegen Ende des 19. Jahrhunderts wurden die Nukleinsäuren als Molekül beschrieben und in den 1940er-Jahren der Nachweis erbracht, dass die DNA der Träger der Erbinformationen ist. Die Struktur der DNA wurde 1953 (von Watson und Crick) beschrieben, der genetische Code in den 1960er-Jahren entschlüsselt.

Das 1990 initiierte HGP (Human Genome Project) erreichte das Ziel, das Genom des Menschen vollständig zu entschlüsseln (also die Abfolge der Basenpaare zu identifizieren) während seiner Laufzeit bis 2003 nicht ganz, jedoch gilt das menschliche Genom seit 2021 als vollständig entschlüsselt. Diese Forschungsergebnisse können in der Zukunft das Verstehen und Verändern oder Heilen von Krankheiten enorm beeinflussen. Ein Beispiel dafür ist die Herstellung von Impfstoffen mittels vektorieller oder mRNA-Verfahren, wie Sie sie bereits im vorherigen Kapitel kennengelernt haben.

Je weiter unser Verständnis der Prozesse fortschreitet, desto größer werden die Anwendungsmöglichkeiten der Erkenntnisse. Krankheiten beeinflussen, Alterungsprozesse stoppen, Lebensmittel produzieren, Stoffe mit bestimmten Eigenschaften erzeugen, Moleküle (z. B. CO^2) binden, Anpassungsmöglichkeiten von Lebewesen an veränderte Umwelt schaffen... all das und vieles mehr scheint mithilfe der Erkenntnisse der molekularen Genetik, in die Sie im Folgenden einen Einblick erhalten werden, möglich zu sein.

2.1 DNA als Träger der Erbinformation

DNA ist der international gebräuchliche Begriff für die **Desoxyribonukleinsäure**, auf der sämtliche genetischen Informationen über Organismen gespeichert sind. Die Abkürzung stammt von dem englischen Begriff **Desoxyribonucleic acid**.

In menschlichen Zellen, wie auch in den Zellen vieler anderer Organismen, ist die genetische Information in Form von Chromosomen stets in doppelter Ausführung vorhanden. Man spricht von einem **diploiden Chromosomensatz**. Der Chromosomensatz des Menschen umfasst 23 Chromosomen, in jeder Zelle befinden sich also 2 x 23 = 46 Chromosomen. Die Gesamtheit der genetischen Informationen bezeichnet man als **Genom**.

Der überwiegende Teil der Organismen besitzt DNA; einige Bakterien jedoch besitzen eine RNA, auf der deren Erbinformation gespeichert ist. Diese unterscheidet sich in einigen Eigenschaften von einer DNA, arbeitet aber grundsätzlich nach den gleichen Prinzipien. Die Bedeutung des Zellkerns und die Versuche, die zur Aufklärung maßgeblich waren, sind im Anhang in Kapitel A.1. erläutert.

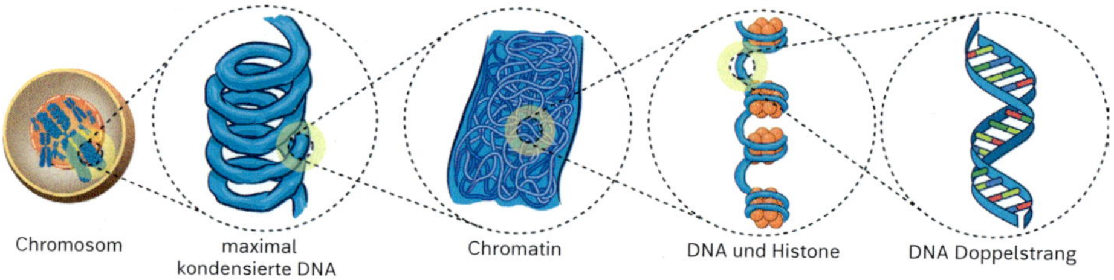

Abb. 2.1: Verpackung der DNA

2.1.1 Bau der DNA

Die DNA besitzt ein Rückgrat aus je einem Zucker- und einem Phosphatmolekül. Eine DNA besitzt zwei solcher Stränge, die über Basen und dazwischen befindliche Wasserstoffbrücken miteinander verbunden sind. An die Zuckermoleküle (= Desoxyribosen) ist jeweils eine Base gebunden. Insgesamt kommen in der DNA vier verschiedene Basen vor: Cytosin, Guanin, Adenin und Thymin. Die Bindung dieser Basen miteinander ist spezifisch: Cytosin bindet an Guanin, Adenin an Thymin. Man spricht in diesem Zusammenhang von

komplementären Basenpaaren. Die einzelnen Bausteine bestehen jeweils aus Desoxyribose, Phosphat und einer Base – sie werden als Nukleotide bezeichnet. Zunächst entsteht also ein leiterähnliches Molekül – die DNA ist doppelsträngig.

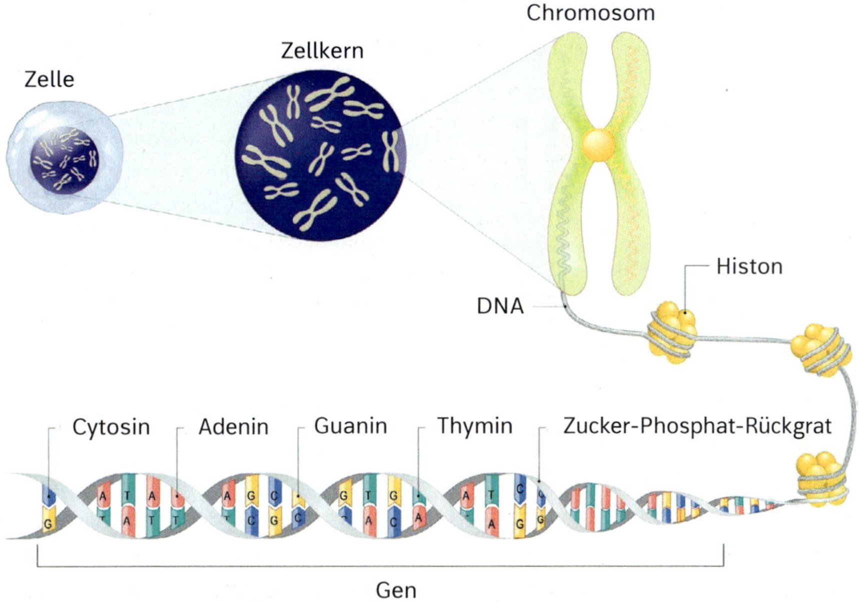

Abb. 2.2: Genetische Informationen

Die Richtung der DNA wird mit 5'-Ende (ausgesprochen: Fünf-Strich-Ende) bzw. 3'-Ende bezeichnet. Am 5'-Ende befindet sich als letztes Molekül des Rückgrates ein Phosphatmolekül, am 3'-Ende zuletzt eine Desoxyribose, also ein Zuckermolekül (vgl. Abb. 2.3 Struktur der DNA).

Die DNA liegt in der Zelle in sich gedreht vor und wird daher als **Doppelhelix** bezeichnet. Die Verpackung in der Zelle erfolgt außerdem über kugelartige Moleküle, die Histone, auf die die DNA aufgerollt und weiter verdichtet wird. Man bezeichnet diese Verdichtung als **Kondensation** der DNA.

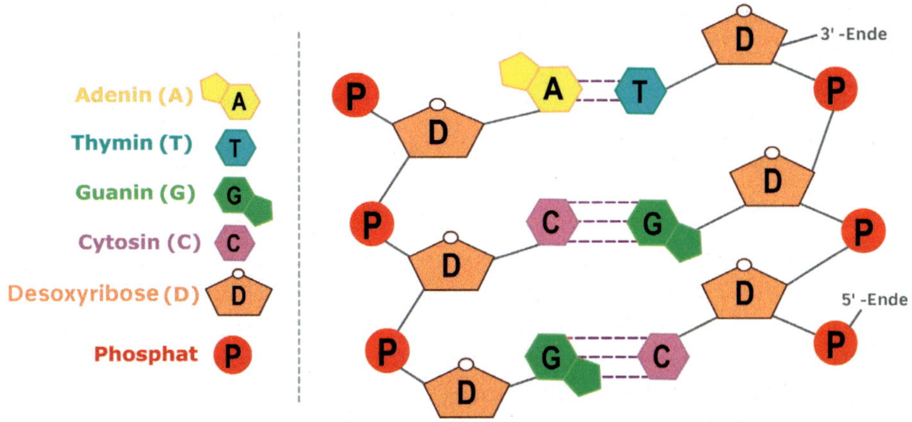

Abb. 2.3: Struktur der DNA

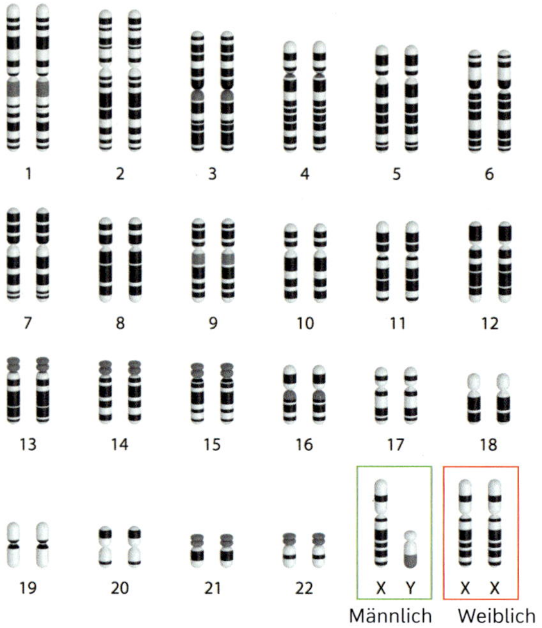

Abb. 2.4: Normales menschliches Karyogramm; Darstellung der Geschlechter nebeneinander

Ist die DNA in einer Zelle maximal verdichtet, so kann sie bei Anfärbung auch im Lichtmikroskop sichtbar gemacht werden. Der Mensch besitzt insgesamt 2 x 23 Chromosomen, zwei davon sind die geschlechtsbestimmenden Chromosomen (= **Gonosomen**, Nr. 23) und unterscheiden sich bei Männern und Frauen. Während Frauen zwei X-Chromosomen besitzen, tragen Männer je ein X- und ein Y-Chromosom. Alle weiteren Chromosomen werden als **Autosomen** bezeichnet und unterscheiden sich bei beiden Geschlechtern nicht. Karyogramme sind die Darstellung des Chromosomensatzes und in der Abbildung 2.4 zu finden.

Auf jedem Chromosom befinden sich Gene. Als Gen bezeichnet man einen Abschnitt der DNA, der die Information für eine bestimmte Eigenschaft enthält (= codiert). Die Ausprägungen, die ein solches Gen haben kann, sind in verschiedenen Varianten möglich und werden als Allel bezeichnet. Als Beispiel kann die Fellfarbe eines Hundes dienen: Es gibt ein Gen für die Fellfarbe und die möglichen Allele sind weiß, schwarz und braun (vgl. Abb. 2.5 und 2.6).

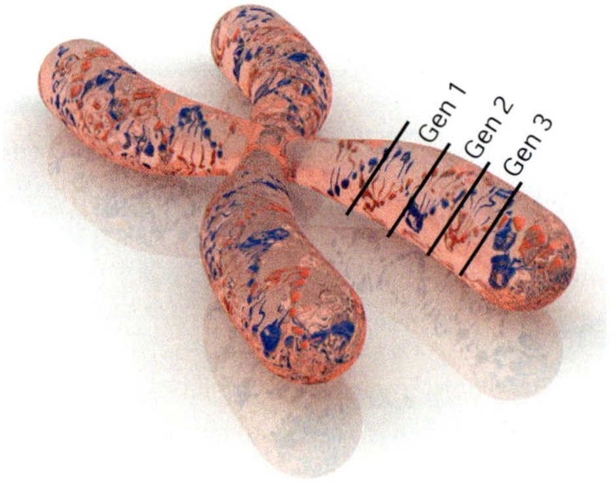

Abb. 2.5: Gene

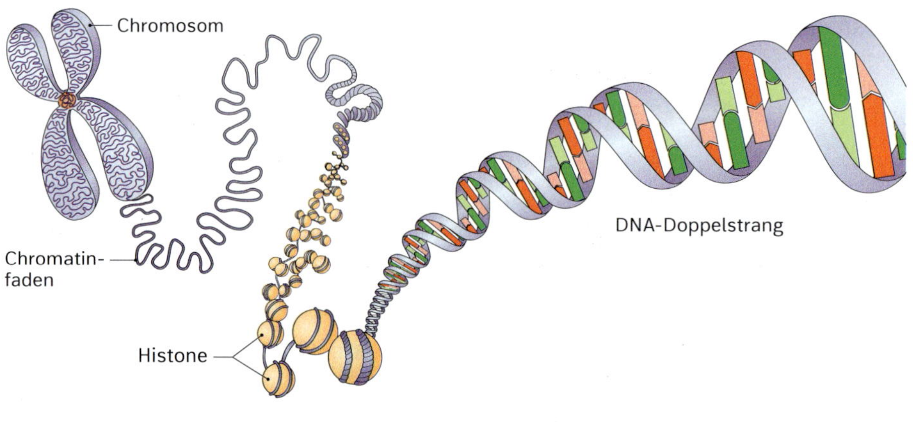

Abb. 2.6: Bau eines Chromosoms

Biologie praktisch: Präparation von DNA[1]

Die Präparation von DNA aus Früchten gelingt mit unterschiedlichen Untersuchungsmaterialien gut. Unter anderem lassen sich hierfür Tomaten oder Bananen verwenden.

Prinzip: Präparation

Jede Zelle besitzt genetische Informationen in Form von DNA. Diese ist bei allen Organismen mit Zellkern (dazu gehören alle Organismen außer den kernlosen Einzellern) in diesem lokalisiert.

Um die DNA aus einer Zelle oder mehreren Zellen zu gewinnen, muss diese zunächst freigelegt werden. Alle umgebenden Membranen müssen also zerstört werden (vgl. Kap. 1.1.6 Die Zelle). Da Membranen aus Lipiden bestehen, sind sie durch Fett abbauende Substanzen aufzubrechen.

Material: ca. 3 g Kochsalz, ca. 10 ml Spülmittel, 100 ml Wasser, 20 ml Brennspiritus, Filter und Filterpapier, Messbecher, 2 Reagenzgläser, Mörser und Pistill oder Pürierstab, Holzstäbchen, Messer, Tomate oder andere Frucht

Dauer: etwa 20 Minuten

Durchführung: Zunächst werden Kochsalz und Spülmittel unter Rühren mit Wasser gemischt. Die Frucht wird klein geschnitten und in die Mischung gegeben. Der Ansatz muss etwa 15 Minuten bei Zimmertemperatur ruhen – in dieser Zeit werden die Membranen und die Proteine durch Spülmittel und Salz zersetzt.

Danach wird die Mischung kurz püriert (ca. 10 Sekunden) oder mit dem Mörser zerkleinert. Im Anschluss wird sie durch den Filter in ein zweites Reagenzglas gegeben – etwa 20 ml der Mischung sollten hierin aufgefangen werden. Durch die Filterung werden die festen Bestandteile von der DNA und den Proteinen getrennt.

Die aufgefangene Mischung wird mit der gleichen Menge Brennspiritus langsam gemischt. Die Mischung trennt sich in zwei Phasen: Oben schwimmt der Brennspiritus, unten im Glas befindet sich die Fruchtmischung. An der Grenze der beiden Phasen befindet sich eine weiße Schicht, die nun mit dem Holzstäbchen aufgewickelt werden kann: die DNA.

2.1.2 Verdopplung der DNA

Die DNA ist der Träger der Erbinformation – das impliziert, dass sie das entscheidende Molekül bei der Fortpflanzung ist. Vor der Aufteilung muss die DNA immer vervielfältigt werden. Dieser Vorgang wird als Replikation bezeichnet – identische Verdopplung des gesamten genetischen Materials innerhalb eines Zellkerns.

Fortpflanzung kann bei Lebewesen auf ungeschlechtliche oder auf geschlechtliche Weise erfolgen. Bei der ungeschlechtlichen Fortpflanzung handelt es sich in der Regel um Teilungsvorgänge. Hier ist vor einer Teilung die Verdopplung des Zellkerns erforderlich, damit jede entstehende Tochterzelle die notwendige genetische Information erhält (= **Mitose**).

1 Für alle Versuche gilt: Vor Beginn informieren Sie sich bitte über Besonderheiten der Versuche. Die Gefährdungsabschätzungen zu den Versuchen finden in der Online-Ergänzung des Buches.

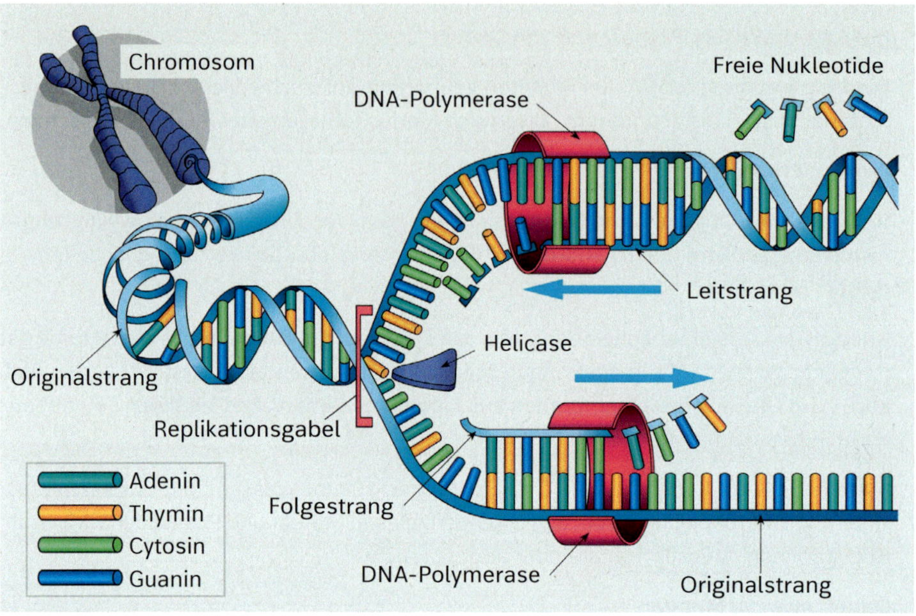

Abb. 2.7: Replikation

2.1.3 Meiose – Bildung von Keimzellen

Für die geschlechtliche Fortpflanzung werden besondere Zellen gebildet: die Keimzellen.

Arbeitsauftrag 1:

a) Überlegen Sie, wie der Weg sein könnte, um die genetische Information auf Keimzellen zu verteilen, die dann von Keimzellen des anderen Geschlechts befruchtet werden. Gehen Sie dabei zunächst den „umgekehrten" Weg: Welches muss das Ergebnis der Befruchtung sein? Gehen Sie von dort weiter rückwärts bis zu den Ursprungszellen.

b) Vergleichen Sie Ihren Entwurf mit dem Ihres Banknachbarn/Ihrer Banknachbarin. Einigen Sie sich auf eine der vorliegenden Lösungen und schreiben Sie eine kurze Begründung, weshalb Sie den von Ihnen entworfenen Weg für möglich halten.

Für das Verständnis der Bildung von Keimzellen wird im Folgenden beispielhaft von einem doppelten, also **diploiden**, Chromosomensatz ausgegangen. Als **Chromosom** bezeichnet man jeweils einen Strang von DNA, als **Chromosomensatz** die Gesamtheit aller in einem Organismus vorhandenen Chromosomen. Bei der geschlechtlichen Fortpflanzung ist es notwendig, dass der vorhandene Chromosomensatz halbiert, also zu einem einfachen (= **haploiden**) Chromosomensatz reduziert wird. Nachkommen entstehen aus der Verschmelzung einer männlichen und einer weiblichen Keimzelle, die jeweils einen haploiden, vollständigen Chromosomensatz enthalten – die Nachkommen besitzen als Information wieder den doppelten Chromosomensatz, und zwar jeweils zur Hälfte von jedem Elternteil.

Den Vorgang der Keimzellbildung bezeichnet man als **Meiose** (vgl. Abb. 2.7). Hierbei werden zunächst die Chromosomen maximal verdichtet (= kondensiert). Die **homologen** Chromosomen legen sich nahe aneinander. Homolog sind jeweils die beiden Chromosomen 1, 2, 3 usw. (vgl. hierzu auch Abb. 2.4: Karyogramm). In einem ersten Teilungsschritt werden nun die Chromosomen über Eiweißfäden (= Spindeln) mit den Zellpolen verbunden und jeweils zu ihnen hingezogen, und zwar so, dass sich in diesem Vorgang die homologen Chromosomen trennen. Eine Zellmembran wird aufgebaut und es sind zwei neue Zellen entstanden, die jeweils einen haploiden Chromosomensatz enthalten.

Im zweiten Teilungsschritt ordnen sich diese Chromosomen in jeder der entstandenen Zellen wieder in der Äquatorialebene an und werden mit den Zellpolen zusammengeführt. Jedes Zwei-Chromatid-Chromosom wird dabei mit beiden Polen verbunden, danach lösen sich die homologen Chromatiden am Centromer voneinander und werden jeweils zu einem der Pole gezogen. Erneut wird eine trennende Membran aufgebaut. Es sind insgesamt vier Zellen entstanden, die jeweils einen haploiden Satz an Ein-Chromatid-Chromosomen enthalten.

Verschmelzen nun die Keimzellen beider Elternteile miteinander, so entstehen Zygoten, die jeweils einen diploiden Chromosomensatz enthalten, je zur Hälfte von jedem Elternteil.

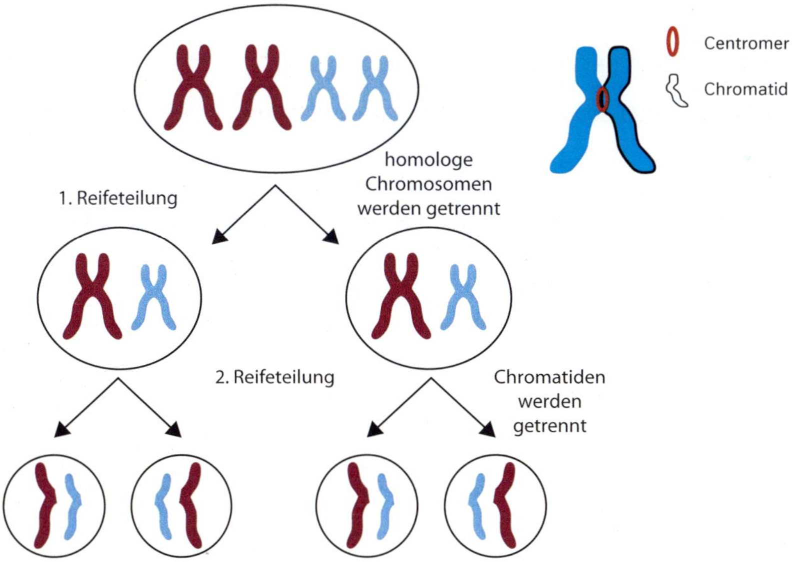

Abb. 2.8: Meiose schematisch

Von den in der Meiose gebildeten Keimzellen verschmelzen bei der Befruchtung eine Zelle der Mutter und eine Zelle des Vaters miteinander. Die Kombination der Chromosomen in jeder einzelnen Keimzelle ist zufällig. Welche Variante der einzelnen Chromosomen in die eine oder andere Tochterzelle wandert, unterliegt nach allen bisherigen Erkenntnissen keinem System. Das erklärt, weshalb sich Geschwister sehr ähnlich bis gar nicht ähnlich sein können: Theoretisch ist es möglich, dass zwei Geschwister völlig unterschiedliche Chromosomensätze von den gleichen Eltern erhalten haben.

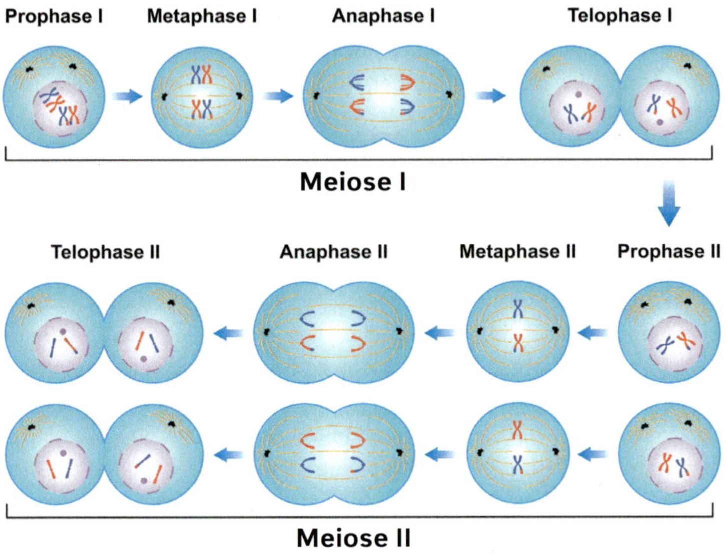

Abb. 2.9: Meiose I und Meiose II

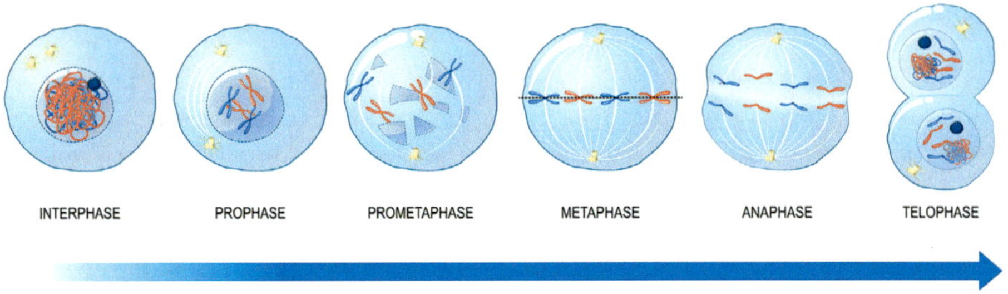

Abb.2.10: Mitose – Vermehrung von Zellen durch Teilung als Vergleich zur Meiose

Der menschliche Chromosomensatz besteht aus 2 x 23 Chromosomen, 1 x 23 Chromosomen erhält jedes Kind von jedem Elternteil. Die Kombinationsmöglichkeiten sind daher sehr groß. Die Neuzusammensetzung von genetischer Information, die in jeder Generation erfolgt, bezeichnet man in der Genetik als Rekombination. So können Merkmale von Vorfahren, die über eine oder mehrere Generationen nicht aufgetreten sind, irgendwann wieder zum Vorschein kommen.

Arbeitsauftrag 2:

a) Entwerfen Sie analog zu der schematischen Abbildung 2.8 der Meiose ein Schema, aus dem die möglichen Verteilungen von Chromosomen bei einem Erbgang mit drei Chromosomen hervorgehen.
Überlegen Sie zunächst, wie Sie diese voneinander unterscheiden können. Aus der Wahl der Bezeichnungen oder Darstellungen muss sowohl hervorgehen, dass es sich um homologe Paare von Chromosomen handelt, als auch, dass es sich um unterschiedliche Chromosomen handelt. Stellen Sie zunächst die unterschied-

lichen Stadien der Meiose in Stichpunkten dar. Was ist die Ausgangssituation, was wird in den einzelnen Schritten getrennt, was ist die Endsituation?

b) Erklären Sie, wie viele Kombinationsmöglichkeiten sich in den Keimzellen bei den im Beispiel angegebenen drei Chromosomen ergeben. Entwerfen Sie eine mathematische Formel, die diese Variationsmöglichkeiten darstellt.

c) Übertragen Sie Ihre Formel auf die tatsächlichen Gegebenheiten im menschlichen Genom. Hier können 23 Chromosomen kombiniert werden. Wie viele Möglichkeiten der Kombination gibt es bei der Keimzellbildung eines Elternteils?

Die hier dargestellten Erkenntnisse aus der Genetik, die noch relativ jungen Datums sind und sich im Rahmen der Forschung ständig weiterentwickeln, bezeichnet man als Chromosomentheorie.

2.2 Proteinbiosynthese

Hinter dem Begriff der Proteinbiosynthese verbirgt sich eine Abfolge von Prozessen, die letztlich zur Herstellung von Proteinen führen.

Die Teilschritte werden im Folgenden aufgeschlüsselt dargestellt. Der Herstellungsprozess wird nur auf Anforderung in Gang gesetzt. Proteine werden dann hergestellt, wenn sie auch benötigt werden – das ist im Sinne eines energetisch sinnvollen Betriebes. Signale hierzu erfolgen über eine Art „Schalter" an der DNA, die Prozesse ein- oder ausschalten können. In der Regel trifft man hier auf das aus der Enzymatik bekannte Schlüssel-Schloss-Prinzip.

2.2.1 Informationsentnahme aus der DNA – Transkription

Arbeitsauftrag 3:

Die DNA ist nicht nur die Erbinformation einer jeden Zelle und eines Lebewesens, sondern auch die Steuerzentrale. Die Information, die auch vererbt wird, enthält alle „Vorlagen", welche für die Herstellung von Molekülen benötigt werden.

Die molekularen Bedingungen für diese Herstellung werden in zwei verschiedenen Räumen der Zelle lokalisiert: Die DNA befindet sich im Zellkern, den sie niemals verlässt; die Ribosomen, die für die Synthese (= Herstellung) der Proteine zuständig sind, befinden sich im Zytoplasma.

Formulieren Sie Ideen, wie die beiden Moleküle zusammenkommen könnten.

Damit die auf der DNA gespeicherten Informationen für die Produktion von benötigten Stoffen im Körper verwendet werden können, werden Kopien dieser Informationen angefertigt. Die DNA selbst verlässt den Zellkern niemals, sondern bleibt geschützt in dessen Innerem. Eine kurzzeitige Auflösung der Kernmembran wird jedoch bei der Mitose und bei der Meiose erforderlich.

In kondensierter Form ist das Molekül viel zu dicht gepackt, um ein Ablesen zu ermöglichen. Daher wird der benötigte Abschnitt der DNA entkondensiert, also „entpackt" (vgl.

auch Abb. 2.6), von schneidenden Enzymen werden die Basenverbindungen aufgetrennt und mithilfe eines Enzyms, der RNA-Polymerase, wird der für die erforderliche Information codierende Strang der DNA kopiert (= **Transkription**). Dazu werden die jeweils komplementären Basen ergänzt. Das entstehende Molekül **RNA** besitzt drei entscheidende Unterschiede zur DNA: Das Rückgrat besteht aus einer Ribose (ein anderer Zucker als im Rückgrat der DNA vorhanden ist), anstelle von Thymin wird Uracil als Base eingebaut und die RNA ist stets einsträngig. Die entstehende RNA wird als mRNA bezeichnet – aus dem Englischen als Messenger-RNA (= Boten-RNA). Die Unterschiede zwischen DNA und RNA sind in der folgenden Abbildung 2.11 verdeutlicht dargestellt.

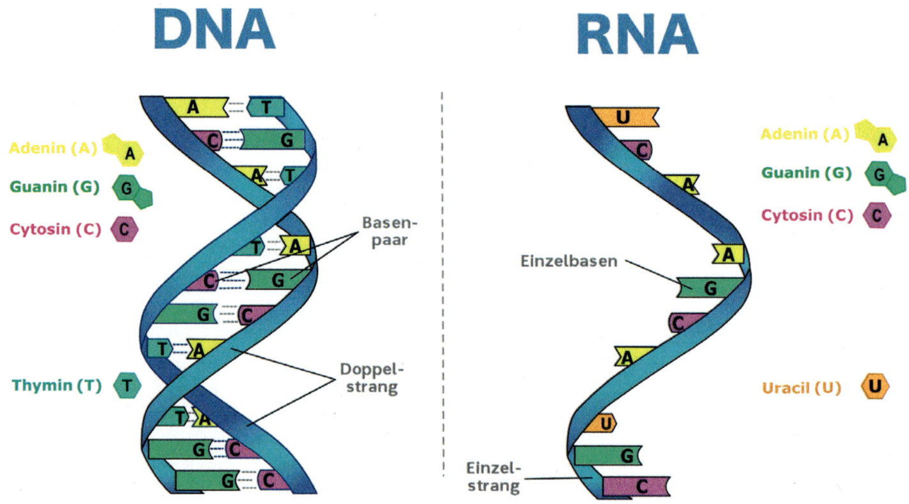

Abb. 2.11: Vergleich DNA – RNA

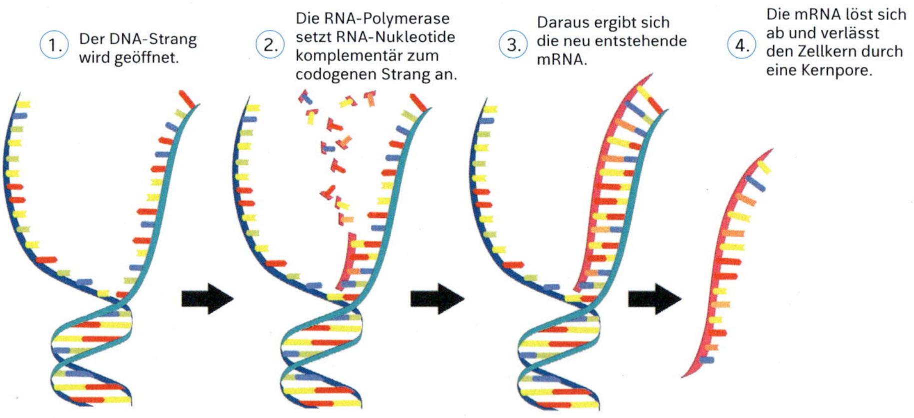

Abb. 2.12: Transkription

2.2.2 Informationsweiterleitung – Messenger-Funktion der RNA

Als neu entstandenes Molekül kann nun die **mRNA** sozusagen als Bote den Zellkern durch eine Kernpore verlassen. Auf diese Weise bleibt die DNA geschützt im Zellkern und die für die Herstellung von z. B. Proteinen notwendigen Informationen gelangen in das Cytoplasma.

2.2.3 Informationsverarbeitung – Translation

Die mRNA ist ein informationstragendes Molekül, welches im Zytoplasma als Schreibvorlage für das darin codierte Protein dient.

Um diesen Weg der Übersetzung (= **Translation**) zu verstehen, muss man sich zunächst mit den Eigenschaften des genetischen Codes vertraut machen.

Arbeitsauftrag 4:

In der folgenden Abbildung 2.13 ist die Code-Sonne abgebildet. Diese ermöglicht, die genetische Information in Form einer bestimmten Reihenfolge von Basen in Aminosäuren zu übersetzen.

Formulieren Sie in Stichpunkten eine Anweisung, wie der genetische Code abzulesen ist, indem Sie die folgenden Beispiele berücksichtigen:

Basenreihenfolge der mRNA (Basensequenz):

5′– AUGUUUUCUCGUCGGUGA – 3′

Reihenfolge der Aminosäuren des hergestellten Proteins (AS-Sequenz):

Met – Phe – Ser – Arg – Arg – Stop

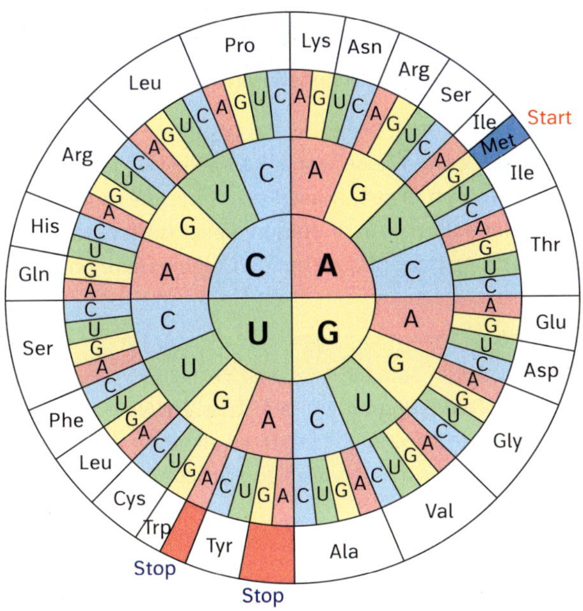

Abb. 2.13: Code-Sonne

Alanin (Ala)
Arginin (Arg)
Asparagin (Asn)
Asparaginsäure (Asp)
Cystein (Cys)
Glutamin (Gln)
Glutaminsäure (Glu)
Glycin (Gly)
Histidin (His)
Isoleucin (Ile)
Leucin (Leu)
Lysin (Lys)
Methionin (Met)
Phenylalanin (Phe)
Prolin (Pro)
Serin (Ser)
Threonin (Thr)
Tryptophan (Trp)
Tyrosin (Tyr)
Valin (Val)

Grundlagen der Biologie: Der genetische Code

Der genetische Code ist, soweit nach derzeitigem Stand der Forschung bekannt, universell. Das bedeutet, dass alle bisher bekannten Lebewesen mit ein und demselben Prinzip arbeiten. Daher ist dieser Abschnitt unter Grundlagen der Biologie einzuordnen.

Die Übersetzung der in der DNA gespeicherten Information in Proteine erfolgt analog der Übersetzung von einer Sprache in eine andere. Die Information für jeweils eine Aminosäure (= Baustein eines Proteins, vgl. Kap. 1) ist über die Reihenfolge von drei Basen verschlüsselt. Vergleichbar ist das Prinzip, nach dem hier gearbeitet wird, auch mit dem bei der Programmierung verwendeten Binärcode.

Der genetische Code arbeitet mit Tripletts, also Abschnitten aus jeweils drei Basen, die für eine entsprechende Aminosäure codieren (Triplettcode). Es kommen keine Leerstellen vor (der genetische Code ist kommalos) und keine Base wird für zwei Tripletts benutzt (er ist nicht überlappend). Der genetische Code ist außerdem redundant oder degeneriert, das bedeutet, dass auch unterschiedliche Tripletts für die gleiche Aminosäure codieren können, also verschiedene Basensequenzen zum gleichen Ergebnis führen. Dies ist möglich, weil der Triplettcode 64 verschiedene Kombinationsmöglichkeiten erlaubt (4^3 Kombinationen), aber nur die Codierung von den 20 in der Natur vorkommenden Aminosäuren erforderlich ist.

Die Übersetzungsvorschrift, also welche Basenabfolge welche Aminosäure ergibt, lässt sich aus einer Code-Tabelle oder einer Code-Sonne entnehmen, die wie folgt zu lesen ist:

Die codierenden Basentripletts auf der mRNA werden vom 5´- zum 3´-Ende gelesen. Dies entspricht dem Ablesen der entsprechenden Aminosäuren in der Code-Sonne von innen nach außen.

Der Code wird also, beginnend mit der ersten Base, von innen gelesen, dann wird im zweiten Kreis innerhalb des sich dadurch ergebenden Abschnitts die zweite Base gesucht, schließlich die dritte Base im äußeren Kreis. Neben dieser dritten Base kann man jeweils die internationale Abkürzung der entsprechenden Aminosäure finden.

Arbeitsauftrag 5:

Anwendungsaufgabe: Übersetzen Sie die folgenden RNA- bzw. DNA-Sequenzen in Aminosäuresequenzen. Bestimmen Sie dazu zunächst, um welche Art von Nukleinsäure es sich handelt. Notieren Sie jeweils die notwendigen Arbeitsschritte.

a) 5´– AGUUGCCGUAAGAGUAGC – 3´

b) 3´– GUACAGUGCAAGGUUUAC – 5´

c) 3´– GGAACCTTGGAATTAGAG – 5´

d) 5´– ATGTGACTGTGACGTATT – 3´

2.3 Klassische und molekulare Genetik

2.3.1 Erbsen zählen – klassische Genetik nach Gregor Mendel

Die Grundlagen der heutigen Genetik wurden bereits im Jahre 1866 von Gregor Mendel, ein Theologe und Naturforscher, formuliert und veröffentlicht. Ohne Kenntnisse der modernen molekularen Genetik, wie sie im vorausgehenden Kapitel beschrieben werden, erkannte er die Grundprinzipien der Vererbung. Durch jahrelange Beobachtung und statistische Auswertung kam er zu folgenden Aussagen:

Bei der Kreuzung zweier Pflanzen, die sich in einem Merkmal unterscheiden, für das sie jeweils reinerbig (= **homozygot**) sind, entsteht eine Nachkommengeneration von uniformen Individuen, sie sehen also alle gleich aus (vgl. Abb. 2.15). Er stellte fest, dass einige Merkmale durchsetzungsfähiger gegenüber anderen Merkmalen sind, und bezeichnete diese Merkmale als **dominant** bzw. **rezessiv**. Andere Merkmale dagegen ergeben Mischungen, keines setzt sich gegenüber dem anderen durch – solche Erbgänge werden als **intermediär** bezeichnet.

Abb. 2.14: Gregor Mendel

Die genetische Ausstattung eines Individuums wird als **Genotyp** bezeichnet; das Erscheinungsbild, also welche Merkmale ausgebildet werden, ist der **Phänotyp**.

Auch ohne die heute vorhandenen Kenntnisse der molekularen Prozesse, die im Rahmen der Vererbung bei zweigeschlechtlichen Lebewesen stattfinden, hat Mendel die grundlegenden Prozesse erfasst.

Er kam im Wesentlichen zu den folgenden Aussagen:

- Die Erbanlagen für ein Merkmal sind bei der Elterngeneration in zweifacher Ausfertigung vorhanden.
- Die Nachkommen erhalten dieses Merkmal jeweils von jedem Elternteil.

- ***Uniformitätsregel***
  Die Nachkommen besitzen entweder das Erscheinungsbild eines Elternteils oder sie bilden eine Mischform aus (Hybriden). In beiden Fällen haben die Nachkommen der ersten Generation alle das gleiche Erscheinungsbild.
- ***Spaltungsregel***
  Kreuzt man diese Nachkommen untereinander, so treten alle Merkmale der Elterngeneration wieder auf. Je nach Art des Erbgangs findet man ein Verhältnis von 3:1 (dominantes gegenüber rezessivem Merkmal) oder ein Verhältnis von 1:2:1 (dominantes gegenüber gemischtem gegenüber rezessivem Merkmal).
- ***Unabhängigkeitsregel***
  Betrachtet man den Erbgang zweier Merkmale, so ist festzustellen, dass diese Regelmäßigkeiten für jedes der betrachteten Merkmale gelten. Jedoch können in der zweiten Nachkommengeneration neue Kombinationen dieser beiden Merkmale auftreten.

Damit kann in jeder Generation eine neue Kombination von Merkmalen beider Elternteile auftreten, die sich ggf. auch phänotypisch ausprägen kann. Man spricht von der Rekombination der Merkmale.

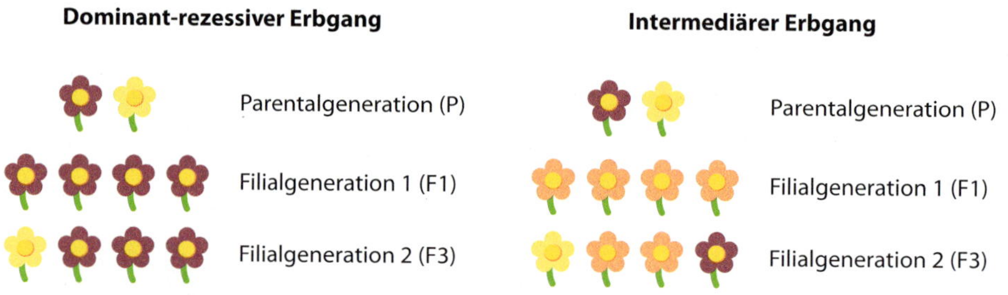

Abb. 2.15: Mendelsche Regeln – Phänotypen

Arbeitsauftrag 6:

Die mendelschen Gesetze sollen der Chromosomentheorie gegenübergestellt und mit ihr verglichen werden. Überlegen Sie in Einzelarbeit eine geeignete Darstellungsform.

Finden Sie sich in Gruppen zu je drei Personen zusammen und erläutern Sie sich gegenseitig die von Ihnen formulierten Ergebnisse.

2.3.2 Widersprüche zu den mendelschen Regeln – gekoppelte Vererbung

Obwohl Gregor Mendel die Grundzüge der Vererbung richtig erkannt hatte, gibt es Ausnahmen von der Unabhängigkeit der Vererbung mehrerer Merkmale.

Auf jedem der DNA-Stränge eines Genoms liegen viele Gene, also Abschnitte, die jeweils für bestimmte Eigenschaften codieren. Bei der Bildung der Keimzellen während der Meiose werden im Normalfall die jeweiligen Chromosomen als eine Einheit vererbt. Liegen nun zum Beispiel die Gene für die Blütenfarbe und die Blattform auf dem gleichen Chromosom, so werden sie in der Regel auch gemeinsam vererbt. In einem solchen Fall würden also rote Blüten immer an Pflanzen mit abgerundeten Blättern auftreten, weiße Blüten dagegen an Pflanzen mit länglichen Blättern. Die dritte mendelsche Regel gilt in einem solchen Fall nicht, beide Merkmale müssen bei der Erstellung von Erbgängen wie ein Paket zusammen betrachtet werden.

Arbeitsauftrag 7:

Beschreiben und erklären Sie die folgende Abbildung 2.17 zum Crossing-over.

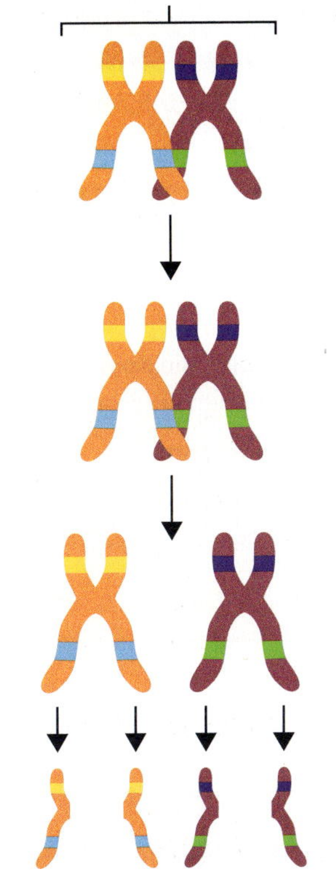

Abb. 2.16: *Gekoppelte Vererbung, 1. und 2. Reifeteilung der Meiose*

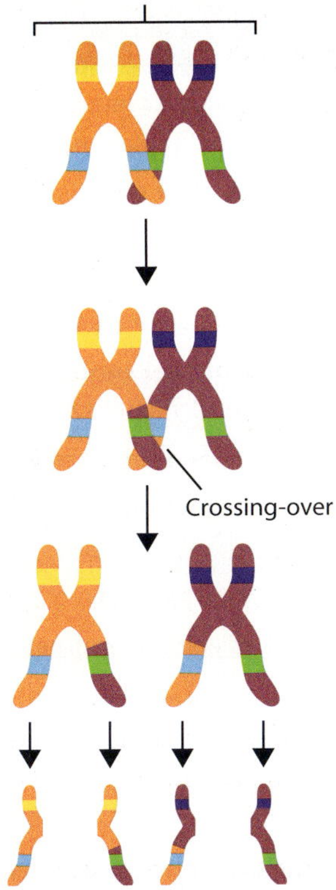

Abb. 2.17: *Kopplungsbruch durch Crossing-over*

In der Realität ist diese Kopplung aber auch auflösbar. Um dies zu verstehen, muss man noch einmal den Prozess der Meiose betrachten. Dort werden die Chromosomen vor der ersten Teilung paarweise sortiert und liegen zu diesem Zeitpunkt sehr nahe aneinander. In dieser Phase kann es zu einem sogenannten Kopplungsbruch kommen: Zwischen den homologen Chromosomen werden Teilstücke ausgetauscht. Dieser Vorgang wird als **Crossing-over** bezeichnet. Als Ergebnis ist es möglich, dass, je nach Lage der Gene auf dem Chromosom, eine neue Kopplung von Allelen auftritt. In dem vorstehend genannten Beispiel könnte die rote Blütenfarbe dadurch mit der länglichen Blattform verbunden werden und würde an die nachfolgenden Generationen in gekoppelter Form, also wiederum als „Paket“, weitervererbt werden.

2.3.3 Fehler im Programm – Mutationen

Als **Mutationen** bezeichnet man alle Prozesse, die zu einer Veränderung des genetischen Materials führen. Hiermit ist nicht die Rekombination gemeint (diese bezeichnet ja lediglich eine neue Zusammensetzung vorhandenen Materials), sondern tatsächliche Veränderungen, die in unterschiedlichen Formen auftreten können.

Man unterscheidet zwischen Genmutationen, Chromosomenmutationen und Genommutationen.

2.3.3.1 Genmutationen

Arbeitsauftrag 8:

Ein Gen soll kopiert werden. Gehen Sie davon aus, dass das Gen mit der Information „Ausdemausinstor“ (= Basen in diesem Beispiel) kopiert werden soll.

Da Sie wissen, wie der genetische Code arbeitet, können Sie diese Information problemlos lesen.

Genetiker benennen die Stellen der Basen in einem Gen mit Nummern, die Buchstaben des Beispiels sollen also nummeriert werden.

Aus nicht endgültig bekannten Gründen arbeiten die Enzyme, die für die Kopie der DNA zuständig sind, nicht immer fehlerfrei. Verschiedene Fehler können unterlaufen:

- Die Basen mit den Nummern 4–6 werden versehentlich nicht mitkopiert.
- Die Basen mit den Nummern 7–9 werden in umgekehrter Reihenfolge wieder eingebaut.
- Die Basen 13–15 werden nicht mitkopiert.
- Die Basen 1–3 werden doppelt kopiert und eingebaut.
- Die Basen 2 und 3 werden nicht mitkopiert und auch nicht eingebaut.

Notieren Sie jeweils, welche Ergebnisse zu erwarten sind und beschreiben Sie die Auswirkungen der Mutationen.

In den o. g. Beispielen haben Sie festgestellt, dass Mutationen in einem Gen unterschiedliche Auswirkungen haben können. Bei einigen ist der Sinn der Aussage noch erkennbar, bei anderen hingegen wird die Aussage verstümmelt oder gar sinnlos.

Analog zu dem Beispiel können Fehler bei der Replikation der DNA auftreten. Geschieht dies und wird die Zelle im Anschluss meiotisch geteilt, so ist dieser Fehler in einer der entstehenden Keimzellen enthalten und kann, falls diese zur Befruchtung kommt, an einen Nachkommen weitervererbt werden. Findet ein solcher Fehler innerhalb des Lebenszeitraums, z. B. bei der Erneuerung von Hautzellen, statt, so besitzen die entstandenen Zellen diese Mutationen; sie werden aber nicht an die Nachkommen vererbt.

Genetiker bezeichnen Genmutationen als **stumme Mutation**, wenn es zwar eine Veränderung gibt, diese aber keine Auswirkungen hat. Manche Mutationen führen dazu, dass in ein daraus codiertes Protein trotzdem die richtige Aminosäure eingebaut wird, da der genetische Code ja redundant ist und unterschiedliche Kombinationen die gleiche Aminosäure codieren können. Als **Nonsens-Mutation** (= Fehlsinn) wird bezeichnet, wenn die Mutation dazu führt, dass eine falsche Aminosäure in ein Protein eingebaut wird. Die Auswirkung einer solchen Mutation ist davon abhängig, wie wichtig diese Aminosäure für die Funktionsfähigkeit eines daraus synthetisierten Proteins ist. Es kann zu einer völligen Funktionsunfähigkeit kommen, aber auch zu einer unterschiedlich schweren Funktionseinschränkung. Sogenannte **Missense-Mutationen** führen zu einem Abbruch der Proteinherstellung und damit in der Regel zu einer Funktionsunfähigkeit, wenn nämlich anstelle einer Aminosäure innerhalb eines Proteins ein Stopp-Codon eingebaut wird. Dann bricht die Herstellung des Proteins an dieser Stelle ab und es entsteht keine funktionsfähige Einheit.

Auch nach ihren Auswirkungen auf die Lesbarkeit werden Mutationen unterschieden. Werden einzelne oder gleichzahlige oder Tripletts von Basen ersetzt oder ausgetauscht, so hat dies keine Auswirkung auf das Gesamtleseraster und die Mutation betrifft nur einzelne Aminosäuren. Entfällt ein komplettes Triplett oder kommt dazu, so wird doch der weitere DNA-Strang korrekt übersetzt. Fallen aber einzelne oder zwei Basen aus oder werden hinzugefügt, so verschiebt sich das komplette Leseraster des weiteren Stranges und in der Regel ist es nicht mehr möglich, dass ein funktionsfähiges Protein codiert wird.

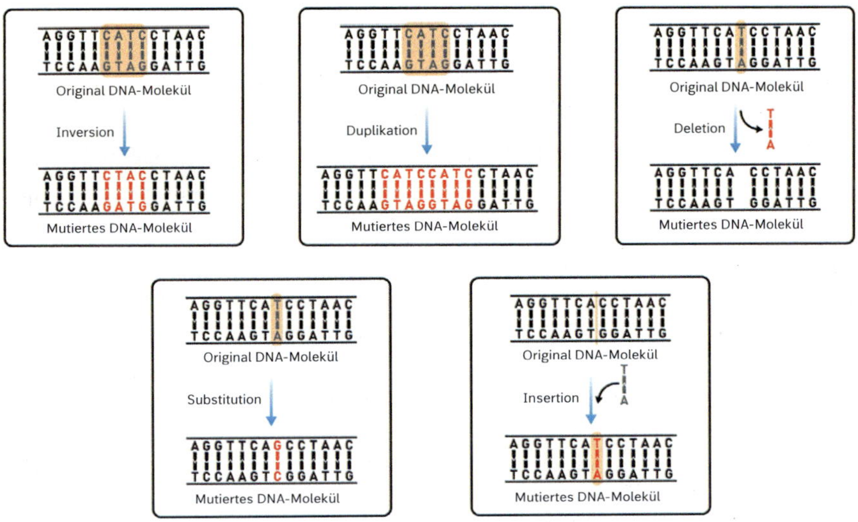

Abb. 2.18: Mutationen

2.3.3.2 Chromosomenmutationen

Chromosomenmutationen bezeichnen alle Mutationen, die über ein einzelnes Gen hinausgehen. Solche Abschreibfehler, wie sie vorstehend dargestellt wurden, können selbstverständlich nicht nur innerhalb eines einzelnen Gens, sondern auch darüber hinaus auftreten.

Die Auswirkungen sind in der Regel gravierender als die von Genmutationen, weil damit mehrere Proteine betroffen sein können. Aber auch hierbei ist es möglich, dass nur geringe oder gar keine phänotypischen Veränderungen auftreten.

2.3.3.3 Genommutationen

Genommutation ist der Begriff für Veränderungen, die die Anzahl der Chromosomen in einer Zelle betreffen. Es kann vorkommen, dass ein Chromosom zweimal vervielfacht wird oder auch gar nicht, oder dass bei der meiotischen Verteilung Fehler auftreten. Diese Fehler können dazu führen, dass nicht in jeder entstandenen Zelle ein kompletter Satz von Chromosomen enthalten ist, sondern in einer Schwesterzelle kein Chromosom, dafür in der anderen Schwesterzelle zwei Chromosomen. Bei der Befruchtung führt dies dazu, dass das betroffene Chromosom nur in einfacher Variante (vom anderen Elternteil) oder in dreifacher Ausführung vorhanden ist. Man bezeichnet diesen Fehler als **Monosomie** bzw. als **Trisomie** (vgl. Abb. 2.21 und 2.22). Die meisten dieser fehlerhaften Verteilungen sind beim Menschen letal, das heißt, es werden keine lebensfähigen Kinder entstehen. Lebensfähig sind Kinder mit Trisomien nur bei den Chromosomen 13, 18 und 21. Kinder mit Trisomien 13 und 18 haben schwere Behinderungen und in der Regel höchstens eine Lebenserwartung von einem Jahr, Kinder mit einer Trisomie 21 (auch bekannt als Downsyndrom) sind unterschiedlich schwer eingeschränkt, aber lebensfähig. Syndrom ist immer eine Bezeichnung dafür, dass verschiedene Krankheitssymptome in Kombination auftreten. So findet man neben weiteren Veränderungen bei vielen dieser Kinder Fehlbildungen am Herzen, die aber sehr unterschiedlich schwer ausgeprägt sind und daher zu einer leichten oder auch starken Beeinträchtigung führen können.

Abb. 2.19: Kind mit Trisomie 21

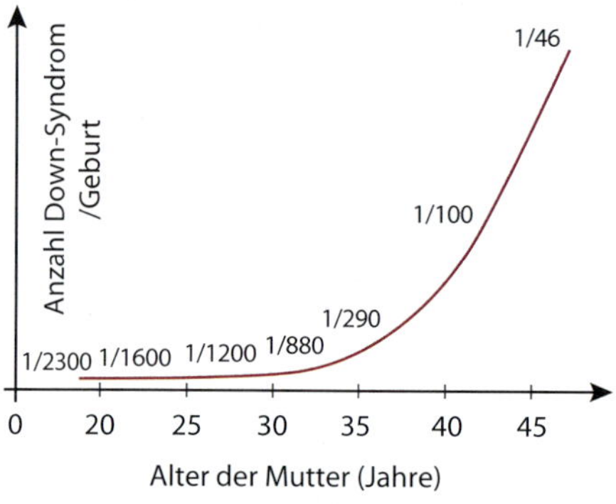

Abb. 2.20: Zusammenhang zwischen dem Alter der Mutter und dem Auftreten einer Trisomie 21

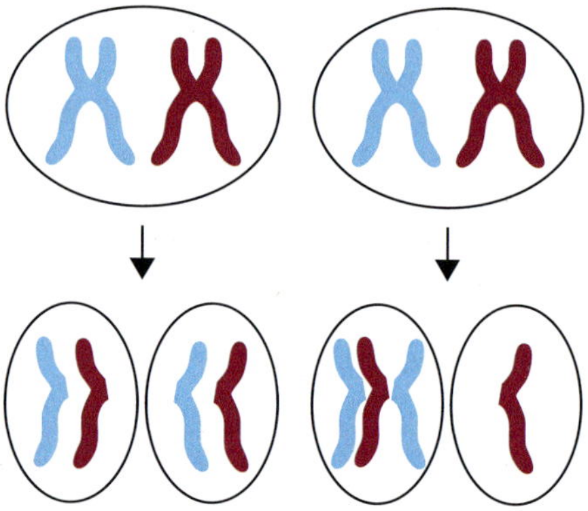

Abb. 2.21: Entstehung falscher Verteilungen von Chromosomen

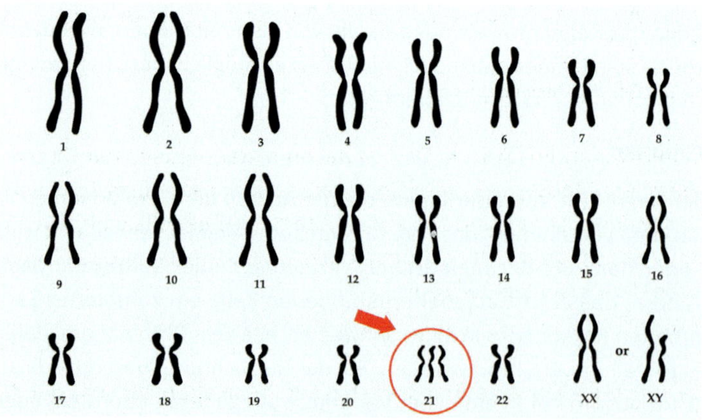

Abb. 2.22: Karyogramm der Trisomie 21

Arbeitsauftrag 9:

Werten Sie die Abbildungen 2.21 und 2.22 aus.

Beschreiben Sie die Nondisjunktion von Chromosomen anhand von Abb. 2.21.

Stellen Sie eine Hypothese auf, weshalb es für das Auftreten der Trisomie 21 einen Zusammenhang zum Alter der Mutter gibt.

Stellen Sie eine Hypothese auf, ob auch das Alter des Vaters für die Entstehung genetisch bedingter Erkrankungen ein Risiko darstellt.

Außerdem sind beim Menschen Monosomien und Trisomien für das Chromosom 23 als das geschlechtsbestimmende Chromosom bekannt und wirken sich bei lebensfähigen Kindern unterschiedlich aus (vgl. Abb. 2.23).

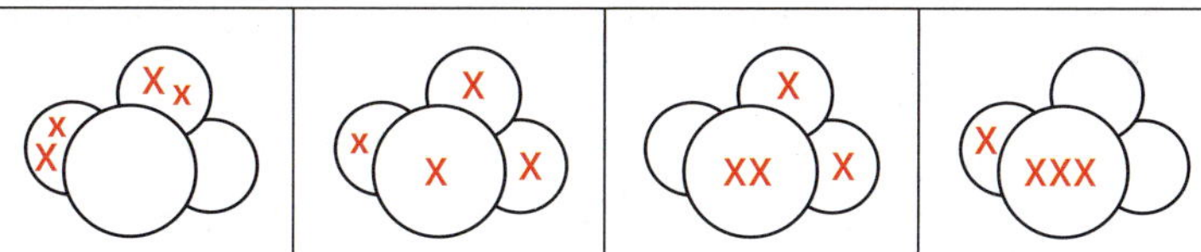

x	X 45, X TURNER- Frauen	X X 46, XX unauffällig, weiblich	X X X 47, XXX POLY-X-Frauen	X X X X 48, XXX
y	Y 45, Y unbekannt	X Y 46, XY unauffällig, männlich	X X Y 47, XXY KLINEFELTER-Männer	X X X Y 48, XXXY
y y	Y Y 46, YY unbekannt	X Y Y 47, XYY	X X Y Y 48, XXY DIPLO-Männer	X X X Y Y 49, XXXYY

Abb. 2.23: Genommutationen der Geschlechtschromosomen

Neben den nicht bekannten Varianten OY bzw. OYY ist bekannt, dass Frauen mit Turner-Syndrom (XO) nur in geringem Maße sekundäre Geschlechtsmerkmale ausprägen und steril bleiben; Klinefelter-Männer (XXY) sind bis auf die Sterilität ebenfalls weitgehend unauffällig. Mit weiteren Verdopplungen der Chromosomen jedoch treten auch geistige Beeinträchtigungen bei beiden Geschlechtern auf.

2.3.3.4 Mutagene

Neben natürlicherweise auftretenden Mutationen, die bei der Replikation der DNA durch Ablesefehler entstehen und nicht von den körpereigenen Reparatursystemen erkannt und repariert werden, ist der weitaus größere Teil von Mutationen auf äußere Einflüsse zurückzuführen. Man unterscheidet zwei große Gruppen: **physikalische** und **chemische Mutagene**. Zu den physikalischen Mutagenen gehören verschiedene Strahlungen (UV-Strahlung, Röntgenstrahlung); chemische Mutagene sind solche, die aufgrund ihrer Beschaffenheit in die DNA eingreifen, indem sie deren Form, Basenfolge oder Aufbau verändern.

Arbeitsauftrag 10:

a) Ein chemisches Mutagen ist das Basenanaloga 5-Bromuracil (5BU). Dieses leitet sich von Thymin ab und wird bei der Replikation anstelle des Thymins eingebaut. Erwartungsgemäß kann es sich mit Adenin paaren; spontane chemische Umlagerungen dieser Substanz führen jedoch dazu, dass sich 5BU auch mit Guanin paaren kann.

   Beschreiben Sie die Folgen dieses fehlerhaften Einbaus auf den verschiedenen Ebenen der Zellteilung und der Proteinbiosynthese.

b) Aufgrund seiner Lebensbedingungen ist jeder Mensch in unterschiedlich hohem Maße verschiedenen mutagenen Umweltfaktoren ausgesetzt.

   Recherchieren Sie: Auf der Seite des Bundesumweltamtes sind Klassifikationen und Hinweise über gefährliche Stoffe gemäß der Europäischen Chemikalienverordnung REACH zusammengestellt.

   Erstellen Sie eine tabellarische Übersicht, mit welchen potenziell mutagen wirksamen Stoffen Sie im Alltag, privat oder beruflich, in Berührung kommen und recherchieren Sie deren Zuordnung und mögliche Gefahrenhinweise im Internet auf der Seite: http://www.reach-info.de.

   Arbeiten Sie in die Tabelle die möglichen Gefahren, die von den Stoffen ausgehen, sowie wichtige Verhaltensregeln zum eigenen Schutz im Umgang mit diesen Stoffen ein.

2.3.4 Erblich bedingte Erkrankungen

Es gibt eine ganze Reihe von erblich bedingten Krankheiten. Im letzten Abschnitt wurde erläutert, wie es zu Fehlern in der DNA kommen kann. Nicht alle Veränderungen führen zu schweren oder schwersten Erkrankungen, mit vielen lässt es sich gut leben. Diese treten häufig über Generationen immer wieder in Familien auf. Bekannte Beispiele dafür sind Rot-Grün-Blindheit, verschiedene Formen der Anämie sowie verschiedene Stoffwechselkrankheiten. Ist eine Genmutation an Keimzellen einmal aufgetreten, so ist sie natürlich auch im Erbgut der betroffenen Person vorhanden und kann an die Nachkommen weitergegeben werden. Auch bei diesen Mutationen gelten die Grundsätze der klassischen Genetik: Es gibt Krankheiten, die dominant, und andere, die rezessiv vererbt werden. Beim Menschen sind auch einige Krankheiten bekannt, die durch Mutationen auf dem X-Chromosom ausgelöst werden – von diesen sind Männer und Frauen aufgrund der unterschiedlichen Chromosomensätze verschieden oft betroffen.

Arbeitsauftrag 11:

Erläutern Sie in Partnerarbeit, weshalb Frauen von Krankheiten, die auf dem X-Chromosom rezessiv vererbt werden, wesentlich weniger oft betroffen sind als Männer.

Skizzieren Sie ein Erbschema für eine Krankheit, die autosomal rezessiv vererbt wird und von der nur ein Elternteil betroffen ist. Geben Sie an, mit welcher Wahrscheinlichkeit ein Kind dieses Paares von der Krankheit betroffen sein wird.

Begründen Sie, welchen Erbgang Sie bei einer Krankheit vermuten, die

- in jeder Generation einer Familie auftritt,
- nur in jeder dritten oder vierten Generation einer Familie, etwa gleich häufig bei Frauen und bei Männern, auftritt,
- nur bei den Männern in einer Familie auftritt.

Methoden der Biologie: Erstellung von Erbschemata, Stammbäumen und Stammbaumanalysen

Die Darstellung und Auswertung von Erbschemata folgt immer einer bestimmten Arbeitsweise und bestimmten Vereinbarungen, die für die Benennung von Eigenschaften gültig sind.

I. Erstellung von Erbschemata

Beispiel 1: Darstellung eines Erbschemas von zwei Pflanzen mit unterschiedlichen Fruchtfarben (gelb, grün)

Gegebene Voraussetzungen:
Beide Pflanzen sind für das Merkmal „Fruchtfarbe" homozygot.

Die grüne Fruchtfarbe ist dominant gegenüber der gelben Fruchtfarbe.

→ Es handelt sich um einen dominant-rezessiven Erbgang.

Arbeitsschritte:

A. Festlegung der Benennung der Allele

Es gilt: Dominante Allele erhalten einen Großbuchstaben, rezessive Allele einen Kleinbuchstaben. Außerdem sollten Allele, die unterschiedliche Ausprägungen der gleichen Eigenschaft darstellen, immer den gleichen Buchstaben erhalten.

Allele: grüne Fruchtfarbe = G, gelbe Fruchtfarbe = g

B. Festlegung der Genotypen

Es gilt: Es wird von diploiden Organismen ausgegangen. Aus der Aufgabenformulierung ist die Zusammensetzung zu entnehmen. Sind die Genotypen gesucht, werden mögliche Genotypen eingesetzt und der Erbgang durch Berechnung verifiziert oder falsifiziert, also durch das Ergebnis als „richtig" oder „falsch" bewertet.

Laut Aufgabenstellung sind beide Elternpflanzen homozygot. Daraus folgt, dass die Genotypen

GG x gg

hier gekreuzt werden sollen.

C. Definition der Gameten (= Keimzellen)

Es gilt: Aus den festgelegten Genotypen ergibt sich, welche Keimzellen möglich sind. Bei der Keimzellbildung entstehen haploide Zellen; der diploide Satz wird in diesem Schritt der Meiose also geteilt.

Gameten: (G) (G) x (g) (g)

D. Erstellung der Genotypen der Filialgeneration (F1)

Es gilt: Aus den Gameten entstehen die Genotypen der Filialgeneration durch Verschmelzung. Je eine Keimzelle jeden Elternteils bilden zusammen den diploiden Genotypen der Filialgeneration. Jede Kombination ist möglich.

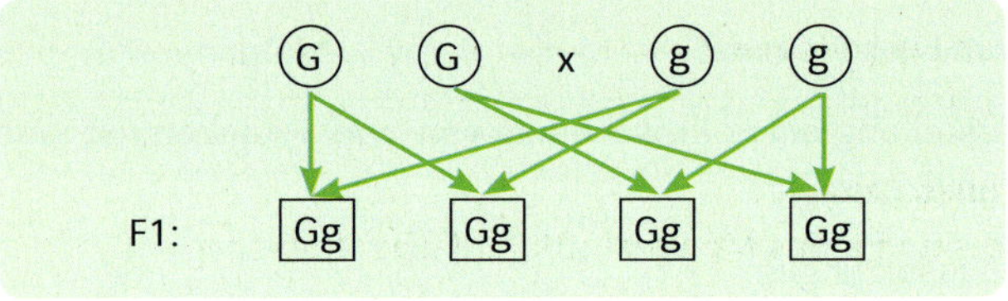

E. Ermittlung der Phänotypen der Filialgeneration (F1)

Es gilt: Aus den entstandenen Genotypen der Filialgeneration ergeben sich die Phänotypen unter Berücksichtigung der Dominanz oder Rezessivität der Allele.

In diesem Beispiel sind die Individuen der F1-Generation uniform, und zwar heterozygot. Da die grüne Fruchtfarbe über die gelbe Fruchtfarbe dominiert (siehe Aufgabenstellung), besitzen die Pflanzen der F1-Generation alle grüne Früchte (= Phänotyp).

F: Alternative Ermittlung der Genotypen der Filialgeneration über ein Kreuzungsschema

Die Genotypen der Filialgeneration können auch über ein Kreuzungsschema ermittelt werden. Dazu werden in die Zeilen- und Spaltenköpfe der Tabelle jeweils die Gameten des einen (senkrecht) und des zweiten Elternteils (waagerecht) eingetragen. In den Tabellenfeldern werden dann die aus den Köpfen zu ermittelnden Genotypen notiert.

Gameten: (G) (G) x (g) (g)

	g(1)	g(2)
G (1)	G(1)g(1)	G(1)g(2)
G (2)	G(2)g(1)	G(2)g(2)

	g	g
G	Gg	Gg
G	Gg	Gg

Aus den dargestellten Genotypen kann – wie in der oberen Darstellung auch – der jeweilige Phänotyp bestimmt werden.

	g	g
G	Gg	Gg
G	Gg	Gg

Beispiel 2: Darstellung eines Erbschemas von zwei Pflanzen mit unterschiedlichen Blütenfarben (rot, blau)

Gegebene Voraussetzungen:
Beide Pflanzen sind für das Merkmal „Blütenfarbe“ homozygot.
Keine Blütenfarbe setzt sich gegenüber der anderen durch.

→ Es handelt sich um einen intermediären Erbgang.

Arbeitsschritte:

A. Festlegung der Benennung der Allele

Es gilt: Ist kein Allel dominant gegenüber dem anderen, werden beide Allele mit Kleinbuchstaben benannt.

Nimmt man diese Definition analog zu dem ersten Beispiel vor, kommt man zu dieser Festlegung:

Allele: rote Blütenfarbe = r, blaue Blütenfarbe = b

Es soll aber auch der zweite Hinweis gelten:

Außerdem sollten Allele, die unterschiedliche Ausprägungen der gleichen Eigenschaft darstellen, immer den gleichen Buchstaben erhalten.

Daher legt man die Bezeichnungen im Sinne der Eindeutigkeit besser wie folgt fest:

Allele: rote Blütenfarbe = B_r, blaue Blütenfarbe = B_b

Möglich ist aber auch die obere Variante. Werden hier verschiedene Buchstaben verwendet, ist das Ablesen der Phänotypen komplizierter, insbesondere, wenn mehr als ein Merkmal betrachtet wird.

B. Festlegung der Genotypen

Laut Aufgabenstellung sind beide Elternpflanzen homozygot. Daraus folgt, dass die Genotypen

rr x bb oder $B_r B_r$ x $B_b B_b$

hier gekreuzt werden sollen.

C. Definition der Gameten (= Keimzellen)

Gameten: (r) (r) x (b) (b) oder (B_r) (B_r) x (B_b) (B_b)

D. Erstellung der Genotypen der Filialgeneration (F1)

E. Ermittlung der Phänotypen: Da sich die Allele intermediär ausprägen, besitzen alle Individuen der F1-Generation violette Blüten.

F. Alternative Ermittlung der Genotypen der Filialgeneration über ein Kreuzungsschema

Die Genotypen der Filialgeneration können auch über ein Kreuzungsschema ermittelt werden – wie vorstehend.

	b	b
r	rb	rb
r	rb	rb

oder

	B_b	B_b
B_r	$B_r B_b$	$B_r B_b$
B_r	$B_r B_b$	$B_r B_b$

Aus den dargestellten Genotypen kann – wie in der oberen Darstellung auch – der jeweilige Phänotyp bestimmt werden.

	B_b	B_b
B_r	$B_r B_b$	$B_r B_b$
B_r	$B_r B_b$	$B_r B_b$

Aus den Darstellungen der Genotypen der F1-Generation wird ersichtlich, weshalb die Übersichtlichkeit besser gewahrt bleibt, wenn eine eindeutige Buchstabenbezeichnung gewählt wird.

Spätestens ist das der Fall, wenn man im folgenden

Beispiel 3 einen Erbgang über zwei Merkmale betrachtet. Die Festlegung der Blütenfarben und die Fruchtfarben aus dem ersten Beispiel gehören zu jeder Pflanze und der Erbgang soll jetzt für beide Eigenschaften betrachtet werden. Die Eltern unterscheiden sich in zwei Merkmalen und sind jeweils für beide Merkmale homozygot.

Arbeitsschritte:

A. Festlegung der Benennung der Allele

Allele: grüne Fruchtfarbe = G, gelbe Fruchtfarbe = g

Allele: rote Blütenfarbe = B_r, blaue Blütenfarbe = B_b

B. Festlegung der Genotypen

Laut Aufgabenstellung sind beide Elternpflanzen für beide Merkmale homozygot. Daraus folgt, dass die Genotypen

$GGB_r\,B_r$ x $ggB_b\,B_b$

die Parentalgeneration darstellen. Es sind beide Merkmale (Farbe, Fruchtform) in jeweils diploider Anzahl vorhanden.

C. Definition der Gameten (= Keimzellen)

Da in diesem Beispiel die Elterngeneration jeweils homozygot für beide Merkmale ist, entsteht jeweils nur eine Kombination von Keimzellen. Bei Erbgängen, bei denen die Eltern heterozygot sind, sind bei den Keimzellen bereits alle in Frage kommenden Variationen möglich, entsprechend der Erläuterung im Beispiel 1!

Gameten: GB_r GB_r x gB_b gB_b

D. Erstellung der Genotypen der Filialgeneration (F1)

	gB_b	gB_b
GB_r	GgB_rB_b	GgB_rB_b
GB_r	GgB_rB_b	GgB_rB_b

Aus den dargestellten Genotypen kann – wie in den vorherigen Beispielen auch – der jeweilige Phänotyp bestimmt werden.

Zu beachten ist an dieser Stelle, dass nun zwei Merkmale des Phänotyps beschrieben werden. Das Ablesen ist übersichtlicher, wenn, wie vorstehend dargestellt, die Sortierung der Allele gemäß den Eigenschaften bereits beim Aufschreiben der Genotypen erfolgt. Man kann nun ablesen, dass

- die Fruchtfarbe durch die Allelkombination „Gg" bestimmt wird – bezüglich der Fruchtfarbe ist die F1 also heterozygot, grün ist dominant gegenüber gelb.

  → grüne Früchte

- die Blütenfarbe durch die Allelkombination „B_rB_b" bestimmt wird – bezüglich der Blütenfarbe ist die F1 ebenfalls heterozygot, die Merkmale vererben sich intermediär.

  → violette Blüten

Das dargestellte Beispiel entspricht somit der 2. mendelschen Regel, die betrachteten Merkmale vererben sich unabhängig voneinander. In diesem Beispiel ist von homozygoten Eltern ausgegangen worden, weshalb für jedes betrachtete Merkmal die F1 uniform gemäß der 1. mendelschen Regel ist.

Die dargestellte Methode der Erbgangerstellung kann für alle auftretenden Erbgänge durchgeführt werden. Zu beachten ist, dass die Ausgangssituationen variabel sein können: Die Elterngeneration kann homo- und/oder heterozygot für ein Merkmal sein oder je ein Elternteil ist homozygot, das andere heterozygot.

II. Erstellung von Stammbäumen

Handelt es sich um humane Erbgänge, ist immer auch zu überlegen, ob ein bestimmtes Merkmal möglicherweise gonosomal vererbt wird, also auf dem X- oder Y-Chromosom liegt. Dann ist das Auftreten eines Krankheitsbildes bei Kindern dieser Eltern häufig geschlechtsspezifisch: X-chromosomal gebundene Krankheiten treten bei Männern wesentlich häufiger auf, da es kein zweites X-Chromosom gibt. Das Y-Chromosom enthält nur sehr wenige Gene – in engem Sinne betrachtet, sind X- und Y-Chromosomen also von den Inhalten her nicht homolog, wie es bei den Autosomen der Fall ist. Bei der Analyse von Humanstammbäumen muss immer auch geprüft werden, welcher Art das alleltragende Chromosom ist.

Anhand der bereits erläuterten Ergebnisse eines Erbschemas kann nun ein Stammbaum erstellt werden.

Folgende Symbole werden bei der Darstellung und Analyse von Humanstammbäumen verwendet:

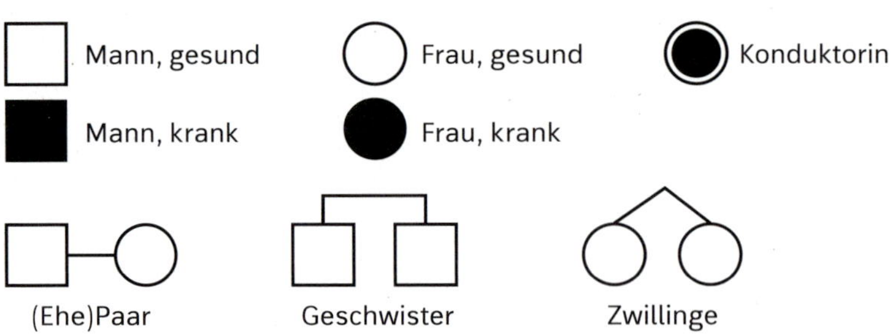

Beispiel 1:

Eine Krankheit wird rezessiv vererbt, sie ist autosomal gebunden. Das Erbschema ist dann analog zu Beispiel A1.

Folgender Stammbaum ist gegeben:

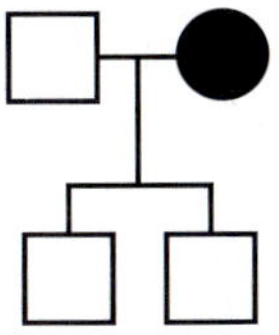

Grundsätzlich gilt: In der Analyse von Humanerbgängen müssen immer alle anderen Möglichkeiten begründet ausgeschlossen werden, d. h., alle Kombinationen von Alleleigenschaften müssen untersucht werden. Mögliche Varianten eines Erbgangs sind folgende:

Vermutung 1: autosomal, dominant-rezessiv, Krankheit ist rezessiv.

Vermutung 2: autosomal, dominant-rezessiv, Krankheit ist dominant.

Vermutung 3: X-chromosomal, dominant-rezessiv, Krankheit ist rezessiv.

Vermutung 4: X-chromosomal, dominant-rezessiv, Krankheit ist dominant.

Vermutung 5: Y-chromosomal (kommt nur in sehr seltenen Ausnahmefällen vor)

Intermediäre Erbgänge werden hier in der Regel nicht untersucht, da es um die Frage geht, ob eine Krankheit auftritt oder nicht.

Die *Vermutung 1*, dass es sich um eine autosomal vererbbare, dominant-rezessive Krankheit handelt, wird zunächst betrachtet. Die Allele werden also mit „G“ = gesund, dominant und „g“ = krank, rezessiv benannt.

Nun kann überlegt werden, welche Genotypen sich für die dargestellten Individuen ergeben:

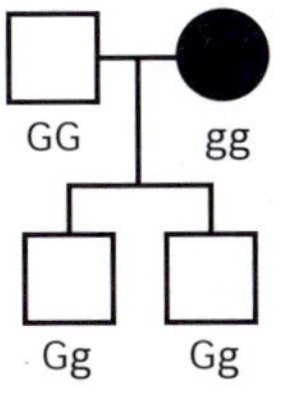

Hinter dieser Darstellung stehen folgende Überlegungen: Wenn die Krankheit rezessiv vererbbar ist, zeigt sie sich nur im Phänotypen, wenn sie homozygot vorliegt. Daher muss die Mutter homozygot für das krankmachende Allel sein.

Beide Kinder sind gesund, müssen also das dominante, gesunde Allel besitzen. Da sie in jedem Fall von der Mutter ein krankmachendes, rezessives Allel erben, müssen sie vom Vater ein gesundes Allel erben.

Der Vater ist gesund, besitzt also mindestens ein dominantes, gesundes Allel. In der dargestellten Lösung ist er homozygot für dieses; es ist aber auch möglich, dass er heterozygot ist, aber keines der Kinder die rezessive Variante geerbt hat.

Für den Vater ist daher der Genotyp nicht eindeutig festzulegen und die Lösung muss entsprechend erweitert werden:

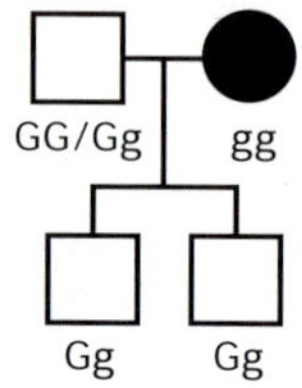

Das zugehörige Kreuzungsschema sieht also so aus:

	g	g
G oder g	Gg oder gg	Gg oder gg
G	Gg	Gg

In diesem Erbgang sind also gesunde Kinder – hier: Söhne – möglich und die Vermutung kann zutreffen. Der Genotyp des Vaters ist nicht eindeutig festzulegen.

In dem vorliegenden Beispiel wären weitere Möglichkeiten auszuprobieren.

Zu *Vermutung 2*:

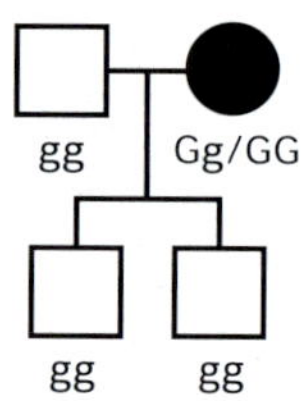

Wenn die Krankheit dominant vererbt wird, muss der gesunde Vater homozygot für das rezessive, gesunde Allel sein. Dagegen muss die kranke Mutter mindestens ein dominantes, krankes Allel besitzen. Besäße sie allerdings dieses Allel homozygot, wären alle Kinder erkrankt. Daher müssen auch hier die Genotypen modifiziert werden:

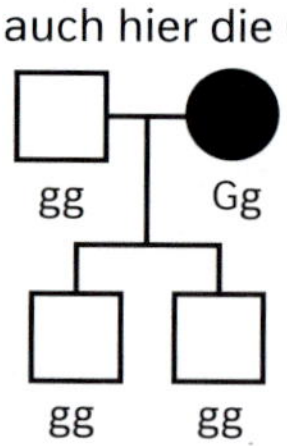

Auch dieser Erbgang ist nicht auszuschließen.

Das zugehörige Kreuzungsschema sieht so aus:

	g	G
g	gg	Gg
g	gg	Gg

Die Wahrscheinlichkeit, gesunde Kinder zu bekommen, liegt bei dieser Kombination bei 50 %. Wichtig ist in diesem Zusammenhang, dass die Häufigkeit des Auftretens einer Erkrankung bei den Kindern mit jedem Kind erneut 50 % beträgt; wenn das erste Kind erkrankt sein sollte, heißt das also nicht, dass das zweite Kind gesund ist!

Zu Vermutung 3:

Söhne erben in jedem Fall ein X-Chromosom von der Mutter (ihr Y-Chromosom kann nur vom Vater stammen!), und da sie kein zweites X-Chromosom haben, prägt sich auch eine rezessiv vererbbare Krankheit phänotypisch aus.

Die Mutter muss daher ein gesundes X-Chromosom besitzen, um dieses an gesunde Söhne vererben zu können:

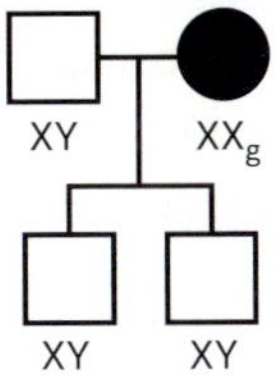

Aber wenn die Krankheit rezessiv vererbt wird, ist die Mutter nur erkrankt, wenn sie homozygot für betroffene X-Chromosomen ist (X_gX_g) – dann aber sind keine gesunden Söhne möglich. Dieser Erbgang ist daher auszuschließen.

Für den in *Vermutung 4* formulierten Erbgang ergibt sich die folgende Kombination:

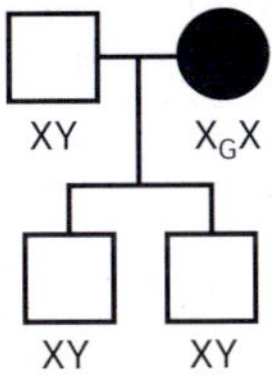

Hier gilt wieder, dass der Erbgang möglich wäre. Die Mutter kann heterozygot und krank sein, wenn die Krankheit dominant vererbt wird.

An diesem Beispiel wird deutlich, dass in der Regel größere Ausschnitte aus Stammbäumen erforderlich sind, um den Erbgang einer Krankheit bestimmen zu können.

Für die verschiedenen Grundvarianten gibt es aber bestimmte Kriterien, die Hinweise auf mögliche Erbgänge zulassen:

Zur Unterscheidung von autosomal und X-chromosomal gebundenen Krankheiten können folgende Hinweise helfen: Eine Vererbung von Vater auf Sohn ist nie möglich (da der Vater keinem Sohn ein X-Chromosom, sondern immer das Y-Chromosom vererbt). Darüber hinaus sind viel häufiger Männer als Frauen betroffen.

Bei autosomaler Vererbung gilt, dass die Häufigkeit Betroffener keine geschlechtsspezifischen Unterschiede aufweist – Männer und Frauen sind gleich oft betroffen. Dominante Krankheiten treten in der Regel in jeder Generation auf. Treten sie nicht auf, kommen sie auch in den Folgegenerationen nicht mehr vor. Werden eine oder mehrere Generationen übersprungen, ist das ein Hinweis auf eine rezessive Vererbung.

Bei rezessiver X-chromosomaler Vererbung tritt die Krankheit innerhalb einer Familie nicht mehr auf, wenn sich keine erkrankten Männer fortpflanzen. Häufig werden Krankheiten von Großvätern über die Töchter (als Konduktorinnen) an die männlichen Enkel vererbt; statistisch gesehen auf 50 % dieser Enkel.

Bei dominanter X-chromosomal gebundener Vererbung sind alle Töchter eines kranken Vaters und einer gesunden Mutter betroffen. Betroffene Frauen und nicht betroffene Männer haben Nachkommen, die, egal welchen Geschlechts, zu 50 % erkrankt sind. Normalerweise tritt das Merkmal bei Frauen häufiger auf.

Arbeitsauftrag 12:

a) Stellen Sie die Inhalte des vorigen Abschnitts unter den Überschriften „Erstellung von Erbschemata“ und „Analyse von Stammbäumen“ als Merksätze zusammen.

b) Überprüfen Sie die Ergebnisse aus den im vorherigen Arbeitsauftrag formulierten Zuordnungen, indem Sie beispielhaft entsprechende Stammbäume entwerfen.

In der Übersicht in Abb. 2.24 sind beispielhaft Erbgänge einiger genetisch bedingter Erkrankungen von Menschen dargestellt. Vielfach handelt es sich jedoch bei der Bezeichnung von Krankheiten um Sammelbegriffe, die für unterschiedliche genetische Veränderungen genutzt werden. Andere Erbgänge sind also bei mit derselben Bezeichnung versehenen Krankheitsbildern möglich.

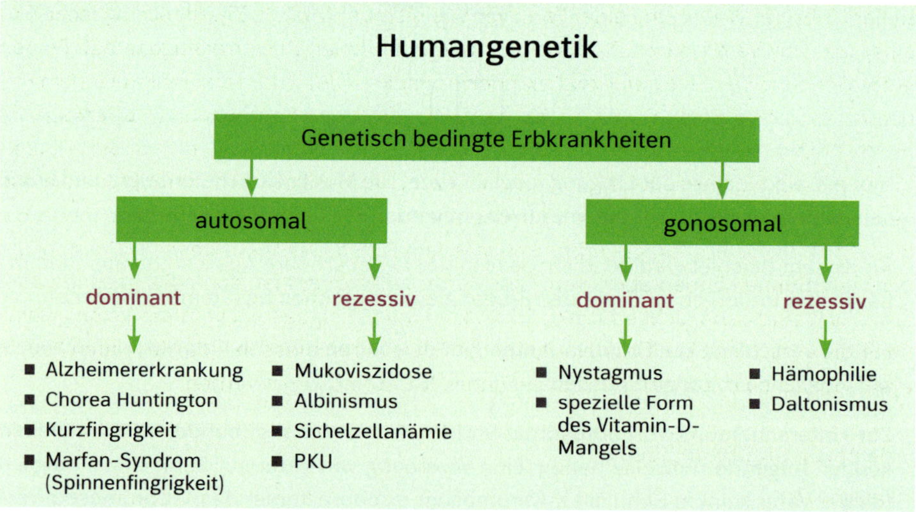

Abb. 2.24: Übersicht über verschiedene Erbgänge beim Menschen mit Beispielen

Arbeitsauftrag 13:

Benennen Sie die nachfolgend abgebildeten Erbgänge nach dem Ausschlussverfahren.

Beginnen Sie mit dem Stammbaum des Albinismus (Abb. 2.25) und vergleichen Sie Ihre Lösung im Anschluss mit der beispielhaften Lösung, die darunter beschrieben ist.

Bearbeiten Sie danach die weiteren Beispiele (Abb. 2.26 bis 2.30).

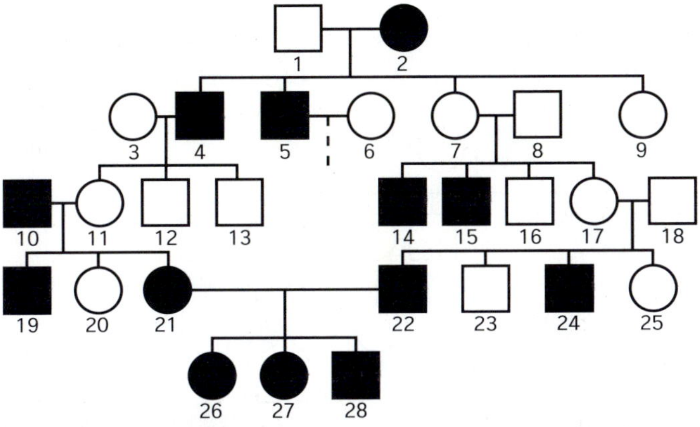

Abb. 2.25: Albinismus als Beispiel

In dem Beispiel „Vererbung einer Form von Albinismus“ (Abb. 2.25) tritt das typische Bild einer rezessiv vererbbaren, X-chromosomal-gebundenen Beeinträchtigung auf. Frauen erkranken nur, wenn sie homozygot für das erkrankte Allel sind, dann muss in jedem Fall der Vater auch phänotypisch erkrankt sein. Die Mutter ist Konduktorin (= Überträgerin) für die Krankheit, muss aber nicht selbst erkrankt sein. Denn Frauen, die nur ein erkranktes sowie ein gesundes X-Chromosom besitzen, sind selbst nicht erkrankt, da sie das gesunde dominante Allel besitzen, können aber das erkrankte Allel vererben. Söhne, die dieses von der Mutter erben, erkranken in jedem Fall, da sie kein zweites X-Chromosom besitzen. Söhne können aber, wenn die Mutter heterozygot ist, auch das gesunde Allel erben und sind dann nicht erkrankt. Erkrankte Frauen hingegen bekommen keine gesunden Söhne, da diese ja eines der erkrankten Allele erben müssen – da die Frauen homozygot (krank) sind, können sie kein gesundes X-Chromosom vererben.

Beispiele für Stammbäume:

Beispiel A

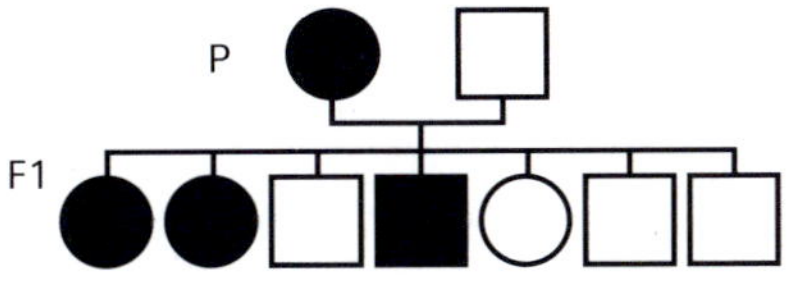

Abb. 2.26

Beispiel B

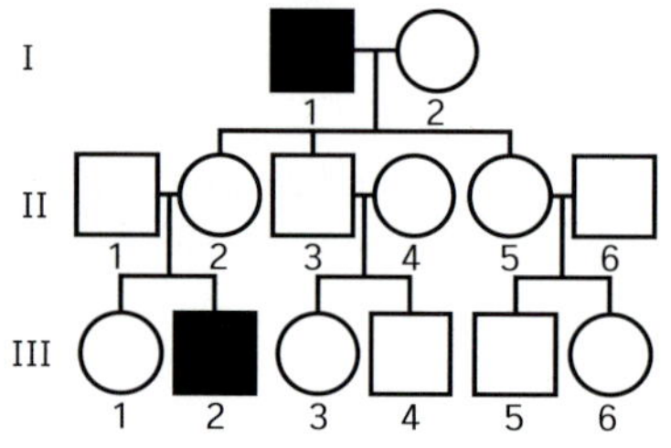

Abb. 2.27

Beispiel C

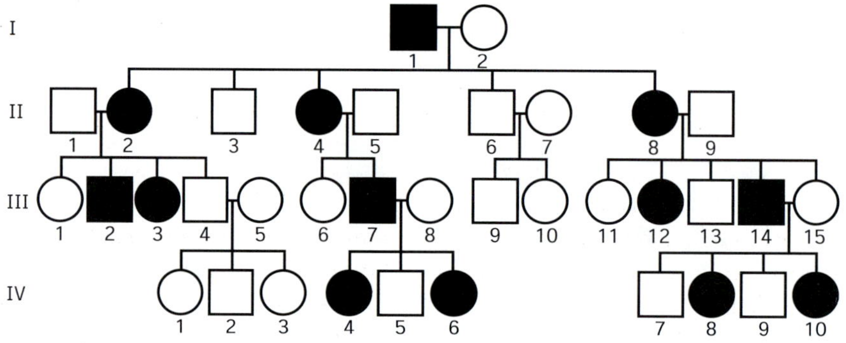

Abb. 2.28

Beispiel D

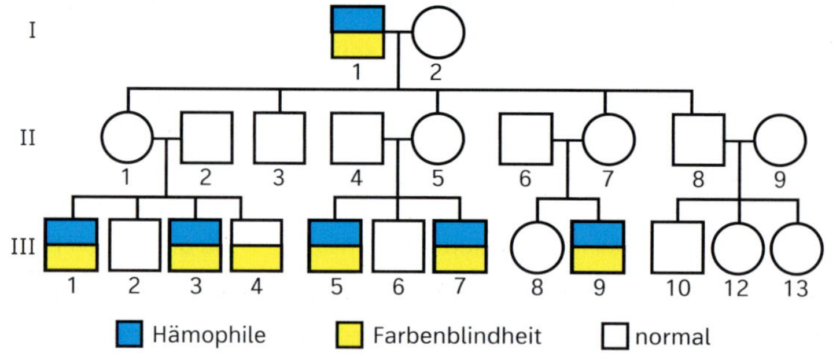

Abb. 2.29

Beispiel E

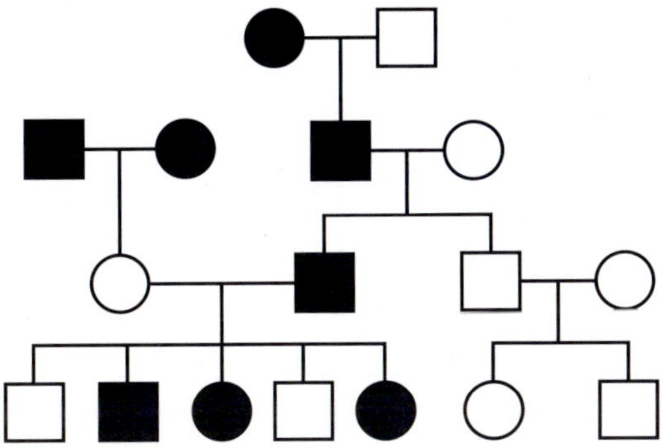

Abb. 2.30

2.3.5 Gendiagnostik

Mit heutigen medizinisch möglichen Methoden lassen sich viele Veränderungen der DNA feststellen. Da das menschliche Genom weitgehend entschlüsselt ist und man von vielen, aber bei weitem noch nicht allen genetisch bedingten Krankheiten ihre Lokalisation (= Ort) im Genom weiß, ist für einige genetische Veränderungen bereits vor und direkt nach der Geburt eine Diagnostik möglich. In der Realität sind viele Erbgänge jedoch komplizierter, da zahlreiche Eigenschaften nicht nur durch ein Gen, sondern durch mehrere Gene bestimmt werden (= **Polygenie**).

Da es sich bei der DNA um ein sehr kleines Molekül handelt, sind für eine Diagnostik einige Arbeitsschritte notwendig: Zunächst muss ausreichend Probenmaterial vorhanden sein. DNA, die aus einer Zelle entnommen wurde, muss also vervielfältigt werden. Des Weiteren ist eine Methode notwendig, mit der Unterschiede zwischen der regulären DNA und veränderter DNA identifiziert werden können.

Methoden der Biologie: DNA-Vervielfältigung und Sequenzierung

Polymerase-Kettenreaktion (PCR)

Zunächst wird die DNA aufgeschmolzen, das heißt, auf eine bestimmte Temperatur erhitzt, bei der sie sich in ihre Einzelstränge teilt (die verbindenden Wasserstoffbrücken lösen sich auf). Es werden Nukleotide dazugegeben sowie DNA-Polymerase. Bei Abkühlung werden die DNA-Stränge wieder komplettiert. Aus einem Doppelstrang sind so zwei Doppelstränge entstanden.

Um für Untersuchungen ausreichende Probenmengen zu erhalten, kann dieser Vorgang beliebig oft wiederholt werden. Er ist unter der Bezeichnung „Polymerase-Kettenreaktion“ (engl.: Polymerase-Chain-Reaction) bekannt geworden.

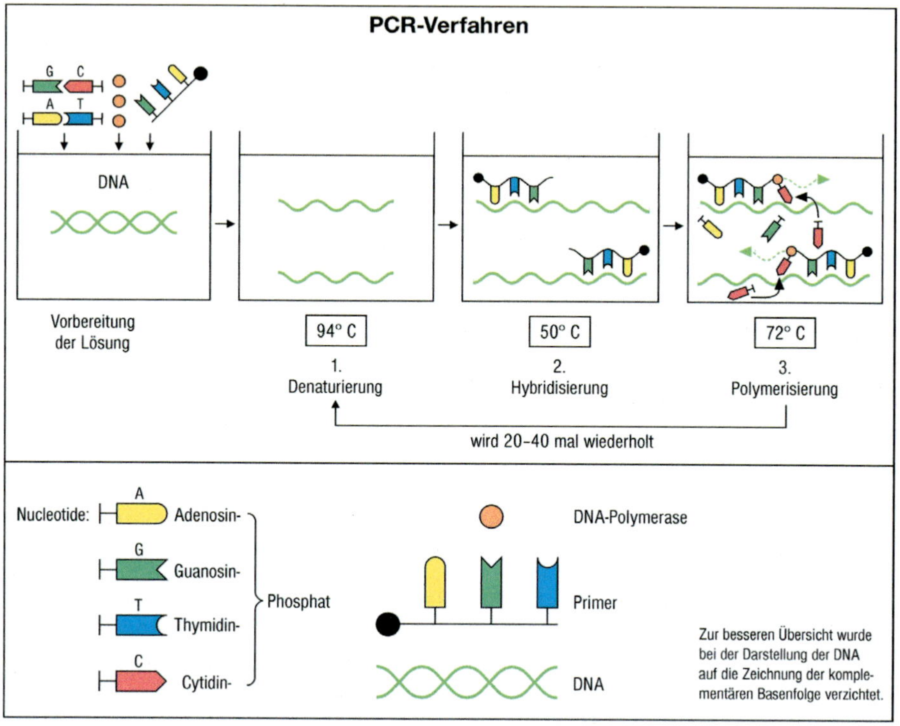

Abb. 2.31: Polymerase-Kettenreaktion (PCR)

Sequenzierung

Die Grundlage für die heute automatisiert verwendete Methode der DNA-Sequenzierung hat bereits 1975 FREDERICK SANGER gelegt, der dafür einen Nobelpreis erhielt.

Hier werden unter gleichen Bedingungen wie bereits geschildert für alle vier Basen zusätzlich sogenannte Abbruchnukleotide in die Mischung gegeben. Diese Abbruchnukleotide besitzen keine Anschlussmöglichkeit an das nachfolgende Phosphat. Wenn jeweils die entsprechende Base eingebaut wird, wird die Erstellung des neuen Doppelstranges abgebrochen. Von allen Basen sind sowohl normale als auch Abbruchnukleotide vorhanden, jeweils pro Ansatz aber immer nur eines der die Synthese abbrechenden Nukleotide. Im Ergebnis führt dies dazu, dass z. B. aus einem Ansatz unterschiedlich lange DNA-Stränge synthetisiert werden, die alle mit der Base A (Adenin) enden. Die Stränge aus dem zweiten Ansatz enden alle mit G usw.

Die hier entstandenen Stränge werden in einem zweiten Arbeitsschritt aufgetrennt: der Gelelektrophorese.

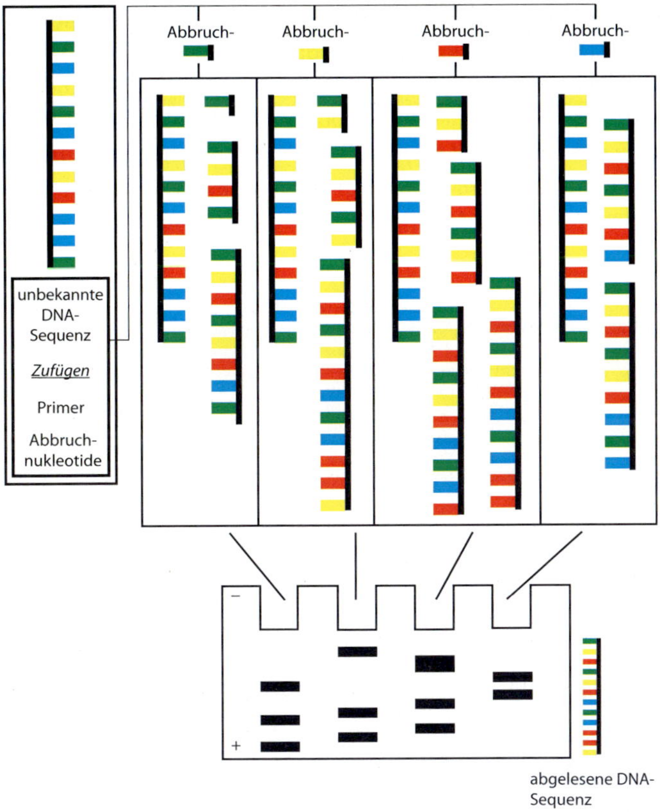

Abb. 2.32: DNA-Sequenzierung

Methoden der Biologie: Trennmethode Gelelektrophorese

Die Gelelektrophorese ist die gängige Methode zur Auftrennung von unterschiedlich langen DNA-Strängen.

Im Prinzip wird hier vorhandenes variables Material aufgrund seiner Länge aufgetrennt. Zunächst wird ein Gel aus Agarose gegossen. Dies ähnelt optisch einem Gelee und besteht mikroskopisch betrachtet aus ineinander verschlungenen Fäden. An einer Seite dieses Gels werden Aussparungen angefertigt, sogenannte Taschen. In diese Taschen wird nun mittels einer Pipette die DNA-Probe eingefüllt, das Ganze in eine wässrige Lösung gelegt und unter Strom gesetzt. Mit dem Strom bewegen sich auch die Probenteilchen der DNA, welche aufgrund ihrer unterschiedlichen Längen unterschiedlich weit wandern und an einer definierten Stelle, abhängig von der jeweiligen Länge und Dauer der Elektrophorese, hängen bleiben. Nach einem definierten Zeitraum wird die Elektrophorese abgeschaltet und die Proben mittels radioaktiver Markierung oder mittels Färbung sichtbar gemacht. Ein Beispiel für ein solches Ergebnis einer Gelelektrophorese ist nachfolgend abgebildet (vgl. Abb. 2.33).

Die Auswertung erfolgt über Vergleich. Man kann, wie bei der bereits beschriebenen Sanger-Methode (Sequenzierung, s.o.), hierdurch die Reihenfolge von Basen in einem bestimmten DNA-Abschnitt feststellen. Es ist aber auch beim genetischen Fingerabdruck üblich, DNA-Vergleiche mittels dieser Methode durchzuführen, wie z. B. bei Vaterschaftstests oder kriminaltechnischen Analysen. Für solche Auswertungen muss man allerdings zunächst definierte DNA-Bereiche ausschneiden. Dies funktioniert mithilfe von Restriktionsenzymen und wird im Abschnitt Gentechnik genauer erklärt.

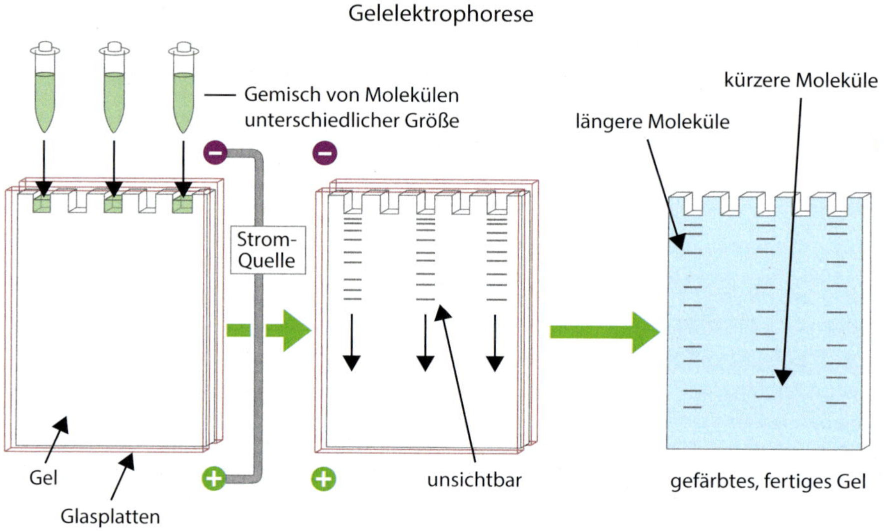

Abb. 2.33: Polymerase-Kettenreaktion (PCR)

Mithilfe der vorgenannten Verfahren ist es möglich, die Informationen bestimmter DNA-Abschnitte zu entnehmen. Allerdings ist es hierfür erst einmal notwendig zu wissen, welche Abschnitte von Interesse sind. Beachten Sie die Hinweise am Ende des Kapitels: Dieser Methode kann als Online-Variante getestet werden!

2.3.5.1 Pränatale Diagnostik

Für viele werdende Eltern ist eine **pränatale** (= vorgeburtliche) **Diagnostik** wichtig, die über die Standarduntersuchungen, also in der Regel optische Untersuchungen durch Ultraschall, hinausgeht. Dies kann der Fall sein, wenn es in der Familie Erbkrankheiten gibt oder wenn die werdenden Eltern z. B. aufgrund ihres Alters zu einer Risikogruppe gehören.

Verschiedene Methoden erlauben, bereits zu einem Zeitpunkt im ersten Drittel bis zur ersten Hälfte der Schwangerschaft genetisches Material des Ungeborenen zu gewinnen. Dies kann, mit unterschiedlich hohem Risiko und mit unterschiedlich großer Aussagekraft, durch Punktionen (= Flüssigkeitsentnahme aus Fruchtwasser oder Nabelschnur) oder

Biopsien (= Entnahme von Zellmaterial aus dem Mutterkuchen) erfolgen. Aus diesem Material gewonnene DNA kann mit den vorgenannten Methoden vervielfältigt und untersucht werden.

Arbeitsauftrag 14:

Fassen Sie die Informationen zur pränatalen Diagnostik aus der Abbildung 2.34 in Textform zusammen.

Fruchtwasserpunktion	Chorionzottenpunktion	Nabelschnurpunktion
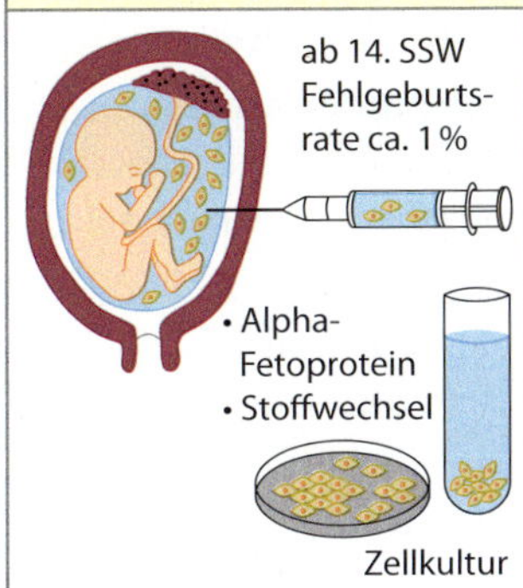	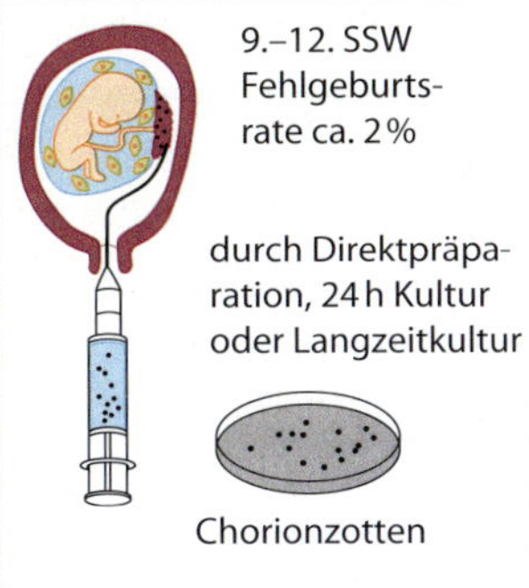	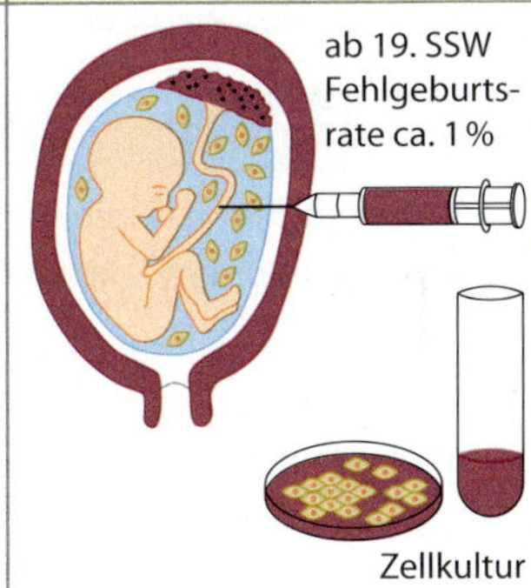
• Geschlechtsdiagnostik • Chromosomenanalyse (Dauer 14 Tage) • Stoffwechseldiagnostik • DNA-Diagnostik	• Geschlechtsdiagnostik • Chromosomenanalyse (Dauer: ca. 1 Tag) • Stoffwechseldiagnostik • DNA-Diagnostik	• Geschlechtsdiagnostik • Chromosomenanalyse (Dauer 7 Tage) • Stoffwechseldiagnostik • DNA-Diagnostik

Abb. 2.34: Pränatale Diagnostik

Relativ neu ist ein Test für die Trisomie 21, bei der über eine Blutuntersuchung der Mutter eine mögliche Genommutation des Kindes festgestellt werden kann. Bei dieser Untersuchung bestehen die vorstehend genannten Risiken von Fehlgeburten nicht. Die so gewonnenen Ergebnisse werden allerdings üblicherweise noch durch eine Fruchtwasseruntersuchung überprüft, falls sie für eine Trisomie 21 des Kindes sprechen.

Bei bestimmten Krankheitsbildern ist es erlaubt, eine Schwangerschaft auch zu einem relativ späten Zeitpunkt noch abzubrechen. Die gesetzlichen Regeln hierfür unterscheiden sich in verschiedenen Ländern. In Deutschland ist das Kriterium für Spätabbrüche bis zur 22. Schwangerschaftswoche, eine Gefahr für das Leben oder die Gefahr einer schwerwiegenden Beeinträchtigung des körperlichen oder seelischen Gesundheitszustandes der Schwangeren abzuwenden (StGB § 218a).

Die Entscheidung der werdenden Eltern ist von sehr unterschiedlichen Aspekten geprägt.

Bei manchen Stoffwechselerkrankungen hingegen ist es für den Start des Neugeborenen ins Leben sinnvoll, wenn mögliche Einschränkungen bereits vor der Geburt bekannt sind, sodass geeignete Behandlungen unverzüglich eingeleitet werden können.

2.3.5.2 Präimplantationsdiagnostik

Sehr umstritten ist nicht nur in Deutschland die **Präimplantationsdiagnostik** (PID). Hierbei geht es um die genetische Diagnostik an durch künstliche Befruchtung (in vitro) erzeugten Embryonen. Diese Möglichkeit, einen Kinderwunsch zu erfüllen, wird zunehmend genutzt, wenn aus unterschiedlichen medizinischen Gründen eine Zeugung auf natürlichem Weg nicht möglich ist.

Die vorstehend beschriebenen Methoden, genetische Untersuchungen durchzuführen, sind bei diesen künstlich entstandenen Embryonen bereits vor der Verpflanzung in den Mutterleib prinzipiell möglich. Dafür werden in einem Stadium, in dem der zukünftige Embryo erst aus wenigen Zellen besteht, Proben entnommen und untersucht.

Arbeitsauftrag 15:

Überlegen Sie in Partnerarbeit, welche Diagnostik sinnvollerweise in einem solch frühen Stadium möglich ist.

Nehmen Sie Stellung zu der nachfolgend geschilderten Situation der Familie L. Notieren Sie in Stichpunkten Ihre Meinung zu der Problematik und begründen Sie diese mit mindestens vier Argumenten.

Diskutieren Sie anschließend das Problem im Plenum.

Familie L.: Das Geschwisterkind nach Maß
Das Leben des neu geborenen Kindes des Ehepaares L. ist sehr ungewöhnlich: Die kleine Vera hat einen schweren kombinierten Immundefekt (SDIC). Dieses Erbleiden führt aufgrund der Unfähigkeit, ein bestimmtes Enzym zu bilden, dazu, dass das Immunsystem keinerlei Funktion erlangt. Betroffene Kinder müssen abgeschirmt unter einem Zelt vor Krankheitserregern geschützt leben.

Die einzige Heilungschance für Vera besteht darin, einen passenden Knochenmarkspender zu finden. Da die Suche bisher erfolglos geblieben ist, wollen die Eltern nun im Reagenzglas befruchtete Eizellen mithilfe der PID selektieren lassen. Ein gesundes Geschwisterchen soll dann in die Gebärmutter der Ehefrau eingepflanzt werden und nach seiner Geburt als Spender für Vera fungieren.

Die Eltern stellen einen Genehmigungsantrag beim Ethikrat.

2.3.5.3 Das Human-Genom-Projekt

Aufgrund der technischen Möglichkeiten, die bereits ausführlich dargestellt worden sind, startete 1990 das Human-Genom-Projekt, in dem es Forschern aus mehreren Ländern bis 2003 gelang, eine komplette Kartierung der menschlichen DNA anzufertigen. Nun sind also alle dort vorhandenen Basensequenzen bekannt. Die Diagnostik einiger Krankheiten wurde erst durch diese Grundlagenarbeit möglich. Allerdings ist bei Weitem nicht für alle Abschnitte und Teile der DNA bekannt, wofür sie im Körper codieren, also welche Bedeutung sie haben. Die weitere Forschung dazu läuft weltweit auf Hochtouren.

Der Mensch ist aber auch mehr als die Summe seiner Gene. Die aktuelle Forschung untersucht mit Nachdruck, wie die Komplexität und Vielfältigkeit des menschlichen Lebens auf einer so geringen Anzahl von Genen basieren können. Die frühere Annahme – ein Gen gleich ein Merkmal – wurde durch die Human Genome Organisation (HUGO) verworfen. Stattdessen ist nun klar: Bei der Entstehung von Merkmalen wie der Augenfarbe oder der Größe der Nase spielen eine Vielzahl von Genen eine Rolle, die sich gegenseitig beeinflussen.

Was wir in unseren Genen tatsächlich lesen können, wird nicht nur durch das Zusammenspiel der Gene eingeschränkt. Das Erbgut von Lebewesen kann auch von der Umwelt beeinflusst und modifiziert werden. Dabei ändert sich aber nicht unbedingt die Sequenz des Erbguts. Die Modifikationen bestimmen aber, ob ein Gen aktiv ist oder nicht. Bei diesen Modifikationen spricht man von **Epigenetik**.

Das Wissen um die entsprechenden Gene ermöglicht zwar bei einigen genetisch bedingten Erkrankungen eine Diagnostik, also die Feststellung, dass bestimmte Abschnitte einer DNA verändert sind. Dies bedeutet aber in der Regel nicht, dass es auch Behandlungs- oder Veränderungsmöglichkeiten gibt.

Zudem lassen sich hierüber auch Krankheiten diagnostizieren, die erst in höherem Lebensalter ausbrechen. Bekanntestes Beispiel hierfür ist wohl das Nervenleiden Chorea Huntington, welches unheilbar ist und tödlich verläuft, in den meisten Fällen aber erst jenseits des 40. Lebensjahres ausbricht.

2.3.5.4 Genetische Prädisposition

Für zahlreiche Erkrankungen lässt sich über die genetische Diagnostik eine **Prädisposition** feststellen. So kann neben der statistischen Tatsache, dass die Wahrscheinlichkeit der Erkrankung an bestimmten Krankheiten mit familiärer Häufung auftritt, auch anhand der DNA-Untersuchung eine Wahrscheinlichkeit zur entsprechenden Erkrankung errechnet werden. Dies ist zum Beispiel für bestimmte Formen von Brust-, Prostata- oder Darmkrebs, Herzerkrankungen, Diabetes, aber auch Osteoporose, Alkoholismus und manche psychischen Erkrankungen möglich. Diese Screenings geben Auskunft über die statistische Wahrscheinlichkeit einer Erkrankung, sagen aber nicht aus, dass dies der Fall sein muss.

Neben den genetischen Voraussetzungen, die für jeden Menschen individuell sind, spielen für den Ausbruch von Krankheiten fast in allen Fällen die Umwelt- und Lebensbedingungen die entscheidende Rolle. Hierauf hat die Lebensweise des Menschen Einfluss.

2.3.5.5 Bedeutung genetischer Diagnostik

Arbeitsauftrag 16:

Im Folgenden sind unterschiedliche Aspekte der Bedeutung von Gentests zusammengefasst.

Bearbeiten Sie die Aussagen zunächst in Einzelarbeit. Bewerten Sie die angesprochenen Aspekte und begründen Sie auch jeweils kurz.

Bilden Sie dann Gruppen von je fünf Personen und stellen Ihre Ergebnisse vor. Diskutieren Sie diese und fertigen Sie eine Ergebnisliste an. Unter welchen Umständen bewerten Sie Gentests als sinnvoll und ethisch unbedenklich, welche betrachten Sie ggf. als sinnvoll, aber auch ethisch problematisch, welche empfinden Sie als ethisch nicht zulässig?

Stellen Sie die Ergebnisse Ihrer Gruppenarbeiten in Form eines Museumsgangs in der Lerngruppe vor.

Fall 1:
Ein Vater von drei Kindern ist an Chorea Huntington erkrankt.
Die bereits erwachsenen Kinder kommen bezüglich der eigenen Zukunftsplanung zu unterschiedlichen Ergebnissen: Zwei der Geschwister lassen sich testen, wobei ein Test ein positives, der zweite ein negatives Ergebnis erbringt. Das dritte der Geschwister entscheidet sich aus Angst vor den Auswirkungen des möglichen Wissens gegen einen Test.
Welche Beweggründe haben die Geschwister jeweils? Welche Folgen haben ihre Entscheidungen?

Fall 2:
Ein Paar lässt einen genetischen Test durchführen, bevor es eine Schwangerschaft plant, da in ihren Familien erblich bedingte Krankheiten aufgetreten sind.
Welche Handlungsmöglichkeiten hat das Paar nach dem Test?

Fall 3:
Während der Schwangerschaft lässt ein werdendes Elternpaar eine pränatale Diagnostik durchführen, um festzustellen, ob das Kind eine genetisch bedingte Krankheit haben wird.
Welche Folgen kann ein positives oder negatives Testergebnis haben?

Fall 4:
Bei der Einstellungsuntersuchung möchte der zukünftige Arbeitgeber ein umfassendes Genscreening durchführen lassen, um auszuschließen, dass der Arbeitnehmer an erblich bedingten Prädispositionen leidet.

Fall 5:
Ein Paar bekommt ein Kind mit Downsyndrom. Die Äußerung eines Arbeitskollegen dazu lautet: „Das muss doch heute nicht mehr sein, das kann man doch vorher feststellen.“

Fall 6:
Es soll ein Recht auf Nichtwissen über genetisch bedingte Krankheitsrisiken geben.

Fall 7:
Ein Versicherungsunternehmen erweitert seine Voraussetzungen für den Abschluss von Berufsunfähigkeits- und Lebensversicherungen: Neben den bisher üblichen Fragebögen und der Einwilligung, dass behandelnde Ärzte von ihrer Schweigepflicht befreit werden, sollen standardmäßig genetische Untersuchungen auf alle bisher zu diagnostizierenden Erkrankungen durchgeführt werden.

Fall 8:
Der Ehemann informiert die Verwandtschaft über eine genetisch bedingte Erkrankung seiner Frau, obwohl diese ausdrücklich zu verstehen gegeben hat, dass sie niemanden zu dem Ergebnis informieren möchte.

Fall 9:
Die Krankenkassen fordern eine verpflichtende vorgeburtliche Untersuchung bei allen Schwangeren auf bestimmte genetisch bedingte Krankheiten.

Fall 10:
Eine Mutter leidet an einer erblich bedingten Sehbehinderung, trotz derer sie sich für ein Kind entschieden hat. Dieses ist von der Krankheit ebenfalls betroffen.

2.3.6 Gentechnik

Moderne **Gentechnik** macht es möglich: Pflanzen, die doppelten Ertrag bringen, Tiere, die nicht mehr krank werden und vieles andere mehr. Bestimmte Eigenschaften von Pflanzen und Tieren lassen sich auch mithilfe gezielter Züchtungen erreichen; die Gentechnik, die mit Veränderungen der DNA arbeitet, erlaubt jedoch viel weitergehende Manipulationen.

Man unterscheidet die Gentechnik nach weißer, roter und grüner Gentechnik: Die drei Gebiete beschäftigen sich mit Medizin, Tieren oder Pflanzen.

Methoden der Biologie: DNA-Rekombination mittels Restriktionsenzymen

In sehr vielen Bereichen, die gentechnisch relevant sind, wird anhand gleichartiger Verfahren gearbeitet.

Grundlegend ist die Arbeit mit Restriktionsenzymen. Diese schneiden die DNA an definierten Stellen – jedes Enzym kann ja nur eine Reaktion durchführen – und schaffen damit Ansatzpunkte dafür, dass fremde DNA eingebaut werden kann.

Das Verfahren funktioniert folgendermaßen:

Die unterschiedlichen Restriktionsenzyme finden ihre spezifische Schnittstelle. Das Enzym EcoRI zum Beispiel schneidet zwischen „G" und „A" an der Erkennungssequenz

„GAATTC", und zwar immer in 5'-3'-Richtung. Wenn es diese findet, wird die DNA dort geteilt. Der DNA-Strang ist aber doppelsträngig und würde zum Beispiel wie folgt aussehen:

5'	A	G	A	G	A	A	T	T	C	G	A	G	C	T	T	A	A	G	3'
3'	T	C	T	C	T	T	A	A	G	C	T	C	G	A	A	T	T	C	5'

Die Schnittstellen für EcoRI ergeben sich wie folgt:

5'	A	G	A	G	A	A	T	T	C	G	A	G	C	T	T	A	A	G	3'
3'	T	C	T	C	T	T	A	A	G	C	T	C	G	A	A	T	T	C	5'

Nach erfolgtem Schnitt ergeben sich diese DNA-Teilstränge:

```
                 A A T T C G A G C T T A A G 3'
                         G C T C G A A T T C 5'
5' A G A G
3' T C T C T T A A
```

Andere DNA mit entsprechenden Sequenzen wird durch dieses Enzym genauso geschnitten. Nun kann man ein fremdes Gen, welches entsprechende komplementäre „sticky ends" (= klebrige Enden) besitzt, da es mit dem gleichen Restriktionsenzym geschnitten wurde, mithilfe eines zusammensetzenden oder „klebenden" Enzyms, der Ligase, in den DNA-Strang einfügen. Als Ergebnis liegt eine veränderte DNA des Ursprungsorganismus vor.

Auf diese Weise kann, wenn entsprechende Schnittsequenzen vorhanden sind, ein Gen in ein bestehendes Chromosom eingeschleust werden und dort ein gewünschtes Protein herstellen.

Aktuell wird mit Hochdruck an den Möglichkeiten des CRISPR/Cas-Einsatzes gearbeitet – ein scheinbar universelles Werkzeug, mit dem Gene verändert werden können. In Abb. 2.35 ist das Verfahren dargestellt.

Arbeitsauftrag 17:

Beschreiben Sie die Abb. 2.35. Formulieren Sie in einem abschließenden Satz, was das CRSPR/Cas-Verfahren leisten kann.

CRISPR/Cas

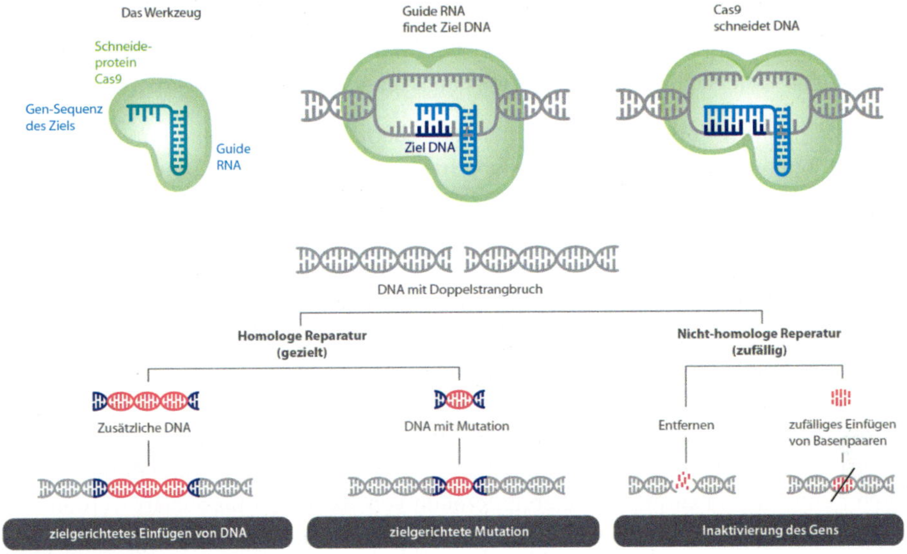

rafik: pigurdesign/www.transgen.de

Abb. 2.35: CRISPR/Cas

Arbeitsauftrag 18:

Besuchen Sie die Seite

http://www.transgen.de/forschung/2564.crispr-genome-editing-pflanzen.html

Unter der Überschrift „Nobelpreis 2020. Was man zur Gen-Schere CRISPR/Cas wissen sollte" finden sich dort viele Informationen zu aktuellen Entwicklungen in der Gentechnik.

Diese Seite bietet sich auch für die Informationssuche zu verschiedenen Aspekten von Anwendungen der Genetik an. Es ist gut möglich, einige hiervon in einer Lerngruppe gruppenteilig zu erarbeiten und als Kurzpräsentationen in der Gruppe vorzustellen.

Viren als Vektoren

Viren eignen sich sehr gut als sogenannte Vektoren (hier: Transporter), die gewünschtes Erbgut in eine Zelle bringen können. Das Vermehrungsprinzip von Viren beruht in der Regel genau darauf, in Zellen einzudringen und sich in deren genetische Information einzubauen. Dann bringen sie die Zellen dazu, sich zu vermehren – und damit auch das genetische Material des Virus. Wenn nun einem Virus ein gewünschtes Gen mit gentechnischen Methoden in seine eigene DNA eingebaut wird, kann dieses Prinzip dazu genutzt werden, genau dieses Gen in Zellen einbauen zu lassen.

2.3.6.1 Gentechnik in der Anwendung

2.3.6.1.1 Gentechnik: Medizin

Auf die Anwendung der aktuellen Erkenntnisse (Stand: 2024) im Bereich der vorgeburtlichen Diagnosemöglichkeiten wurde bereits im Kapitel 2.3.5 eingegangen.

Die in langjähriger Forschungsarbeit und klinischen Studien erarbeiteten Erkenntnisse und Methoden der Zell- und Genforschung haben eine neue Ära in Therapie und Diagnostik eingeleitet. Dank neuer zell- und gentherapeutischer Methoden können bisher unheilbare und tödlich verlaufende genetisch bedingte Krankheiten behandelt, immer öfter sogar geheilt werden. In vielen Fällen kann die Lebenserwartung bei steigender Lebensqualität verlängert werden, auch wenn (noch) keine Heilung möglich ist.

Herstellung von medizinisch wirksamen Stoffen durch Bakterienzellen

Die Produktion bestimmter Stoffe durch Bakterienzellen erfolgt bereits seit den 1980er-Jahren, wie etwa menschliches Insulin oder auch ein Enzym, das Blutgerinnsel bei Herzinfarkt sehr schnell auflösen kann. Daneben können einige Hormone und Proteine auch durch gentechnisch veränderte Eierstockzellen von Hamstern produziert werden. Für andere Medikamente bieten sich Bakterien aufgrund der funktionellen Unterschiede zwischen Bakterien- und Säugetierzellen nicht als Produzenten an. Die gentechnisch hergestellten Proteine werden in der Regel noch weiteren chemischen Behandlungsschritten unterzogen, bevor sie für den Einsatz beim Menschen geeignet sind.

Stammzellen

Stammzellforschung ist ein aktuell viel bearbeitetes Forschungsgebiet. Als Stammzellen werden Zellen bezeichnet, die noch sehr undifferenziert sind, also zur Weiterentwicklung zu allen im Körper vorhandenen spezialisierten Zellen in der Lage sind. Derzeit ist die Heilung mancher Krankheiten wie z. B. Leukämie durch Stammzellenimplantation von erwachsenen Spendern möglich. Die Stammzellen des Rückenmarks bilden Blutzellen – die Knochenmarkzellen des Patienten werden abgetötet und durch gesunde Zellen des Knochenmarkspenders ersetzt. Adulte Stammzellen können sich jedoch nur begrenzt differenzieren – also beispielsweise Blutzellen bilden, dann jedoch keine Nervenzellen produzieren.

Embryonale Stammzellen in einem frühen Stadium haben das Potential, alle Zellen des Körpers zu bilden. Würde es gelingen, diese Stammzellen dazu zu bringen, sich zu bestimmten Geweben wie Herz-, Muskel- oder Nervenzellen zu entwickeln, könnte man so zum Beispiel neue Organe herstellen oder Krankheiten wie Parkinson oder Alzheimer heilen.

Stammzellen, die in der Lage sind, sich zu allen möglichen Arten von Körperzellen zu entwickeln, bezeichnet man als **pluripotent**. Überwiegend erfolgen die Forschungen in diesem Bereich trotz ethischer Bedenken mithilfe von Zellen aus überzähligen Embryonen, die nach einer künstlichen Befruchtung übriggeblieben sind. Erstmals 2006 konnten Zellen aus der Schwanzspitze von Mäusen in einen dem von embryonalen Zellen sehr ähnlichen Zustand zurückversetzt werden (induzierte pluripotente Stammzellen = iPS). Sie können sich zu sehr vielen verschiedenen Zellarten entwickeln und lassen darauf hoffen, eines Tages die Alternative zu embryonalen Stammzellen zu werden. Zunächst muss aber die Grundlagenforschung die verbleibenden Unterschiede zwischen den beiden Zelltypen aufklären.

Gentherapien

Bei einer Gentherapie sollen funktionsfähige Gene, in Zellen eingeführt, fehlende oder defekte Gene ersetzen oder krankhaft mutierte Gene stilllegen und damit genetische Störungen ausgleichen.

Es ist zu unterscheiden zwischen lebenslang aktiver Therapie (Erbkrankheiten) oder nur über einen bestimmten Zeitraum erforderliche Aktivitäten. Mit gentherapeutischen Methoden können Krankheiten wie Krebs, Krankheiten des Auges, des Nervensystems, des Blutes, des Herz-Kreislaufs oder des Stoffwechsels bekämpft oder gelindert werden. Die Gentherapie musste seit ihrer ersten Anwendung 1990 viele Rückschläge erleiden.

Gentaxi

Beim In-vivo-Gentransfer (im Körper) werden fehlende oder defekte Gene durch eine korrekte Genversion direkt im Körper ausgetauscht. Beim Ex-vivo-Gentransfer (im Labor) erfolgt die genetische Veränderung außerhalb des Patienten, die behandelten Zellen werden dem Körper anschließend wieder zugeführt. Diese Art von Gentherapie wird beispielsweise zur Krebsbehandlung erfolgreich eingesetzt.

Zelltherapien

Neuste Zelltherapien setzen auf Genome Editing: Dabei werden dem Patienten Zellen entnommen, genetisch verändert, vermehrt und dem Körper wieder zugeführt. Eine Zelltherapie muss spezifisch auf den Patienten abgestimmt und individuell angepasst werden. CAR-T-Zelltherapien zum Beispiel haben das Potenzial, austherapierte Krebspatienten zu heilen. Sie vereinen Gen-, Zell- und Immuntherapie, es geht um genetische Modifikation von Immunzellen.

Zelltherapien können geschädigtes Gewebe reparieren oder ersetzen und so Krankheitssymptome lindern oder bestenfalls Erkrankungen heilen.

Molekulare Prothesen

Dank molekularer Prothesen lassen sich krankheitsspezifische Indikatoren frühzeitig erkennen und Krankheiten therapeutisch behandeln. Dies ist ein Lösungsansatz zur Früherkennung und Behandlung einiger chronischer Erkrankungen, der sich die Eigenschaft der Zelle zunutze macht, dass sie auf die Umgebung reagiert: Sie kann beispielsweise Licht, Wärme, Nukleinsäuren oder chemische Verbindungen messen und darauf reagieren. Als Reaktion auf diese Inputs wächst die Zelle, passt sich morphologisch an oder produziert chemische Verbindungen, die als Stoffwechselantagonisten fungieren können. Funktionieren diese Stoffwechselvorgänge fehlerhaft, können Krankheiten ausgelöst werden. Molekulare Prothesen können mit dem Stoffwechsel eines Organismus verknüpft werden, sie sind komplex. Ihre erste Komponente „Sensor“ (ein biologischer Rezeptor, der die Menge eines bestimmten Stoffwechselproduktes im Körper misst) kann zur Auslösung der zweiten Komponente und damit einer „Signalkaskade“ führen, wenn bestimmte

Werte überschritten werden. Diese aktiviert als dritte Komponente einen „Effektor", der gegensteuert, womit das physiologische Gleichgewicht des Wirtes wiederhergestellt wird.

Im Labor aus biologischem Material hergestellt, werden die molekularen Prothesen in einen Modellorganismus transplantiert. Eine beispielhafte Anwendung könnten künstliche Beta-Zellen sein, die bei Diabetikern vom Typ-1 funktionsunfähig sind und zu dem erhöhten Glukosegehalt im Blut führen. Die Fussenegger-Prothese zum Beispiel misst den Glukosegehalt im Blut und setzt seine Senkung in Gang, analog den Beta-Zellen der Bauchspeicheldrüse bei gesunden Menschen. Bisher wurde diese molekulare Prothese an Mäusen getestet, vor der Anwendung beim Menschen sind Langzeitstudien erforderlich.

Auch im Bereich der Früherkennung z. B. bestimmter Krebsarten wird hier ein großes Potential gesehen. Da für diese ein hoher Kalziumpegel im Blut als Indikator gilt, kann eine molekulare Prothese, die diesen misst und als Effektor die Bildung eines Leberfleckes (durch die Freisetzung von Melanin) an dem Ort des Implantats induziert, als „biomedizinisches Tattoo" gewertet werden – welches durch Austausch der drei Komponenten auch schon für z. B. Gicht, Übergewicht und Schuppenflechte getestet wurde.

Die Anwendung zellbasierter Therapien am Menschen, die ein großes Potential zur Ablösung herkömmlicher Therapien haben, bedarf zunächst noch teurer Forschung und klinischer Studien, die mit großen finanziellen Aufwendungen gekoppelt sind.

2.3.6.1.2 Gentechnik: Pflanzen

Gentechnisch veränderte Pflanzen werden schon seit vielen Jahren angebaut – allerdings in der Europäischen Union nur sehr zögerlich. In Gebieten, in denen die Erträge der Landwirtschaft existenziell für das Überleben von Menschen sind, werden die modernen Methoden als Segen empfunden.

Man bezeichnet die genetisch veränderten Pflanzen als transgene Pflanzen. Transgen erzeugt sind zum Beispiel Reis- und Maissorten, die für bestimmte Schädlinge nicht mehr anfällig sind oder die einen besonders hohen Anteil an Vitamin A enthalten. So werden Erkrankungen aufgrund von Mangelernährung der darauf angewiesenen Menschen verhindert bzw. Erntemengen gesteigert.

Insbesondere in den Entwicklungsländern haben diese neuen Pflanzensorten für zahlreiche Menschen das Überleben möglich gemacht. Entsprechende Gene wurden über die vorstehend erläuterten gentechnischen Methoden eingeschleust und ermöglichen nun eine bessere Versorgung der dort lebenden Bevölkerung.

Resistenzen, also Unempfindlichkeiten gegen bestimmte Krankheiten und Erreger, sind ein weiteres wichtiges Thema in der grünen Gentechnik. Getreide, das gegen einen Pilz nicht mehr empfindlich ist, braucht auch nicht mehr mit entsprechenden Herbiziden behandelt zu werden, um die Ernte zu sichern. Das schont die Umwelt, denn Herbizide können wie auch Pestizide, eine andere Gruppe von Pflanzenschutzmitteln, neben der erwünschten Wirkung auch nützliche Organismen vernichten. Sie reichern sich außerdem in der Umwelt an, können ins Grundwasser gelangen und so großen Schaden anrichten.

In Zeiten des sich verändernden Klimas ist es eine weitere Aufgabe, Kulturpflanzen zu erzeugen, die auch bei Hitze, Dürre oder extrem salzhaltigen Böden gedeihen.

2.3.6.1.3 Gentechnik: Nutztiere

Die Einsatzmöglichkeiten der Gentechnik im Bereich der tierischen Zellen sind noch nicht so weit wie bei den Pflanzen entwickelt, da es sich bei tierischen Organismen um komplexere Lebewesen handelt. Vor allem künstliche Besamung, Transfer von in vitro erzeugten Embryonen sowie Klonierung sind die Techniken, mit denen gearbeitet bzw. experimentiert wird.

Elterntiere mit gewünschten Eigenschaften werden künstlich zur Produktion von Keimzellen angeregt. Die Keimzellen oder bereits entstandene Embryonen werden durch Spülung aus der Gebärmutter entnommen und Leihmüttern eingepflanzt. In Verfahren der künstlichen Besamung werden heute häufig In-vitro-Befruchtungen durchgeführt und die Embryonen durch Leihmütter ausgetragen. Möglich ist auch ein Embryonensplitting: In einem frühen Stadium wird ein Embryo aus einem Spendertier isoliert und die Zellen unter dem Mikroskop in zwei oder vier gleiche Größen geteilt und Leihmüttern eingepflanzt. Die Zellen sind in diesem frühen Stadium noch entwicklungsfähig für alle spezialisierten Zellen des Körpers und wachsen so zu genetisch gleichen Nachkommen heran.

Das Klonen arbeitet mit einer Eizelle, die einem Spendertier entnommen wird und deren Zellkern ersetzt wird durch den Zellkern der Körperzelle eines Spendertieres. Wiederum wird diese Eizelle einer Leihmutter eingesetzt; die Nachkommen sind dem Spendertier des Zellkerns genetisch gleich.

Das Fleisch der Texel-Schafe: Genome Editing in der Tierzucht

[...] Menschen haben seit Tausenden von Jahren durch Selektion Schafe gezüchtet und hierbei aus der Vielfalt der natürlich entstanden Mutationen diejenigen ausgewählt, die für den Menschen von Nutzen sind. Mit dem *Genome Editing* wird nun eine natürlich vorkommende Mutation gezielt in eine Schafsrasse eingeführt, wobei ausschließlich der G-zu-A-Basenaustausch im Myostatin-Gen erfolgt. Im Gegensatz zu der klassischen Genmanipulation werden also keine artfremden Gene eingebracht. Die neu etablierte Schafsrasse beinhaltet Genkombinationen, wie sie in den etablierten Rassen vorkommen. Der Genpool des Schafs wird nicht verändert und somit ist eine unnatürliche Veränderung der noch wild lebenden Mufflons nicht möglich. Zurzeit ist unklar, ob Tiere, die durch *Genome Editing* entstanden sind, rechtlich gesehen als gentechnisch veränderte Organismen (GVO) einzustufen und somit den entsprechenden gesetzlichen Bestimmungen unterworfen sind. Aus wissenschaftlicher Sicht ist das gezielt im Myostatin-Gen veränderte Schaf mit einem aus natürlicher Zucht entstandenen Schaf gleichzusetzen.

[...] Da das Schaf eine Genvariante des Myostatin-Gens trägt, die beim Texelschaf natürlicherweise vorkommt und dort zu keiner Beeinträchtigung des Wohlbefindens führt, ist mit keinen Gesundheitsproblemen zu rechnen. Das Verfahren des *Genome Editing* ist mit dem Verfahren der künstlichen in-vitro-Befruchtung vergleichbar und somit selten mit ungewollten Veränderungen oder sogar Fehlbildungen verbunden.

Damit unterscheidet es sich auch vom Klonen, wo oft kranke Tiere entstehen (zum Beispiel das erstmals vor 20 Jahren klonierte Schaf Dolly). [...] Allerdings müssen bei der Zucht einer neuen Schafsrasse mit Genome Editing die guten Regeln der Züchtung berücksichtigt werden, um Probleme einer Inzucht zu vermeiden. Es ist daher sicher wichtig, die neue Rasse aus mehreren Schafen abzuleiten, deren Myostatin-Gen genom-editiert ist, um eine möglichst große genetische Vielfalt zu erhalten.

[...] Da Texelschafe sich seit Jahren als gute Fleischlieferanten bewährt haben, ist der Verzehr des Fleisches von den Genom-editierten Schafen völlig unbedenklich, da sie ja keine anderen Gensequenzen enthalten. Niemand würde den Verzehr von Schaffleisch in Frage stellen, dessen Ursprung auf der Kreuzung unterschiedlicher Rassen beruht.
Offensichtlich hat das *Genome Editing* ein großes Potenzial und man kann nur hoffen, dass die rechtliche Situation, ob es sich nun um einen genveränderten Organismus handelt oder nicht, bald geklärt ist. Aus meiner Sicht sind Tiere, die durch *Genome Editing* gezüchtet werden, genauso einzustufen, wie ganz normal gezüchtete Tierrassen.

Quelle: Ryffel, Gerhart: Das Fleisch der Texel-Schafe: Genome Editing in der Tierzucht, https://www.transgen.de/blog/2746.texel-schafe-genome-editing-tierzucht.html, [15.07.2024]

Die Forschungen und Experimente zur Herstellung von medizinisch wichtigen Proteinen durch transgene Tiere haben derzeit noch keine zulassungsfähigen Medikamente hervorgebracht.

Durch den Einbau des menschlichen Insulin-Gens in Bakterien werden diese gentechnisch verändert: sie sind „transgen". Transgene Einzeller, Pflanzen oder Tiere lesen die Information des zusätzlichen Gens ab wie ihre eigene. Dies ist möglich, da die Erbsubstanz aller Lebewesen aus DNA besteht. Gemäß der Information des zusätzlichen Gens stellen sie neben den eigenen Proteinen ein zusätzliches Eiweiß her: beispielsweise eines, das natürlicherweise nur in einer seltenen Pflanze vorkommt. Oder ein Protein, das als Impfstoff eingesetzt wird. Transgene Lebewesen verfügen dank dem zusätzlichen Gen über eine neue Eigenschaft.

Quelle: Stiftung Gen Suisse Bern (Hrsg), Gentechnik – Grundlagen, Anwendungen, Diskussion, 6. Auflage, Gen Suisse, Bern 2018. In: https://gensuisse.ch/sites/gen/files/downloads/2018-GenTechnik-DE-web-20181023.pdf [09.01.2025]

2.3.6.1.4 Gentechnik: Industrie

Aus Produktionsprozessen in der Industrie sind zum Beispiel Bakterien in der Herstellung bestimmter Inhaltsstoffe von Medikamenten oder Enzyme für die Produktion von Lebensmitteln nicht mehr wegzudenken. Viele verschiedene Produkte fußen auf den oben beschriebenen Methoden: Lebensmittel, Getränke, Vitamine, Aromastoffe, Medikamenten- und Pestizidwirkstoffe, Chemikalien, Werkstoffe und auch Bioenergieträger (etwa Bio-Ethanol oder Biogas).

Ursprüngliche Produktionsweisen können so durch wirtschaftlichere oder umweltfreundlichere Verfahrensschritte ersetzt werden – beispieslweise die Zitronensäure-Gewinnung mithilfe eines Schimmelpilzes oder das verwaschene Aussehen einer Jeans mithilfe von Enzymen.

Biotechnologische Verfahren sind nicht mit Gentechnik gleichzusetzen. Insbesondere in der Lebensmittel- und Getränkeproduktion sind sie seit Jahrhunderten etabliert – man denke an Hefen in der Herstellung von Brot, Bier oder Wein. Zunehmend werden Mikroorganismen durch Veränderung des Erbguts für Produktionsprozesse „optimiert" – mit all den Verfahren, die bereits weiter oben dargestellt wurden.

Die Zwischen- und Endprodukte, die sehr oft auch in weiteren Verfahren oder anderen Branchen verwendet werden (und mit denen die Verbraucher dann „in Berührung" kommen), enthalten in der Regel keine lebensfähigen Produktionsorganismen mehr. In den Produkten vorhanden können aber möglicherweise Enzyme, die als Hilfsstoffe eingesetzt wurden, oder gentechnisch veränderte DNA sein.

Die Festlegung von Schwellenwerten führt zu einer Kennzeichnungspflicht – und viele Produkte werden aufgrund der Vorbehalte der Verbraucher in verschiedenen Versionen (konventionell oder gentechnikfrei) hergestellt. In Produktionen verwendete gentechnische Verfahren können im Produkt nicht mehr nachweisbar sein, Gesundheitsrisiken sind in der Regel nicht zu befürchten. Gefahren beim Einsatz entsprechender Organismen und Methoden für die menschliche Gesundheit betreffen in erster Linie die Beschäftigten in biotechnologischen Produktionsanlagen. Sicherheitsvorschriften zum Schutz vor Gefährdungen gibt es bereits seit den 1970er-Jahren, sie werden stetig aktualisiert.

Die Verbreitung von Antibiotika-Resistenzen kann als Umweltrisiko gewertet werden, da viele Bakterien zu einem Gentransfer in der Lage sind – das bedeutet, dass Gene auf einen anderen Organismus übertragen werden. In der Produktion werden Resistenzgene verwendet, im Falle einer Freisetzung kann die Übertragung auf natürlich vorkommende Organismen stattfinden. Daher werden ungefährliche Produktionsorganismen verwendet und in geschlossenen Anlagen produziert.

Als Trends zeigen sich die engere Verzahnung von chemischen und biotechnologischen Prozessschritten und die Übertragung ingenieurtechnischer Ansätze auf biotechnologische Prozesse. Eine Vielzahl von Forschungseinrichtungen und kleinerer Biotechnologie-Unternehmen beschäftigen sich mit der Entwicklung neuer Technologien, problematisch ist oft eine Überführung neuer Konzepte in die wirtschaftliche Anwendbarkeit. Das Genome Editing eröffnet auch für die industrielle Biotechnologie weitreichende Potenziale, die zu vielfältigen neuen Anwendungsgebieten führen können, beispielsweise die Produktion von Biokraftstoffen durch Mikroorganismen, die Abfall- und Abwasseraufbereitung oder die Herstellung von biobasierten Chemikalien.

Zur kommerziellen Verwertung und wirtschaftlichen Bedeutung der industriellen Biotechnologie gibt es nur annäherungsweise Daten.

Großunternehmen der chemischen Industrie setzen auf industrielle Biotechnologie und bauen ihre Aktivitäten in diesem Bereich aus (z. B. BASF, Evonik, Wacker).

Großes Potenzial ergibt sich für die industrielle Biotechnologie durch ihren möglichen Beitrag beim Energiewechsel. In vielen Bereichen scheint ein Ersatz der heute benötigten fossilen Rohstoffe möglich, welcher maßgeblich zum Klimaschutz beitragen und die Einhaltung von Umweltauflagen ermöglichen kann. Die Herausforderung hierbei ist es, die Biomasseproduktion für energetische und industrielle Zwecke auszuweiten, ohne zugleich die Nahrungs- und Futtermittelproduktion zu gefährden – die nutzbare Fläche ist endlich – oder zu einem Anstieg der Lebensmittelpreise beizutragen.

Arbeitsauftrag 19:

Besuchen Sie die Seite:
http://www.transgen.de/forschung/2564.crispr-genome-editing-pflanzen.html.

Unter dem Titel „Klickstrecke: Verfahren der Pflanzenzüchtung“ werden fünf mögliche Verfahren der Veränderung von Pflanzen dargestellt. Stellen Sie diese in eigenen Worten dar.

Diese Seite bietet sich auch für die Informationssuche nach den verschiedenen Aspekten von Anwendungen des Wissens über Genetik an. Es ist gut möglich, einige hiervon in einer Lerngruppe gruppenteilig zu erarbeiten und als Kurzpräsentationen in der Gruppe vorzustellen.

Arbeitsauftrag 20:

Verschiedene Aspekte und Ansichten zur Gentechnik sind auf den folgenden Seiten dargestellt. Sicherlich gibt es noch zahlreiche andere Aspekte und Sichtweisen dazu.

Diskutieren Sie, ob die gentechnischen Entwicklungen positiv oder negativ zu bewerten sind. Welche Regelungen sind notwendig, um Sicherheit zu gewährleisten?

Was bedeutet Gentechnik für den Erhalt der Ökosysteme und die Zukunft der Artenvielfalt?

Es ist längst Routine: Im Januar 2024 hat die EU-Kommission eine weitere gentechnisch veränderte Pflanze für den Import zugelassen. Damit können nun 98 solcher Pflanzen in die EU eingeführt und als Lebens- und Futtermittel vermarktet werden. Dagegen stammt die Zulassung für die einzige gv-Pflanze, die in der EU angebaut werden darf, aus dem Jahre 1998. Neuere Anträge sind zwar wissenschaftlich begutachtet, hängen aber seit Jahren in der politischen Warteschleife.

Quelle: Forum Bio- und Gentechnologie e.V. – Verein zur Förderung der gesellschaftlichen Diskussionskultur e.V. (Hrsg.): Doppeltes Spiel bei Gentechnik-Pflanzen: Jede Menge Import-Zulassungen, aber Anbau bleibt tabu, 18.10.2024. In: https://www.transgen.de/aktuell/2658.eu-zulassung-gentechnik-pflanzen.html [31.10.2024].

Die Wissenschaft ist sich einig: Keine Angst vor Gentechnik-Pflanzen

Gentechnisch veränderte Pflanzen sind nicht „automatisch“ gefährlicher als herkömmliche, so das Ergebnis einer systematischen Auswertung von 1800 wissenschaftlichen Publikationen aus zehn Jahren. Nur weil bei ihrer Entwicklung gentechnische Verfahren genutzt wurden, gehen von einer Pflanze keine besonderen Gefahren für Umwelt und Gesundheit aus. In der Wissenschaft ist das weitgehend Konsens – und deckt sich mit den langjährigen Erfahrungen beim Anbau gentechnisch veränderter Pflanzen.

Quelle: Forum Bio- und Gentechnologie e.V. – Verein zur Förderung der gesellschaftlichen Diskussionskultur e.V. (Hrsg.): Die Wissenschaft ist sich einig: Keine Angst vor Gentechnik-Pflanzen, 15.08.2023. In: https://www.transgen.de/sicherheit/522.gentechnik-pflanzen-risiko-wissenschaft.html [31.10.2024].

Findet sich Gentechnik im Tierfutter und welche Auswirkungen hat dies auf tierische Produkte?
Ein Großteil der Futtermittel für Nutztiere (Gräser, Futterweizen und -gerste, Mais) wird in Deutschland und damit gentechnikfrei angebaut. Eiweißreiche Futtermittel müssen jedoch zusätzlich importiert werden. Genutzt wird vor allem Soja aus den USA, Brasilien oder Argentinien. Dieses Soja ist zu 90 bis 100 Prozent gentechnisch verändert. Darüber hinaus enthalten viele Futtermittel Zusatzstoffe, die häufig mit Hilfe der Weißen Gentechnik hergestellt werden. Die meisten Nutztiere in Deutschland bekommen daher Futter, das mit Gentechnik in Berührung gekommen ist. Diese Futtermittel wirken sich nach dem heutigen Stand der Forschung aber nicht nachteilig auf Milch, Fleisch oder Eier der Tiere aus.
Quelle: Bundesministerium für Ernährung, Landwirtschaft und Verbraucherschutz (BMELV) (Hrsg.): Lebensmittel und Gentechnik. Die wichtigsten Fakten, Berlin Mai 2013. In: https://www.ohnegentechnik.org/fileadmin/user_upload/10_download_center/_Ohne_Gentechnik__Kennzeichnung_von_Lebensmitteln/bmelv_wichtigste_fakten_juni2013l.pdf [31.10.2024].

Gentechnik vermindert Artenvielfalt
Gerade wegen des Klimawandels sind wir auf den Reichtum der Pflanzen- und Tierwelt angewiesen. Wir brauchen ihn, um in Zukunft aus der genetischen Vielfalt zu schöpfen und Pflanzen an schwierige Bedingungen anzupassen. Im letzten Jahrhundert sind aber 75 Prozent der Kultursorten unserer Landwirtschaft verschwunden. Gentechnisch veränderte Pflanzen funktionieren nur in einem industriellen Landwirtschaftssystem: Anbau als Monokultur und Einsatz von Dünger und Pestiziden.
Quelle: Informationsdienst Gentechnik: Argumente gegen Agro-Gentechnik („Grüne Gentechnik"). In: https://www.keine-gentechnik.de/wissen/argumente [31.10.2024].

Gentechnik führt zu hohen Kosten
Bei der Diskussion um die Vor- oder Nachteile der Agro-Gentechnik wird oft vergessen, dass durch den Anbau von Gentechnik-Pflanzen erhebliche Folgekosten für die gesamte Gesellschaft entstehen. Beim Transport und beim Anbau kann es zu Verunreinigungen von Rohstoffen und gentechnikfreien Ernten kommen. Das verursacht Probleme für die Bauern, die Hersteller und Verarbeiter von Lebensmitteln und auch für Saatgutzüchter. Zum Schutz müssen sie erhebliche Mehrkosten in Kauf nehmen.
Quelle: Informationsdienst Gentechnik: Argumente gegen Agro-Gentechnik („Grüne Gentechnik"). In: https://www.keine-gentechnik.de/wissen/argumente [31.10.2024].

Beispiel: Gentech-Bäume
Gentechnisch veränderte Bäume sollen ein Holz liefern, das sich durch seine Zusammensetzung effizienter zu Papier oder Kraftstoff verarbeiten lässt. Geforscht wird vor allem an schnell wachsenden Bäumen wie Pappeln oder Eukalyptus. Sie werden auch mit Herbizidresistenzen ausgestattet, sollen selbst Schädlingsgifte (Bt) produzieren oder (bei Eukalyptus) Frost aushalten.
In China werden seit 2002 insektenresistente Bt-Pappeln angebaut. Brasilien erlaubte 2015 als erstes Land, Gentechnik-Eukalyptusbäume kommerziell anzupflanzen. Die Herstellerfirma der Gentech-Bäume wurde von einem Papierkonzern aufgekauft. Die US-Firma ArborGen wurde von Papierherstellern und Monsanto gegründet und bietet

ebenfalls gentechnisch veränderten Eukalyptus an. In der EU wachsen derzeit in Schweden gv-Pappeln im Versuchsanbau. Geforscht wird auch in deutschen Laboren. Die gentechnische Veränderung von Bäumen ist mindestens so umstritten wie die anderer Nutzpflanzen. Denn Bäume leben über Jahrzehnte, besitzen Kreuzungspartner in der Natur, sind zumeist Fremdbefruchter und produzieren riesige Mengen an Pollen und Samen. Das manipulierte Erbgut von gv-Bäumen wird sich also mit großer Sicherheit ausbreiten.

Quelle: Informationsdienst Gentechnik: Bioökonomie, Dezember 2020. In: https://www.keine-gentechnik.de/dossiers/biooekonomie [31.10.2024].

Neue Allergien und Antibiotikaresistenzen durch gentechnisch veränderte Lebensmittel?

Im Zusammenhang mit gentechnisch veränderten Lebensmitteln werden in erster Linie zwei Gesundheitsrisiken diskutiert: das Entstehen neuer Allergien und weiterer Antibiotikaresistenzen.

Die in verschiedene Nutzpflanzen – bisher hauptsächlich in Soja, Mais, Raps und Baumwolle – neu eingebrachte Erbinformation produziert Proteine. Proteine sind potenzielle Allergieauslöser, und Lebensmittelallergien beruhen auf einer Überempfindlichkeit gegenüber bestimmten Proteinen. Darüber hinaus kann die gentechnische Veränderung auch zu unerwarteten Veränderungen im Stoffwechsel der Pflanzen führen, die die Sicherheit und Qualität der daraus hergestellten Lebensmittel beeinträchtigt.

Ein weiteres mit gentechnisch veränderten Lebensmitteln verbundenes Problem sind die in eine Vielzahl von Pflanzen eingebauten Antibiotikaresistenzgene. Diese werden als sogenannte Markergene benutzt, mit deren Hilfe festgestellt werden soll, ob die an der Pflanze vorgenommene Genmanipulation erfolgreich war. Die Antibiotikaresistenzgene können sich auf Bakterien im menschlichen Darm übertragen. Dadurch besteht die Gefahr, dass immer mehr Antibiotika unwirksam werden.

Wie sich der Verzehr gentechnisch veränderter Pflanzen auf die menschliche Gesundheit auswirkt, wird nicht untersucht.

Quelle: Bund für Umwelt und Naturschutz Deutschland: Gesundheit: ungeklärte Risiken durch Gen-Food. In: www.bund.net/themen/landwirtschaft/gentechnik/risiken/gesundheit [15.07.2024]

Die moderne Fortpflanzungsmedizin kann vielen Paaren einen Kinderwunsch erfüllen, wenn dies auf natürlichem Wege aufgrund verschiedener gesundheitlicher Einschränkungen nicht möglich ist.

Die grosse Chance dieser Paare liegt in der sogenannte in vitro Fertilisation (IvF). Bei diesen Verfahren werden Eizellen und Spermien im Reagenzglas zusammengebracht. Innerhalb einiger Tage teilt und entwickelt sich die befruchtete Eizelle und wird in die Gebärmutter der Frau eingesetzt.

Heute ist es möglich, bei einer IvF den Embryo auf Erbkrankheiten zu überprüfen, bevor er in die Gebärmutter eingesetzt wird. Dazu wird dem Embryo in einem sehr frühen Stadium der Entwicklung (meist 8-Zell-Stadium) eine Zelle entnommen und genetisch untersucht. Man spricht von Präimplantationsdiagnostik (PID). Die PID bietet die Möglichkeit, diejenigen Embryonen einzupflanzen, die keine besonderen Merkmale tragen, welche eine erfolgreiche Schwangerschaft verhindern würden. Die

entnommene Zelle kann auf chromosomale Anomalien, genetisch bedingte Erbkrankheiten, das Geschlecht oder Immunkompatibilität (HLA-Typisierung) hin untersucht werden.
Die Möglichkeiten der PID bringen ethische und moralische Diskussionen mit sich. Hat man das Recht, Embryonen mit genetischen Defekten «auszusortieren»? Wenn ja, bei welchen Defekten, sprich Krankheiten? Befürworter der Untersuchungsmöglichkeiten wollen Eltern den Wunsch nach einem gesunden Kind ermöglichen. Gegner halten dagegen, die PID wäre ein zu starker Eingriff in die Natur – der Mensch würde damit entscheiden, welches Leben lebenswert ist und welches nicht.
Quelle: Stiftung Gen Suisse (Hrsg): Fortpflanzungsmedizin. In: https://gensuisse.ch/de/themen/fortpflanzungsmedizin [31.10.2024].

[...] Bei den monogenen Erbkrankheiten ist die umschriebene DNA-Sequenz eines einzelnen Gens so verändert, dass das von ihm kodierte Produkt – ein Protein – seine Funktion(en) nicht mehr erfüllen kann. Die einzelne monogene Erbkrankheit ist selten. Wegen der vielen Gene und der verschiedenen darin vorkommenden Mutationen gibt es eine sehr grosse Anzahl dieser «Orphan diseases». Man kennt heute ungefähr 6000 monogene Erbkrankheiten, wovon etwa 1 % der Neugeborenen betroffen ist.
Die häufigen multifaktoriell verursachten Krankheiten (Diabetes mellitus, koronare Herzerkrankungen, Bluthochdruck, Krebs, Asthma usw.) resultieren aus einem ungünstigen Wechselspiel von zahlreichen genetischen und nicht-genetischen Faktoren. Die Patienten weisen eine variable Zahl von Genvarianten, sogenannten Risiko-Genen, und von weiteren DNA-Sequenz-Besonderheiten auf, die einzeln meist nur einen geringen Einfluss auf die Verursachung der Krankheit haben. Erst deren gehäuftes Vorkommen bei einer Person gemeinsam mit ungünstigen Umweltbedingungen/Lebensgewohnheiten führt letztlich zu ihrem Ausbruch. Die Identifizierung der an der Verursachung dieser komplexen Krankheiten beteiligten genetischen Faktoren ist das erklärte Ziel der aktuellen genomweiten Assoziationsstudien (= GWAS).
Erbkrankheiten beruhen jedoch nicht ausschliesslich auf Veränderungen des Erbguts im Zellkern. Die Mitochondrien (Zellorganellen im Zytoplasma) enthalten ihr eigenes Erbgut, das mehrere Gene umfasst. Deren Mutationen führen typischerweise zu Funktionseinschränkungen in Organen mit einem hohen Energieverbrauch, also des zentralen Nervensystems (ZNS), der Skelett- und Herzmuskulatur, der Leber oder Niere. Ein Beispiel ist die Leber'sche hereditäre Optikus Neuropathie (LOHN), die zur Erblindung führt.
[...] In der Diskussion über Erbkrankheiten und genetische Diagnostik wird oft der Begriff «schwer» verwendet. Doch was ist eine schwere, was eine leichte Erbkrankheit? Wenn sie zum Absterben der Frucht im Mutterleib oder wenn sie während der Kindheit zu lebensbedrohlichen Symptomen führt, dürfte diesbezüglich meist Konsens bestehen. Wie steht es aber bei Erbkrankheiten, die erst später im Leben ausbrechen? Deren Symptome werden individuell unterschiedlich wahrgenommen, was unterschiedliche physische und psychische Konsequenzen hat. Eine eindeutige Grenze zwischen gesundheitlich relevanten und nicht-relevanten (harmlosen) genetischen Eigenschaften lässt sich ohnehin nicht ziehen!
Quelle: Stiftung Gen Suisse (Hrsg): Fortpflanzungsmedizin. In: https://gensuisse.ch/de/themen/fortpflanzungsmedizin [31.10.2024].

Nachteile der Gentechnik einfach erklärt

Bei der grünen Gentechnik schleust der Mensch einzelne Gene in das Erbgut, die DNA der Zellen von Pflanzen und Tieren ein. Das geht auch über die herkömmliche Züchtung, die etwa Pflanzen miteinander kreuzt und anschließend durch Auslese die gewünschten Eigenschaften auf natürlichem Weg erhält. Aber durch gentechnische Verfahren wie CRISPR oder die Genkanone will man schneller und leichter zu Ergebnissen kommen und zudem Artgrenzen und Kreuzungshindernisse wie Unfruchtbarkeit überwinden.

Brot für die Welt findet, dass damit Grenzen überschritten werden, die nicht überschritten werden sollten. Es entstehen komplett neue Organismen mit einer veränderten DNA-Struktur. Die wird auch vererbt, ist also unumkehrbar. Neben- und Wechselwirkungen mit anderen Pflanzen und Lebewesen – Tieren und Menschen, die diese Pflanzen essen – sind oftmals völlig unklar. Beispiel Gen-Mais: Das Gift, das er nach der Veränderung seiner DNA produziert, tötet nicht nur das schädliche Insekt wie den Maiszünsler, sondern auch nützliche Insekten.

Quelle: Brot für die Welt: Grüne Gentechnik. Was der Agro-Industrie nützt, schadet den Menschen. In: https://www.brot-fuer-die-welt.de/themen/gruene-gentechnik/ [31.10.2024].

2.3.7 Wirtschaftliche Bedeutung der Gentechnik

Arbeitsauftrag 21:

Biotechnologie und damit verbunden auch gentechnische Methoden haben in den letzten Jahren eine hohe wirtschaftliche Bedeutung erlangt.

Werten Sie die Materialien zur Rolle der Biotechnologie in der Wirtschaft aus und fassen Sie die Aussagen zusammen.

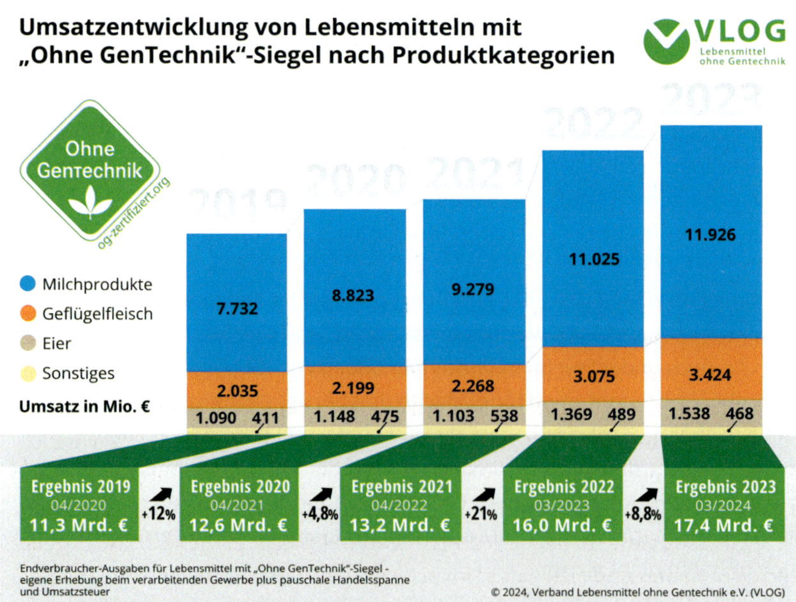

Abb. 2.36: Umsatzentwicklung von Lebensmitteln mit „Ohne Gentechnik"-Siegel

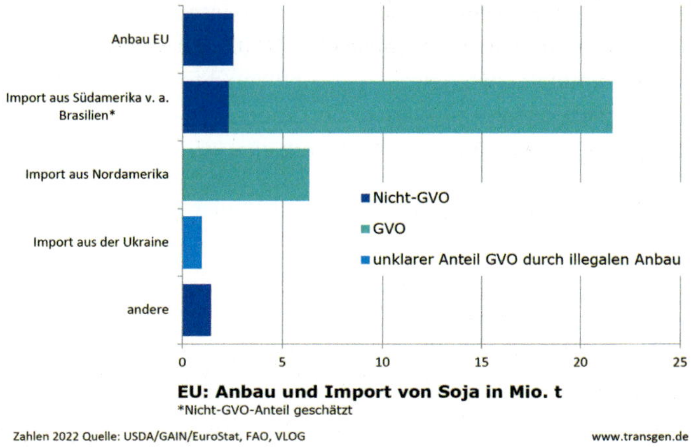

Abb. 2.37: Anbau und Import von Soja in die EU 2021

Kennzahlen der deutschen Biotech-Branche 2022

Der seltene Fall eines Kollateralnutzens: Die verheerende Corona-Pandemie katapultierte die deutsche Biotechnologie-Branche in die Wahrnehmung von Öffentlichkeit und Kapitalmärkten. Der von der Mainzer BioNTech entwickelte mRNA-Impfstoff erwies sich als hochwirksam und ebnete den Weg für breit angelegte Impfkampagnen auf der ganzen Welt – nur so war es möglich, die Seuche zu überwinden. Die Pandemie stärkte das Bewusstsein für die Bedeutung der biotechnologischen Forschung, Entwicklung und Produktion, was die Investitionstätigkeit ankurbelte und zu einem beschleunigten Wachstum der Biotech-Branche führte. Im Jahr 2022 fielen die Investitionen zwar wieder deutlich geringer aus als im Vorjahr und durch das Abklingen der Pandemie und damit einer deutlich geringeren Nachfrage nach dem Covid-Impfstoff Comirnaty brach auch der Branchenumsatz ein, allerdings weniger stark als erwartet.

Die Ausgaben für Forschung und Entwicklung hingegen stiegen auf eine neue Rekordhöhe. Insgesamt 3,33 Mrd. € investierten die Biotech-Unternehmen – allein drei Milliarden Euro flossen aus dem Gesundheitssektor in die Erforschung neuer Wirkstoffe, Technologien und Produkte beziehungsweise in die Verbesserung bestehender Innovationen. [...]

Dies belegen die Ergebnisse der Biotechnologie-Firmenerhebung 2023 der BIOCOM AG. [...]

Umsatzentwicklung der deutschen Biotech-Unternehmen

Die Biotechnologiebranche in Deutschland hat in den letzten Jahren ein kontinuierliches Wachstum erzielt. [...] Verglichen mit 2021 ist der Umsatz der 776 dedizierten Biotech-Unternehmen im Jahr 2022 auf 25,4 Mrd. € gesunken. Vergleicht man jedoch die beiden Jahre, ohne den Umsatz von BioNTech zu berücksichtigen, stieg der Umsatz von 7,5 Mrd. € im Jahr 2021 auf 8,1 Mrd. €. Das entspricht einem Wachstum von mehr als 8 % und zeigt, dass viele deutsche Biotech-Unternehmen inzwischen einen hohen Reifegrad erreicht haben und sich selbst im schwierigen wirtschaftlichen und geopolitischen Umfeld behaupten konnten.

Der Gesundheitssektor verzeichnete zwar ein Minus, steuerte aber dennoch den größten Teil zum Gesamtumsatz der Branche bei (22,6 Mrd. €, –6,3 %). Der Bereich der nicht-spezifischen biotechnologischen Dienstleistungen (2,27 Mrd. €; +22,9 %) konnte erneut deutlich zulegen und auch die Unternehmen mit Schwerpunkt auf industrieller Biotechnologie (433 Mio €, 8,6 %) erzielten ein Umsatzplus.

Tätigkeitsbereiche der deutschen Biotech-Unternehmen
Die Entwicklung von Medikamenten oder neuen diagnostischen Methoden steht nach wie vor im Fokus der meisten Biotech-Unternehmen in Deutschland. Etwas mehr als die Hälfte der Firmen (51 %) konzentrieren ihre Aktivitäten auf den Gesundheitssektor, indem sie entweder neue Therapeutika, Diagnostika oder Impfstoffe entwickeln oder an dafür relevanten Technologieplattformen arbeiten. Etwas mehr als ein Viertel (218 Unternehmen, 28 %) der Unternehmen erbringt biotechnologische Dienstleistungen und etwas mehr als 12,4% (96 Unternehmen) beschäftigen sich mit industrieller Biotechnologie. Nur ein kleiner Teil (18 Unternehmen, 2,3 %) der deutschen Biotech-Unternehmen ist in der Agrarbiotechnologie tätig. 49 Firmen (6,3 %) fokussieren sich auf die Bioinformatik.

Die Entwicklung von Medikamenten, Impfstoffen oder von neuen diagnostischen Methoden steht – nicht nur hierzulande – im Fokus der meisten Biotech-Unternehmen. [...] In der medizinischen Biotechnologie sind 19 540 Mitarbeiter beschäftigt und es wurden insgesamt 22,6 Mrd. € (–6,2 %) umgesetzt. Die Ausgaben für Forschung und Entwicklung beliefen sich auf 3,02 Mrd. € (+18,8 %).

Dienstleistungen und industrielle Biotechnologie auf dem Vormarsch
Mit 218 Unternehmen und mehr als 11 000 Mitarbeitern bildet der Bereich der nicht-spezifischen biotechnologischen Dienstleistungen die zweitgrößte Säule der deutschen Biotech-Branche. In diesem Segment finden sich alle Unternehmen, die Geräte und Reagenzien oder Dienstleistungen anbieten, die überwiegend auf biotechnologischen Grundlagen basieren. Dazu gehören aber auch Auftragsforscher und Biomanufacturing-Experten. Im Jahr 2022 konnten diese Unternehmen ihren Umsatz erneut kräftig steigern. Mehr als zwei Milliarden Euro Umsatz (2,27 Mrd. €) wurden in diesem Segment erzielt, was einer Steigerung von 23 % gegenüber 2021 (1,84 Mrd. €) entspricht. Auch die F&E-Ausgaben (194 Mio. €) sind gegenüber 2021 noch einmal angestiegen, obgleich nur um 5,4 %. Knapp ein Drittel (32,5 %) aller Beschäftigten in der Biotech-Branche arbeiteten in diesem Segment. Die Mitarbeiterzahl konnte, nach der starken Zunahme in 2021 (17 %), noch einmal um 13 % zulegen und ist 2022 auf 11 200 Beschäftigte angestiegen (2021: 9 890 Beschäftigte). Dieses Segment zeigt seit Jahren ein kontinuierliches Wachstum innerhalb der deutschen Biotech-Branche.

Industrielle Biotechnologie
Industrielle Anwendungen für verschiedene Branchen entwickeln 96 Biotechnologie-Unternehmen (2021: 77 Unternehmen) in Deutschland. Dieses Segment verzeichnete im Jahr 2022 den größten Zuwachs an neuen Unternehmen. Wenig überraschend in Zeiten des Klimawandels – birgt die industrielle Biotechnologie doch enormes Potenzial zur Transformation. So kann sie beispielsweise herkömmliche Produktionsverfahren ersetzen oder optimieren. Durch den Einsatz von Mikroorganismen, Enzymen

oder biotechnologisch hergestellten Materialien können umweltfreundlichere und nachhaltigere Prozesse entwickelt werden. Die Biotechnologie ermöglicht die Nutzung biobasierter Rohstoffe anstelle fossiler Brennstoffe und nicht erneuerbarer Ressourcen. Durch den Einsatz von Mikroorganismen können Schadstoffe abgebaut, biologische Abwässer gereinigt und kontaminierte Böden oder Gewässer saniert werden. Biotechnologische Verfahren ermöglichen auch eine effizientere Abfallbehandlung und -entsorgung. Außerdem kann die industrielle Biotechnologie dazu beitragen, die Lebensmittelproduktion zu steigern und die Ernährungssicherheit zu verbessern. Die Präzisionsfermentation beispielsweise bietet innovative Lösungen für ernährungsbezogene Herausforderungen und Nachhaltigkeitsprobleme. Es werden bereits verschiedene Produkte mit Hilfe der Präzisionsfermentation entwickelt, darunter Milchersatzprodukte, funktionelle Inhaltsstoffe und andere innovative Lebensmittel.

Nicht nur die Zahl der Unternehmen in der industriellen Biotechnologie ist 2022 um 25 % gewachsen, auch die die Zahl ihrer Beschäftigten stieg um fast 19 % auf 2 550 (2020: 2 150 Mitarbeiter). Die Umsatzkurve zeigt nicht ganz so steil nach oben, dennoch konnte ein Umsatzplus (433 Mio. €, +8,6 %) verzeichnet werden – deutlicher stiegen die Aufwendungen für Forschung und Entwicklung, und zwar um knapp 14 % auf 81,5 Mio €.

Agrobiotechnologie stabil auf niedrigem Niveau

Die Anwendung der Biotechnologie in der Pflanzenzüchtung und in der Landwirtschaft ist im Laufe der Jahre aufgrund strenger Regularien und der allgemeinen Skepsis insbesondere gegenüber der grünen Gentechnik zurückgegangen. Seit 2015 hat sie sich auf niedrigem Niveau stabilisiert. 2022 waren 18 Unternehmen in diesem Segment aktiv, eines mehr als 2021. Auch die Zahl der Mitarbeiter variiert nur gering und blieb im Vergleich zum Jahr 2021 unverändert bei 400 Beschäftigten. Umsatz und F&E-Ausgaben hingegen sind leicht gesunken (Umsatz: 37, 9 Mio. €, –3,1 %; F&E: 15,5 Mio. €, –4,9 %). Eine Trendwende könnte hier gelingen, wenn im Frühsommer 2023 die Europäische Union ihre Einstufung der neuen molekularen Züchtungsmethoden (zum Beispiel CRISPR/Cas) als Gentechnik revidiert.

Bioinformatik gewinnt an Bedeutung

Eine stetig wachsende Zahl an Unternehmen (2022: 49 Unternehmen, +16,7 %) beschäftigt sich vorrangig mit Bioinformatik: ein multidisziplinäres Forschungsfeld, das Methoden aus Informatik, Statistik und Biologie kombiniert. Moderne Hochdurchsatzverfahren erfordern die systematische Erfassung und Analyse immer größerer, medizinisch relevanter Datenmengen. Die Informationswissenschaften liefern den Hebel, um das Potenzial dieser Daten für prognostische, diagnostische und therapeutische Anwendungen zu nutzen. Aber auch in anderen Bereichen, etwa bei der Phänotypisierung oder der Präzisionszüchtung, erfordern neueste Verfahren eine immer umfassendere Auswertung von Daten.

In den 49 Unternehmen waren 700 Personen beschäftigt, fast 30 % mehr als 2021. Ihr Umsatz stieg um 5,1 % auf 2,27 Mio. €; die Aufwendungen für Forschung und Entwicklung kletterten auf 17,3 Mio. € (+6,1 %).

Quelle: BIOCOM Interrelations GmbH, 2024: Daten & Fakten zur Biotech-Branche 2022. In: https://biotechnologie.de/statistics_articles/37-daten-fakten-zur-biotech-branche-im-ueberblick [15.07.2024]

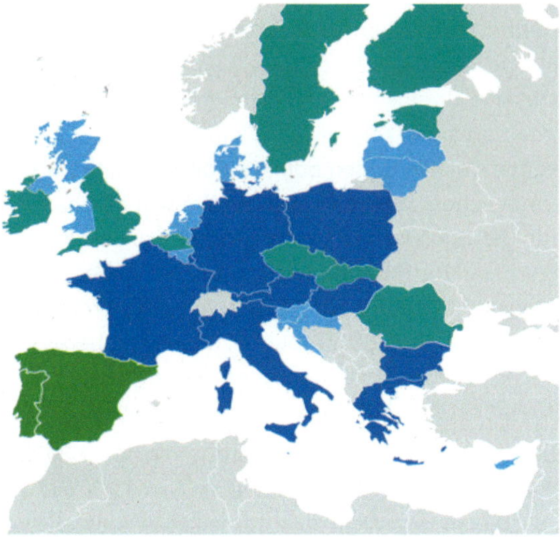

- **Länder, in denen genetisch veränderter Mais angebaut wird.**
- **Länder, in denen der Anbau von gv-Pflanzen nicht verboten ist, wo aber kein Anbau stattfindet.**
- **Länder, die die neue Austiegsklausel nutzen, in denen der Anbau aber auch vorher schon verboten war.**
- **Länder, die die neue Ausstiegsklausel nutzen, in denen der Anbau vorher nicht verboten war.**

Abb. 2.38: Anbau gentechnisch veränderter Pflanzen in Europa

bioSicherheit im Gespräch mit Matthias Fladung

Gentechnisch veränderte (gv-)Bäume werden seit 1986 entwickelt. Mehr als 700 Versuchsfreisetzungen fanden bisher statt. Doch wie sicher sind transgene Bäume, welche Erfahrungen liegen bisher vor? Biosicherheit sprach darüber mit Matthias Fladung vom Johann-Heinrich von Thünen-Institut (vTI). Er ist [...] tätig im Forschungsbereich Genomforschung [...] am Institut für Forstgenetik des Johann-Heinrich von Thünen-Institutes (vTI). Im Rahmen eines BMBF-Projektes überprüft er neue Methoden zur Verhinderung der Ausbreitung von gentechnisch veränderten Bäumen.

Zwei gv-Bäume werden bisher kommerziell angebaut:

Insektenresistente Pappeln in China. In China werden seit 15 Jahren auf mittlerweile einer Fläche von ca. 500 Hektar 1,4 Millionen Bt-Pappeln angebaut. Die gentechnisch veränderten Bäume sollen ein „grünes Schild" gegen die sich ausdehnenden Wüsten bilden und enthalten als Schutz vor Schadinsekten ein Bt-Toxin. Großflächige Abholzungen haben in der Vergangenheit dazu geführt, dass Wüsten bis kurz vor die Hauptstadt Peking vorgerückt sind.

Virusresistente Papaya-Bäume auf Hawaii. Die Verbreitung einer Viruserkrankung (Papaya Ringspot-Virus) auf Hawaii seit 1992 führte zu einem Einbruch der Papayaproduktion um mehr als 50 %. Mit der Einführung der virusresistenten gv-Papaya erholte sich die Produktion deutlich.

Die bisher entwickelten gentechnisch veränderten Bäume haben neue Eigenschaften wie Kältetoleranz, Insektenresistenz, Virusresistenz oder veränderte Holzeigenschaften, etwa einen reduzierten Ligningehalt. Die gv-Bäume sollen die Produktion von nachwachsenden Rohstoffen und Biotreibstoffen effizienter und umweltverträglicher machen. Doch verstärkt regt sich auch Widerstand gegen die Freisetzung von gv-Bäumen. Bei den UN-Konferenzen zur Biologischen Sicherheit (COP MOP) wurden Forderungen nach höheren regulatorischen Hürden für Freisetzungen laut. Der Naturschutzbund Deutschland (NABU) bezeichnete die langfristigen Folgen des Anbaus von gentechnisch veränderten Bäumen als unabsehbar für Natur und Umwelt und verweist auf eine im Dezember 2010 erschienene Studie des Vereins Testbiotech.

bioSicherheit: Gentechnik-Kritiker bezeichnen die Freisetzung transgener Bäume als unkalkulierbares ökologisches Risiko. Welche negativen ökologischen Auswirkungen hat man bei transgenen Bäumen bisher wissenschaftlich nachweisen können?

Matthias Fladung: Gentechnisch veränderte Bäume werden bereits seit mehr als zwanzig Jahren im Freiland getestet. Wissenschaftlich konnten bisher keine konkreten Umweltgefahren durch gv-Bäume belegt werden. Es gibt keine Anhaltspunkte, dass durch gv-Bäume die Artenvielfalt oder die menschliche Gesundheit negativ beeinflusst werden. Es gibt bislang auch keine Hinweise auf einen horizontalen Gentransfer der übertragenen Gene auf Bodenpilze. Die neuen Gene in den Bäumen waren in allen Untersuchungen stabil und unerwartete Effekte durch die gentechnische Modifikation bei den Bäumen nicht feststellbar. Das ist das Ergebnis unserer Auswertung der weltweit öffentlich zugänglichen Studien zu diesem Thema, das wir im letzten Jahr im Fachmagazin Nature Biotechnology veröffentlicht haben. Selbst kritische Studien wie die im Dezember letzten Jahres veröffentlichte Studie vom Verein Testbiotech kommen zu dem Schluss, dass es keinen wissenschaftlichen Nachweis negativer Auswirkungen gibt. Die dort beschriebenen Risiken sind durchweg postuliert und ohne wissenschaftliche Belege.

bioSicherheit: Sind Sorgen denn nicht prinzipiell berechtigt, wenn gv-Bäume sich unkontrolliert ausbreiten würden? Im Gegensatz zu Kulturpflanzen wie Mais oder Raps handelt es sich ja bei Bäumen um besonders langlebige Organismen. Und der Wald ist im Gegensatz zum Acker ein besonders komplexes Ökosystem, das geschützt werden muss.

Matthias Fladung: Da haben Sie völlig Recht. Eine Ausbreitung von gv-Bäumen in Wäldern muss aus unserer derzeitigen Sicht unterbunden werden. Da gibt es einen klaren Konsens unter allen beteiligten Wissenschaftlern. Das ist auch das Ziel unserer am Vorsorgeprinzip orientierten Biosicherheitsforschung an gv-Bäumen. Kein gv-Baum soll ohne vorherige umfassende Sicherheitsbewertung in Verkehr gebracht werden.

bioSicherheit: Aber in China wurden mehr als eine Million gentechnisch veränderte Bäume ausgepflanzt. Ist das nicht ein Widerspruch?

Matthias Fladung: Die Situation in China ist wohl eine besondere. Hier ging es um eine rasche Aufforstung mit schnell wachsenden Pappeln. Die Pappeln sollen als Schutzgürtel die zunehmende Ausbreitung von Wüstengebieten verhindern. Schadinsekten haben dort herkömmliche Pappeln stark geschädigt. Erst mit insektenresistenten Bt-Pappeln gelang die Aufforstung. Nach den vorliegenden Informationen wurden sterile gentechnisch veränderte Bäume ausgepflanzt. Es gibt bisher keine Belege für eine Ausbreitung dieser Bäume außerhalb der Anbauflächen. Zu kritisieren ist aber, dass es zu Beginn in China unkontrollierte Freisetzungen gegeben haben könnte. Mittlerweile sind die Sicherheitsauflagen jedoch auch in China verstärkt worden.

bioSicherheit: Insektenresistente gv-Bäume könnten einen Fitness-Vorteil gegenüber herkömmlichen Bäumen haben und konventionelle Bäume bei unkontrollierter Ausbreitung verdrängen. Wie geht die Wissenschaft praktisch mit solchen Risiko-Szenarien bei gentechnisch veränderten Bäumen um?

Matthias Fladung: Der Plantagen-Anbau von gentechnisch veränderten Bäumen außerhalb von Wäldern ist hier eine Möglichkeit. Um eine Ausbreitung dieser Bäume in Wälder zu verhindern, können zusätzlich verschiedene *Containment-Systeme* eingesetzt werden.

bioSicherheit: Wie sehen solche *Containment-Systeme* aus?

Matthias Fladung: Die Plantagenkultur als solche ist bereits eine Form des Containments. Die Bäume wachsen dort isoliert fünf bis sieben Jahre bis sie abgeholzt werden. Eine vegetative Ausbreitung der Bäume durch die so genannte Wurzelbrut kann leicht verhindert werden, z. B. durch einen Graben um die Plantage und regelmäßige Kontrollen. Die Ausbreitung über Wurzelbrut ist zudem sehr langsam und daher leicht zu kontrollieren. Um die Ausbreitung über Pollenflug und Samen zu verhindern, gibt es weitere Möglichkeiten. Man kann sterile Bäume verwenden, die durch Kreuzung verschiedener Genotypen einer Art erzeugt werden. Eine Möglichkeit ist auch, nur weibliche Bäume anzubauen, die keinen Pollen erzeugen.

bioSicherheit: Sie arbeiten auch an der Entwicklung von sterilen Bäumen, die mit gentechnischen Methoden erzeugt werden. Was ist hier der Vorteil?

Matthias Fladung: Mit gentechnischen Methoden können sterile Bäume schneller erzeugt werden. Gerade bei Bäumen ist der konventionelle Züchtungsweg besonders langwierig. Mit gentechnischen Methoden können wir sehr unterschiedliche Dinge erreichen: Wir könnten z. B. den ersten Blühzeitpunkt von Bäumen deutlich verzögern. Solche Bäume kämen dadurch im Plantagenanbau bis zur Abholzung nicht zur Blüte. Außerdem werden dadurch die Bäume produktiver und erzeugen mehr Biomasse in Form von Holz. Denn Bäume investieren normalerweise eine große Menge Energie in die Blüten- und Samenentwicklung.

Mit einem eigenen Projekt verfolgen wir ein weiteres Ziel: Gentechnisch veränderte Bäume, deren Pollen nicht mehr die gentechnische Veränderung enthalten. Diese Bäume schneiden bei der Pollenbildung die neuen Gene aus ihrem Erbgut selbstständig aus. Damit haben wir ein effektives Confinement-System und gleichzeitig kommen die Bäume ganz normal zur Blütenbildung. Tiere, die auf Pollen und Nektar der Baumblüten angewiesen sind, haben in solchen Baum-Plantagen weiterhin eine Nahrungsgrundlage.

bioSicherheit: Vor gv-Bäumen wird gewarnt, weil solche Bäume genetisch instabil sein könnten und unerwartete Effekte eintreten könnten. Als Beleg wird z. B. in der Testbiotech-Studie auf Freisetzungsversuche hingewiesen, die Sie Ende der 90er Jahre in Deutschland mit Pappeln durchgeführt haben. Die Bäume hätten unter Freilandbedingungen viel früher als erwartet zu blühen begonnen.

Matthias Fladung: Diese selbsternannten Experten sollten sich besser einmal vor Ort über die wahren Begebenheiten informieren. Es wundert mich nämlich sehr, dass gerade dieser Versuch als Beleg für unerwartete Effekte bei gv-Bäumen herangezogen wird. Untersucht wurde, ob ein neu eingeführtes Gen über einen längeren Zeitraum und unter dem Einfluss der Umwelt genetisch stabil bleibt. Es war auch bereits bekannt, dass das neu eingeführte Gen bei Kartoffeln den Blühzeitpunkt verändern kann. Entsprechend haben wir im Freisetzungsantrag für die Pappeln auf diesen Sachverhalt hingewiesen. Der veränderte Blühzeitpunkt war somit kein unerwartetes Ereignis. Zusätzlich zeigte sich, dass das neu eingeführte Gen keine Instabilität aufwies. Während der fünfjährigen Freisetzungsversuche blieb das Gen und die damit verbundene Eigenschaft stabil. Heute haben wir diese Pflanzen immer noch in in-vitro-Kultur, das eingeführte Gen ist auch nach mittlerweile 17 Jahren immer noch stabil.

bioSicherheit: Was spricht aus ihrer Sicht für den Anbau von gentechnisch veränderten Bäumen?

Matthias Fladung: Die Diskussionen über ein Ja oder Nein zum Anbau von gv-Bäumen müssen zwei Seiten haben. Einerseits müssen die möglichen Risiken wissenschaftlich und fallspezifisch bewertet werden. Aber auch die Vorteile von gv-Bäumen sollten in dieser Diskussion berücksichtigt werden. Gentechnisch veränderte Bäume können helfen, den steigenden Bedarf an nachwachsenden Rohstoffen und Treibstoffen zu decken. Die Produktivität muss auch bei Bäumen nicht nur erhalten, sondern auch gesteigert werden. Plantagen mit gentechnisch veränderten Bäumen könnten sehr effizient zur ökologisch vertretbaren Produktion von nachwachsenden Rohstoffen und Bioethanol genutzt werden, denn Bäume haben eine deutlich höhere Energiekonversationsrate als beispielsweise Mais- oder Weizenkulturen. Und wir sollten nicht außer Acht lassen, dass der bereits eingesetzte Klimawandel den Wäldern Probleme bereiten könnte, was zukünftig eine sichere Verfügbarkeit des Rohstoffes Holz in Frage stellt. Letztlich kann langfristig gesehen die Etablierung von gv-Baumplantagen überall auf der Erde den enormen Druck von den tropischen Urwäldern nehmen.

bioSicherheit: Freilandversuche werden von einigen Umweltorganisationen sehr kritisch gesehen. Gibt es Alternativen dazu?

Matthias Fladung: Meine Ausführungen machen deutlich, dass die sichere Verwendung von gv-Bäumen ökologisch sehr sinnvoll ist und damit ein Beitrag zum Umweltschutz geleistet wird. Das müsste eigentlich doch gerade die Umweltverbände freuen. Freisetzungen sind für eine Sicherheitsbewertung von gv-Bäumen unentbehrlich. Frühere Untersuchungen haben gezeigt, dass Gewächshausergebnisse nicht per se auf das Freiland zu übertragen sind. Bei kleinflächigen Freisetzungen sind, wie bereits gesagt, keine negativen Umweltwirkungen festgestellt worden. Wir können nur dann mehr über ökologische Wechselwirkungen erfahren, wenn wir auf größeren Flächen gentechnisch veränderte Bäume freisetzen und untersuchen. Für diesen Erkenntnisgewinn im Rahmen der biologischen Sicherheitsforschung gibt es aus meiner Sicht keine Alternative.

bioSicherheit: Vielen Dank für das Gespräch.

Quelle: bioSicherheit, Matthias Fladung: Gentechnisch veränderte Bäume. „In der Diskussion um gentechnisch veränderte Bäume sollten die Vorteile auch berücksichtigt werden.", 28.01.2011. In: https://www.pflanzenforschung.de/biosicherheit/forschung/gehoelze/1283.gentechnisch-veraenderte-baeume.html [31.10.2024].

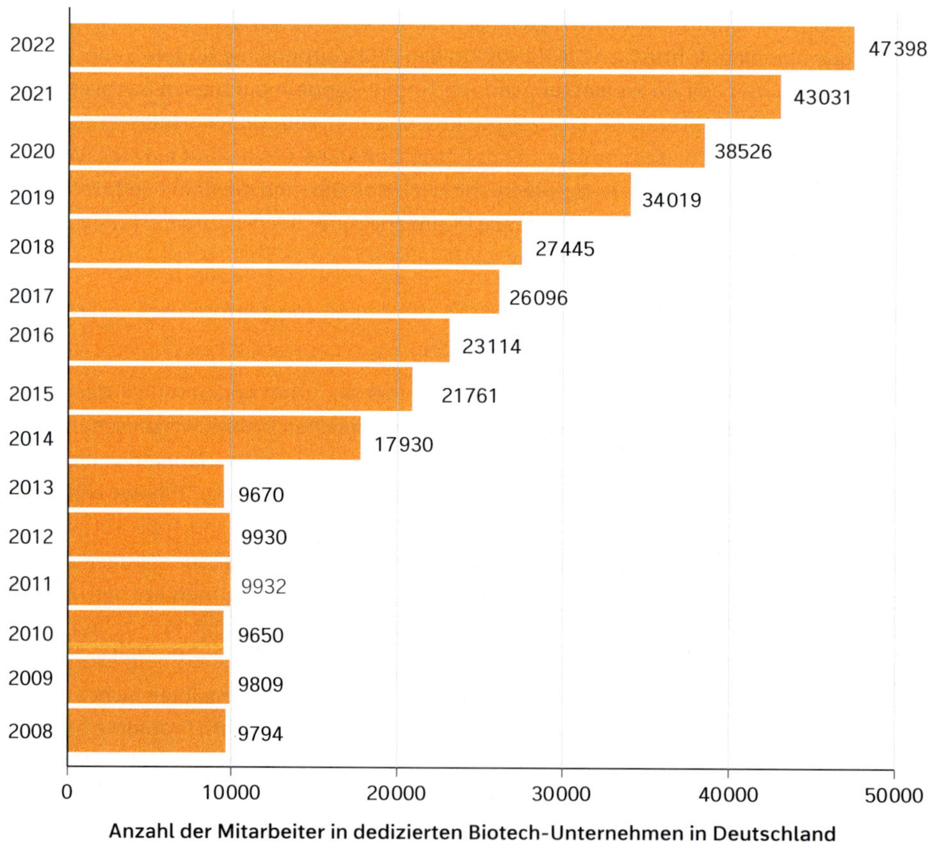

Abb. 2.39: Mitarbeiter in der Biotechnologie-Branche in Deutschland

Eckdaten der Biotech-Branche in Deutschland								
	2006	**2008**	**2010**	**2012**	**2014**	**2016**	**2018**	**2020**
Anzahl dedizierter Biotech-Unternehmen	495	501	538	565	579	615	679	736
Anzahl sonstiger biotechnologisch aktiver Unternehmen	59	92	125	128	131	137	141	141
Mitarbeiter (dedizierte Biotech-Unternehmen)	14150	14450	15480	17430	17930	20280	23540	27200
Umsatz (dedizierte Biotech-Unternehmen in Mrd. Euro)	1,76	2,19	2,37	2,90	3,03	3,54	4,51	6,71
F&E-Aufwendungen (dedizierte Biotech-Unternehmen in Mrd. Euro)	0,97	1,06	1,02	0,93	0,95	1,10	1,19	2,14

(Quelle: BioTechnologie Jahrbuch 2021, Biocom.de)

Abb. 2.40: Zukunftsbranche Biotechnologie?

2.3.8 Der Mensch als Produkt seiner Gene

Arbeitsauftrag 22:

Letztendlich sind also alle Lebewesen das, was die Gene, aus deren Information sie entstanden sind, vorgeben.

Gilt das auch für den Menschen? Sind wir allein Produkt unserer Gene?

Schreiben Sie in Schlagworten Ihre Meinung zu dieser Frage auf. Formulieren Sie Ideen, welche Tatsachen und Argumente Ihre Sichtweise unterstützen können.

Recherchieren Sie unter diesen Aspekten und Stichworten im Internet und erweitern Sie Ihre Argumentation.

Bilden Sie Gruppen in der Klasse, die sich je nach Standpunkt zusammenfinden. Vergleichen Sie Ihre Argumentationen und erstellen Sie Metakarten. Diese werden auf einem zentralen Plakat zugeordnet und im Plenum das Ergebnis diskutiert.

Die Ergebnisse werden im Rahmen der Verhaltensbiologie im letzten Abschnitt dieses Buches noch einmal aufgegriffen.

Kapitel 3

Ökologische Grundlagen lokaler und globaler Koexistenz

Das dritte Kapitel beschäftigt sich mit dem Themenbereich Ökologie, also mit der Lehre von den Organismen und ihren Wechselbeziehungen zur Umwelt und untereinander. Der Begriff „ökologisch" wird heute in vielen verschiedenen Zusammenhängen gebraucht und ist dabei nicht immer klar definiert. In diesem Kapitel beschäftigen Sie sich mit der Ökologie im eigentlichen Sinne.

Zunächst werden Sie sich mit theoretischen Überlegungen auseinandersetzen, der Beschreibung und Analyse eines Ökosystems. Für die Verbreitung von Organismen in einem bestimmten Lebensraum sind jeweils ihre Anpassungen entscheidend, die sich modellhaft als ökologische Potenz oder Toleranz beschreiben lassen und Ergebnis evolutionärer Prozesse sind (Exkurs im Anhang).

Sie üben sich in den Methoden der Biologie durch systematische Erfassung und Beschreibung eines exemplarischen Beispielsystems. Abhängig vom eigenen Standort kann das Ökosystem Wald (potentielle natürliche Vegetation in NRW) und/oder das Ökosystem Stadt oder Siedlung intensiv bearbeitet werden. Für beide Bereiche sowie für die Grundlage allen Lebens, den Boden, sind auch Vorschläge für praktische Untersuchungen eingearbeitet worden. Gemäß den Bildungsplänen ist es auch möglich, andere beispielhafte Ökosysteme zu bearbeiten.

Alle Systeme der Erde beeinflussen sich gegenseitig. Diese Zusammenhänge können Sie beispielhaft an exemplarischen Stoffkreisläufen wie auch an Nahrungsbeziehungen erarbeiten.

Jedes Wirtschaften des Menschen beeinflusst die ökologischen Systeme; kein Einfluss beschränkt sich räumlich auf ein System. Simulationen auf beispielhaft angegebenen Internetseiten ermöglichen Ihnen die Visualisierung dieser komplexen Vorgänge.

Aspekte der Nachhaltigkeit und damit verbunden des Umweltschutzes dienen der Sicherung der Lebensgrundlagen auch für die folgenden Generationen. Sie werden sich mit einigen Aspekten der Nachhaltigkeit und den Handlungsstrategien des Umweltschutzes auf den verschiedenen Ebenen auseinandersetzen. Auswirkungen von Umweltbelastungen auf den Menschen sind ein weiteres zu betrachtendes Themengebiet.

Kapitel 3
Ökologische Grundlagen lokaler und globaler Koexistenz

3.1 Ökosysteme

Der Begriff des Ökosystems wird in unserem Alltag häufig gebraucht. Die Biologie bezeichnet mit diesem Begriff einen räumlich abgegrenzten Bereich, in dem bestimmte Lebensbedingungen herrschen, die für alle dort vorkommenden Organismen entscheidende Grundlage ihres Lebensraumes sind.

Die Ebenen der **Ökologie** lassen sich in verschiedene Stufen gliedern. Die Beziehung eines einzelnen Organismus zu seiner Umwelt ist als **Autökologie** die unterste Betrachtungsebene. Jeder Organismus steht in Beziehung zu Organismen der gleichen Art (**Populationsökologie**) wie auch zu allen Organismen aller Arten, die im selben Raum leben (**Synökologie**). Ein solches räumlich abgegrenztes System bezeichnet man vor dem Hintergrund der dort herrschenden Bedingungen als **Ökosystem**. Der gesamte belebte Raum auf der Erde mit all seinen unterschiedlichen Ökosystemen wird **Biosphäre** genannt. Zwischen allen darin enthaltenen kleineren Systemen bestehen Wechselbeziehungen: Nur wenn es an einer bestimmten Stelle auf der Erde zur Verdunstung von Wasser kommt, kann es an dieser oder einer anderen Stelle regnen. Unterschiedliche Erwärmung durch verschieden starken Strahlungseinfall führt zu Bewegungen der Luft, durch die darin enthaltene Wasserpartikel, aber auch alle anderen Stoffe transportiert werden.

Abb. 3.1: Ebenen der Ökologie

Methoden der Biologie: Beschreibung und Analyse

Viele biologische Phänomene lassen sich beobachten: Veränderungen der Jahreszeiten, Verhalten von Tieren, Wachstum von Pflanzen und vieles mehr. Für die meisten der heute anerkannten Theorien zur Erklärung biologischer Phänomene und Vorgänge waren genau diese Beobachtungen der Auslöser für die Forschenden, sich mit ihnen auseinanderzusetzen.

Um biologische Vorgänge miteinander vergleichen und in Beziehung zueinander setzen zu können, braucht es zunächst eine möglichst genaue Beschreibung. Alle Beobachtungen, die im Zusammenhang bzw. in der Umgebung des zu beschreibenden Vorgangs getätigt werden können, werden hierfür detailliert dokumentiert.

Erst im zweiten Schritt werden Überlegungen angestellt, ob die beobachteten Vorgänge Einfluss auf das beschriebene Phänomen haben. Dazu werden Zusammenhänge analysiert – Kausalbeziehungen werden hergestellt. Um diese wissenschaftlich zu begründen, muss man Nachweisverfahren oder Experimente durchführen, die den vermuteten Zusammenhang belegen.

Beispiel: Beschreibung und Analyse

In jedem Winter kann man beobachten, dass die durchschnittlichen Temperaturen im Vergleich zu Sommer und Herbst sinken. Zeitgleich verändert sich die Tageslänge. Die heimischen Bäume werfen das Laub ab.

Es wird angenommen, dass der Laubabwurf mit den veränderten Bedingungen zusammenhängt.

Ein mögliches Experiment zu diesem vermuteten Zusammenhang wäre, entsprechende Pflanzen unter variierenden Bedingungen im Labor zu halten: nachgestellte natürliche Verhältnisse, nur Temperaturveränderung, nur Veränderung der Beleuchtungszeiten, Veränderung beider Bedingungen. Aus den Ergebnissen kann man schließen, welche der vermuteten Faktoren für den Abwurf der Blätter verantwortlich sind.

3.1.1 Analyse eines Ökosystems

3.1.1.1 Kriterien zur Analyse eines Ökosystems

Beispielhaft sind Ausschnitte aus verschiedenen Ökosystemen im Folgenden dargestellt.

Arbeitsauftrag 1:

Think: Assoziationen zu „Ökosystem" – Finden Sie zehn Begriffe, die Sie mit einem „Ökosystem" verbinden.

Pair: Finden Sie mit Ihrer Partnerin oder Ihrem Partner zusammengehörige Begriffe aus den jeweils erstellten Assoziationslisten und suchen Sie „Überschriften" oder „Kategorien" zu den gefundenen Paaren oder Gruppen.

Share: All die Eigenschaften und Begriffe, die Sie nun aufgelistet haben, beschreiben in verschiedenen Aspekten und Kategorien ein „Ökosystem".

Ihre Aufgabe ist es, eine möglichst umfassende Beschreibung und Analyse eines Ökosystems zu planen.

Überlegen Sie gemeinsam, welche der aufgelisteten Aspekte beschreibend, welche analysierend sind.

Im zweiten Schritt stellen Sie zusammen, welche Fragen gestellt werden müssen und mit welchen Mitteln man diese beantworten kann, um eine möglichst differenzierte Beschreibung und Analyse eines Ökosystems anzufertigen.

Abb. 3.2: Verschiedene Ökosysteme

3.1.1.2 Abiotische Faktoren

Biologische und ökologische Untersuchungen von Lebensräumen differenzieren die dort herrschenden Bedingungen in zwei Kategorien.

Grundlage für alle Organismen, die an einem Ort leben, sind die dort herrschenden abiotischen Bedingungen – also alle Einflüsse der unbelebten Umwelt. Hierzu gehören, neben den physischen Grundlagen eines Raumes wie die Beschaffenheit des Untergrundes, vor allem die klimatischen Einflüsse: die Menge der Sonneneinstrahlung, die entscheidend ist für die vorherrschenden Temperaturverhältnisse, aber auch für die Menge der verfügbaren Strahlung. Die Lichtverhältnisse sind vor allem für Pflanzen ausschlaggebend, da diese auf die Sonnenstrahlung als Grundlage für die Fotosynthese angewiesen sind.

Grundlagen der Biologie: Fotosynthese

Ohne Fotosynthese wäre das Leben auf der Erde, wie wir es kennen, nicht möglich. Pflanzen sind mithilfe dieses Prozesses in der Lage, aus anorganischen Stoffen Biomasse herzustellen – welche allen anderen Organismen als Nahrungsgrundlage dient.

Der Antrieb für die Fotosynthese ist die Sonnenstrahlung. Das Chlorophyll in den Blättern (der grüne Farbstoff) ist hauptsächlich dafür verantwortlich, die in der Strahlung enthaltene Energie einzufangen und für die Pflanze nutzbar zu machen. Unter Verwendung von Wasser (H_2O), das durch die Wurzeln im Boden aufgenommen wird, und Kohlenstoffdioxid (CO_2), welches durch spezielle Zellen des Blattes aus der Luft aufgenommen wird, kann die in der Sonnenstrahlung enthaltene Energie in einen energiereichen Stoff umgewandelt werden. Erstprodukt der Fotosynthese ist die Glucose ($C_6H_{12}O_6$), die Sie bereits aus dem Kapitel Stoffwechsel kennen. In der Regel wird die hier entstandene Glucose in eine längerkettige Form, die Stärke, umgewandelt, gespeichert und erst bei Bedarf verwendet.

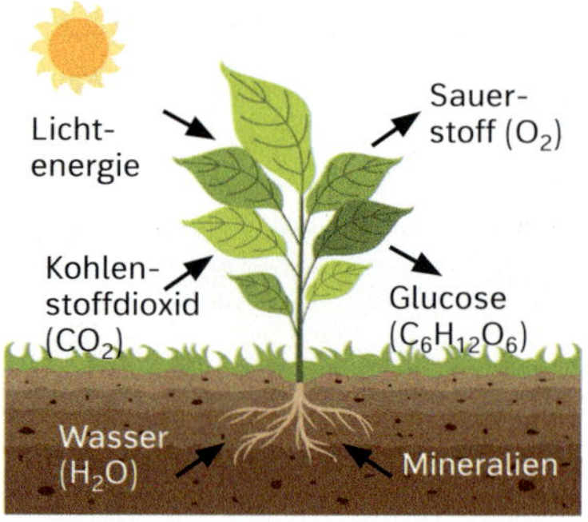

Abb. 3.3: Fotosynthese

Der Prozess der Fotosynthese ist auf ausreichende Mengen von Lichtenergie, Reaktionsstoffen (H_2O und CO_2) und Wärme angewiesen. Es handelt sich hierbei um eine Kette von enzymatischen Reaktionen. Wie Sie ebenfalls aus dem ersten Unterrichtsabschnitt wissen, benötigen chemische und damit auch enzymatische Reaktionen eine bestimmte Grundtemperatur, um stattfinden zu können.

Wasser ist Reaktionsstoff für die Fotosynthese. Mit dem sogenannten Gasaustausch der grünen Blätter, also der Aufnahme des für die Fotosynthese ebenfalls notwendigen Kohlenstoffdioxids, geht an den Blättern durch den Feuchtigkeitsunterschied zwischen dem Blattinneren und der Umgebung immer auch Wasser aus der Pflanze verloren, weshalb ein ständiger Nachschub notwendig ist. Besteht Wassermangel, stellt die Pflanze die Fotosynthesetätigkeit vorübergehend ein.

Zu den ausschlaggebenden abiotischen Faktoren, die für die Nutzbarkeit eines Lebensraums entscheidend sind, gehört neben der verfügbaren **Strahlungsmenge** vor allen Dingen auch die Verfügbarkeit von **Wasser**.

Alle Lebewesen bestehen aus Zellen, die mit einer wässrigen Grundsubstanz, dem Zytoplasma, gefüllt sind. Wasser ist der Stoff, durch den nahezu alle Transportvorgänge ablaufen können, also auch der Stoffaustausch und damit verbunden sehr viele chemische Reaktionen. Wasser ist essenzieller Bestandteil des Lebendigen!

Die Verfügbarkeit von Wasser in einem Lebensraum ergibt sich zum einen durch die dort vorhandenen ständigen Vorräte in Form von Oberflächengewässern und Grundwasser, zum anderen aus den Niederschlagsverhältnissen an einem Ort. Auch in diesem Zusammenhang ist die Strahlungsmenge von Bedeutung – je intensiver diese ist, desto höher ist der Wasserverlust durch Verdunstung.

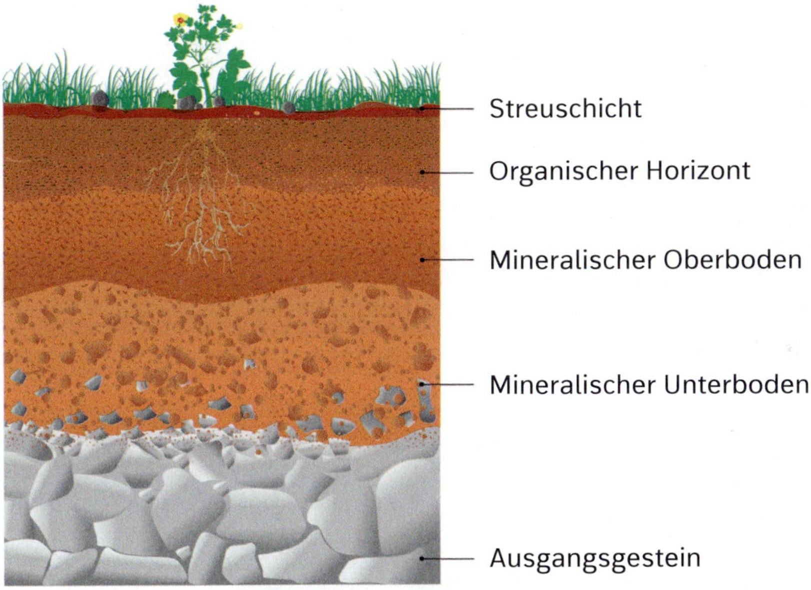

Abb. 3.4: Bodenprofil schematisch

Der **Boden** eines Lebensraumes bildet die Grundlage für das, was an Leben in einem Ökosystem möglich ist. Boden ist stets ein Gemisch aus mineralischen und organischen Bestandteilen mit Wasser- und Luftanteilen. Die mineralischen Bestandteile eines Bodens ergeben sich durch die Verwitterung des Ausgangsgesteins, welches die Erdoberfläche bildet. Organische Bestandteile des Bodens entstehen in erster Linie durch tote Biomasse, also abgestorbene Pflanzen und Tiere, die durch die bodenlebenden Tiere mit den mineralischen Bestandteilen vermischt werden. Zudem ist Boden ein mehr oder weniger lockeres Gefüge aus diesen beiden festen Bestandteilen, dessen Hohlräume mit Wasser oder mit Luft gefüllt sind. Die Eigenschaften eines Bodens, die für die Versorgung der darauf lebenden Organismen entscheidend sind, entwickeln sich in Abhängigkeit nicht nur von dem Ausgangsgestein, sondern auch von den klimatischen Bedingungen und den dort befindlichen Lebewesen.

Beispielhaft kann man sich leicht vorstellen, dass ein Boden, der immerzu von herabfallendem Laub und abgestorbenen Pflanzenresten gesäubert wird, deutlich weniger organische Anteile enthält als ein solcher, auf dem diese natürlicherweise entstehenden Stoffe verbleiben. Böden, die stark von Bodenfauna wie zum Beispiel Regenwürmern bewohnt sind, sind deutlich lockerer im Gefüge und damit besser geeignet, Wasser und Luft zu halten, und ebenso viel besser in ihren Bestandteilen durchmischt als solche Böden, die stark verfestigt sind. Wechsel zwischen Kälte und Wärme und Wasser, das eindringen und hindurchfließen kann, sind unverzichtbare Bestandteile einer gesunden Bodenentwicklung.

Der Boden dient durch seine Struktur als Lager für Nährstoffe, die von den Lebewesen benötigt werden. Die Partikel des Bodens, ebenso die mineralischen wie die organischen Bestandteile, sind in der Lage, sowohl Wasser als auch die notwendigen anorganischen Stoffe zu binden, und ermöglichen damit die Versorgung der in und auf ihnen lebenden Organismen. Außerdem hat der Boden eine Filterfunktion für das Grundwasser, das unterschiedlich tief in den Bodenschichten liegt. Dadurch, dass das Wasser zunächst durch den Boden sickern muss, wird es von schädlichen Stoffen gereinigt, die an die Bodenpartikel gebunden werden.

In einer Handvoll guten Humusbodens gibt es weitaus mehr Lebewesen als Menschen auf der Erde. Das Trockengewicht all dieser Bakterien und Pilze, Einzeller, Würmer, Spinnen und Insekten summiert sich pro Hektar auf rund 5 Tonnen [...]

Quelle: Maier, Peter, Seufert, Michael (Hrsg.): Rettet den Boden. Wie die neue Umweltkatastrophe noch zu verhindern ist: Ein STERN-Report, 1985, S. 20

Boden ist die Grundlage allen darauf stattfindenden Lebens, aber gleichzeitig auch ein stark frequentierter Lebensraum.

Arbeitsauftrag 2:

Fertigen Sie eine Mindmap unter der Überschrift „abiotische Umweltfaktoren“ an. Der zentrale Begriff ist dabei „Organismus“.

Abb. 3.5: Lebensraum Boden

Einen Exkurs zum Thema „Anpassungen von Organismen an das Biotop“ finden Sie im Anhang A.1.5 auf S. 220.

Biologie praktisch: Eigenschaften des Bodens

A. Bestandteile des Bodens

Prinzip: Auftrennung von Gemischen

Jeder Boden besteht aus verschiedenen Bestandteilen. Die festen Bestandteile eines Bodens lassen sich mithilfe der Schlämmprobe auftrennen.

Material: Bodenproben gleicher Menge von drei verschiedenen Standorten, verschließbare Schraubgläser, Wasser

Dauer: Ansatz 5–10 Minuten, Auswertung nach ca. 1 Stunde (probenabhängig)

Durchführung: Die Bodenproben werden in drei Gläser gegeben und mit jeweils 100 ml Wasser aufgefüllt. Die Gläser werden verschlossen, gut durchgeschüttelt und dann ruhig hingestellt.

Auswertung: Die verschiedenen Bodenpartikel setzen sich am Boden ab: Zuunterst finden sich die mineralischen Bestandteile, darüber die Sandbestandteile, Lehmpartikel bilden die dritte Schicht, zuoberst setzt sich der Humusanteil des Bodens ab. Mittels eines Lineals kann die Höhe der verschiedenen Bestandteile gemessen und damit auch ihr Anteil an der Probe bestimmt werden.

B. Filterfunktion des Bodens

Prinzip: Funktionsweise von Gemischen

Je nach Zusammensetzung eines Bodens weist dieser unterschiedliche Filterfähigkeit von durchfließendem Wasser auf. Das bedeutet gleichzeitig, dass bestimmte Bestandteile des Wassers im Boden zurückgehalten werden.

Material: 2 Glasröhrchen (oben und unten offen, ca. 3 cm Durchmesser), Stativ mit 2 Haltern, Mullverband o. Ä., Klebeband, 2 Standzylinder, Bodenprobe, Seesand (oder zwei verschiedene Bodenproben), Tinte, 2 Messbecher

Dauer: 15 Minuten

Durchführung: Die Glasröhrchen werden von unten mit dem Stoff verschlossen und dieser mit Klebeband befestigt. In jedes Röhrchen wird die Probe 10 cm hoch eingefüllt.

In den Standzylindern werden jeweils acht Tropfen Tinte mit 60 ml Wasser vermischt.

Die Glasröhrchen werden am Stativ in den Haltern befestigt und die Messbecher untergestellt, um das abfließende Wasser aufzufangen.

Nun werden in die Glasröhrchen vorsichtig am Rand herunter die Wasser-Tinten-Gemische eingefüllt.

Auswertung: Beobachten Sie, wie schnell die Wasserzugaben durch die Proben laufen. Beschreiben Sie, wie das unten ausfließende Wasser beschaffen ist.

Erklären Sie die Ergebnisse.

Bodenbildung ist ein mehrere hundert oder tausend Jahre dauernder Prozess, der insbesondere unter den Einwirkungen der vorstehend dargestellten abiotischen Faktoren stetig fortschreitet. Bestimmte Böden sind entsprechend der großen Klimazonen der Erde nur in bestimmten Regionen vorzufinden. Sie entstehen jeweils in Abhängigkeit von dem darunterliegenden Gestein der Erdoberfläche. Entsprechend sind bestimmte Typen von Erden und Gesteinen sowie Metallvorkommen räumlich beschränkt vorzufinden.

Der Abbau dieser Stoffe ist ein irreversibler Eingriff in das Ökosystem Boden. Die Vegetation ist an den Standort angepasst und kann nur in dessen Rahmen existieren. Wird dieser Rahmen verändert (zum Beispiel die Wasserhaltefähigkeit oder Durchwurzelbarkeit eines Bodens durch Entfernen bestimmter Bestandteile oder durch mechanische Veränderung wie Umschichtungen während des Abbaus), so ist das über Jahrtausende gewachsene Ökosystem verändert und möglicherweise zerstört.

In der Regel ist eine Regeneration des Bodens in der Form, dass der ursprüngliche Zustand wiederhergestellt wird, nicht möglich. Die Entstehung von Boden ist immer von den herrschenden klimatischen Bedingungen abhängig. Nur die obersten Schichten der heutigen Böden sind unter klimatischen Bedingungen entstanden, die den heutigen ähneln.

Die Veränderung der Böden hat nicht nur Auswirkungen auf das lokale Ökosystem. Fehlende oder veränderte Vegetation kann zu Verwehungen des Bodens oder Bodenerosion durch Fließwasser führen. Niederschlagswasser unterliegt anderen Abfluss- und Versickerungsbedingungen als vorher, ohne Vegetation findet weniger Verdunstung, dafür mehr Oberflächenerwärmung der Fläche statt.

3.1.1.3 Biotische Faktoren

Faktoren der belebten Umwelt, die Einfluss auf die Qualität des Lebensraumes für ein Lebewesen nehmen, werden als biotische Faktoren zusammengefasst.

Beziehungen eines Organismus zu anderen Organismen in seiner Umwelt können unterschiedlicher Art sein – positiver oder negativer.

Räuberische Tiere sind auf das Vorhandensein von **Beute** angewiesen, **Weidegänger** auf das Vorkommen von entsprechender pflanzlicher Nahrung. Pflanzen gleicher oder unterschiedlicher Arten stehen in Konkurrenz um Nährstoffe, Wasser und Licht. **Konkurrenz** findet sich auch bei vielen tierischen Organismen – Konkurrenz um Nahrung, um Lebens- oder Bruträume, Konkurrenz um Paarungspartner. Diese Konkurrenzbeziehungen können sich auf Organismen gleicher Art (**intraspezifisch**) oder anderer Arten (**interspezifisch**) erstrecken.

Zusammenleben verschiedener Organismen kann auch als **Symbiose** auftreten – das sind Beziehungen von Organismen unterschiedlicher Arten, die für beide Partner von Vorteil sind. Eine Symbiose bilden beim Menschen die Bakterien im Darm, bei vielen Pflanzen Pilze, die der Ausdehnung der Wasseraufnahme dienen, während die Pflanzen die Pilze mit in der Fotosynthese hergestellter Glucose versorgen usw.

Auch der **Parasitismus** ist weit verbreitet. Dabei lebt ein Organismus auf Kosten eines anderen. Man unterscheidet grob Ektoparasiten (ekto = außen) wie Flöhe oder Läuse und Endoparasiten (endo = innen) wie zum Beispiel Bandwürmer. Parasiten sind auch im Pflanzenreich in den verschiedenen Varianten vertreten.

Methoden der Biologie: Fließdiagramm und Regelkreisschema

In der Biologie werden häufig Beziehungen zwischen mehreren Dingen dargestellt. In der Stoffwechselbiologie haben Sie am Beispiel der Blutzuckerregulierung bereits ein solches Schema kennengelernt. Neben der dort betrachteten einfachen Darstellung als Pfeildiagramm ist es für Prozesse, die regulierende oder beeinflussende Auswirkungen auf andere Prozesse oder Lebewesen haben, üblich, auch die Art der Auswirkung darzustellen. Ein solcher Regelkreis könnte in der Ernährung zum Beispiel so aussehen:

Je mehr Glucose in der Nahrung enthalten ist, desto mehr Insulin wird produziert, damit die Zellen die Glucose aufnehmen können.

Als Fließdiagramm sieht diese Aussage so aus:

Glucose → Insulin → Glucoseaufnahme durch die Zellen

Als Regelkreisschema dargestellt, gibt es eine Kennzeichnung der verbindenden Pfeile zwischen den beteiligten Partnern:

- ein „⊕" bedeutet: je mehr (von dem ausgehenden Begriff), desto mehr,
- ein „⊖" bedeutet: je mehr, desto weniger,

Die Beziehung „Glucose – Insulin" stellt sich dann so dar:

Glucose $\xrightarrow{\oplus}$ Insulin $\xrightarrow{\oplus}$ Glucoseaufnahme

Dies ist eine vereinfachte Darstellung; ein „echtes" Regelkreisschema ergibt eine gegenseitige Beziehung – das dargestellte Beispiel müsste also noch erweitert werden um den Blutzuckerspiegel (der sinkt, wenn viel Glucose in die Zellen aufgenommen wird, damit ist weniger Glucose im Blut vorhanden, was in der Folge zu geringerer Insulinproduktion und verringerter Aufnahme von Glucose in die Zellen führt).

Arbeitsauftrag 3:

Fertigen Sie Regelkreisschemata zu den inter- und intraspezifischen Beziehungen zwischen selbst gewählten Beispielorganismen an. Stellen Sie jeweils nur eine Form des Zusammenlebens bzw. der gegenseitigen Beeinflussung pro Abbildung dar.

Arbeitsauftrag 4:

Die erworbenen theoretischen Kenntnisse zur Analyse von Ökosystemen sollen nun auf ein beispielhaftes System, den mitteleuropäischen Laubwald, angewendet werden. Diese Vegetationsform ist diejenige, die natürlicherweise in Deutschland verbreitet ist. Etwa 30 % der Landesfläche sind heute von Wald bedeckt.

Auf den Folgeseiten finden Sie verschiedene Materialien, die die wichtigsten Eigenschaften des Ökosystems Wald darstellen.

Erarbeiten Sie in Partnerarbeit eine Charakterisierung des Ökosystems, indem Sie die Materialien auswerten und ihre Aussagen zusammenfassend darstellen. Entwerfen Sie eine Mindmap zur Darstellung der Ergebnisse. Gehen Sie dabei auch auf die dargestellten aktuellen Entwicklungen und ihre jeweilige Bedeutung ein.

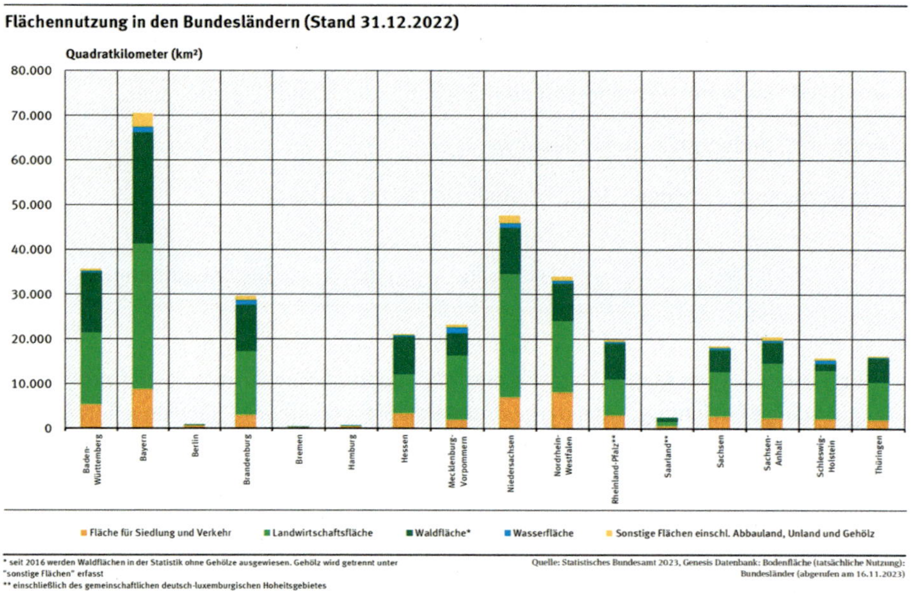

Abb. 3.6: Flächennutzung in Deutschland nach Bundesländern

Abb. 3.7: Stockwerkbau des Waldes

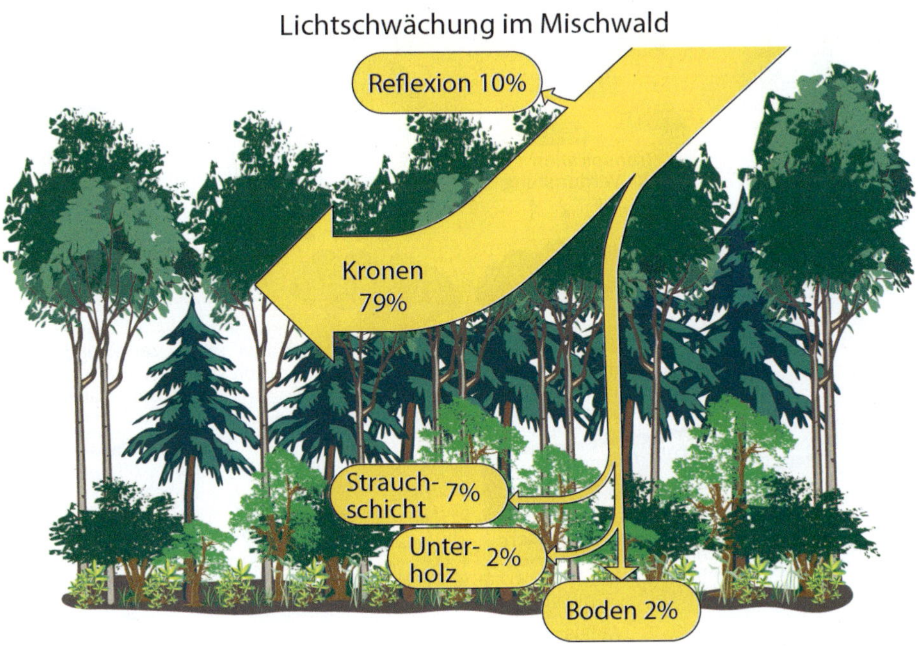

Abb. 3.8: Beleuchtungsverhältnisse in einem mitteleuropäischen Mischwald

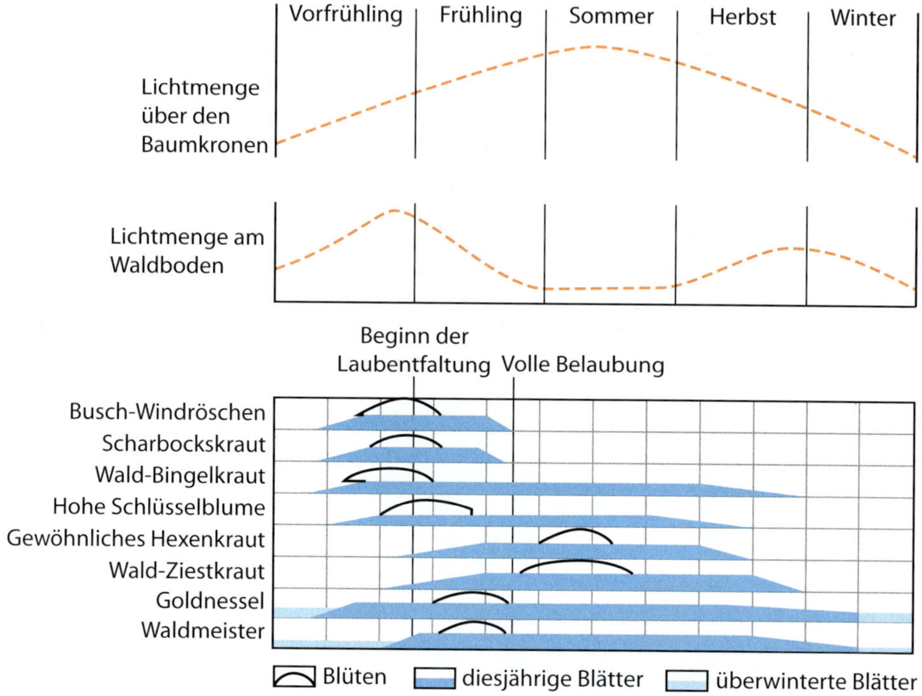

Abb. 3.9: Relative Lichtmengen am Waldboden und Vegetations- und Blühzeitenanpassung ausgewählter Pflanzen der Krautschicht

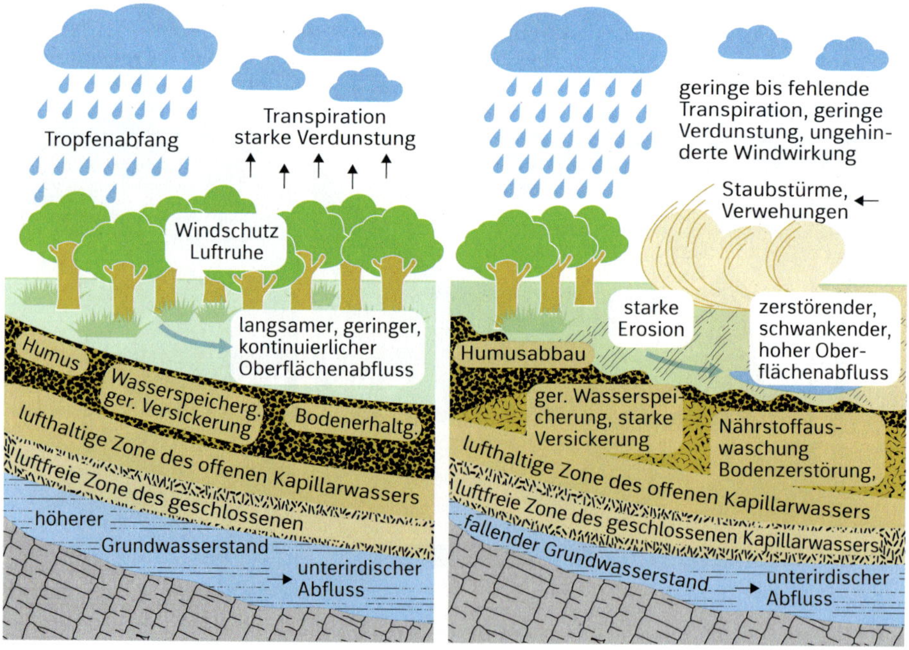

Abb. 3.10: Wasserhaushalt in einem Laubwald und auf Ackerland

Landschaftstyp	Bodenverlust durch Erosion in t pro ha	Wasserverlust durch Abfluss in % des Niederschlags
Baum- und Strauch-landschaft	0	0,4
Graslandschaft	0	1,9
Getreidefeld	78	26
Brachland ohne Vegetation	146	50

Abb. 3.11: Wasser- und Bodenverluste verschiedener Landschaften

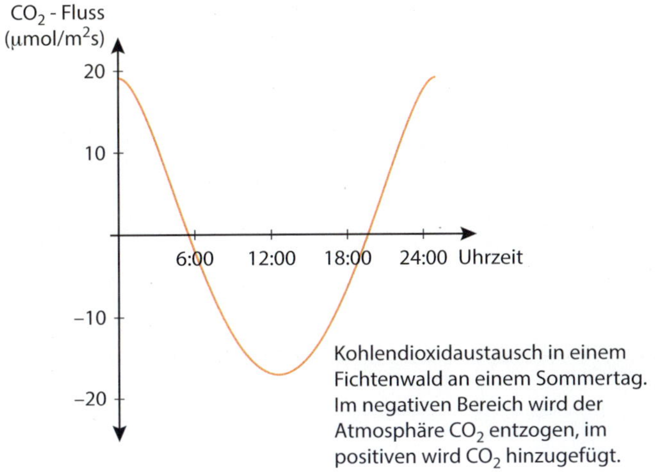

Abb. 3.12: CO_2-Bilanz eines Fichtenwaldes

Abb. 3.13

Abb. 3.14

Abb. 3.15

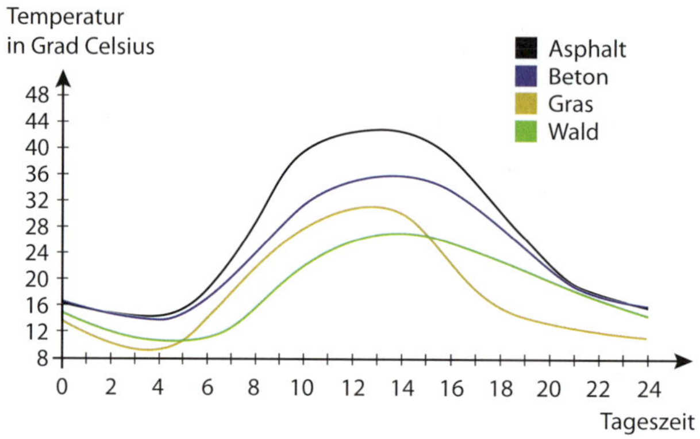

Abb. 3.16: Oberflächentemperaturen an einem wolkenlosen Sommertag

Abb. 3.17: Buchenwald

Abb. 3.18: Fichtenwald

Lichtverhältnisse am Boden von Buchen- und Fichtenwald im Jahresverlauf, Vergleich zu Freilandverhältnissen:

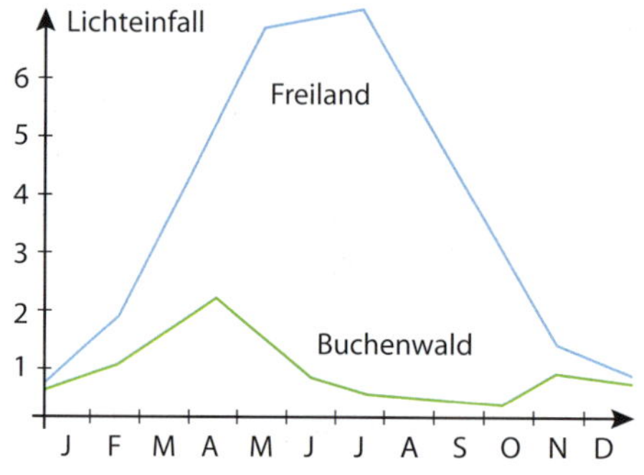

Abb. 3.19: Lichtverhältnisse Buchenwald

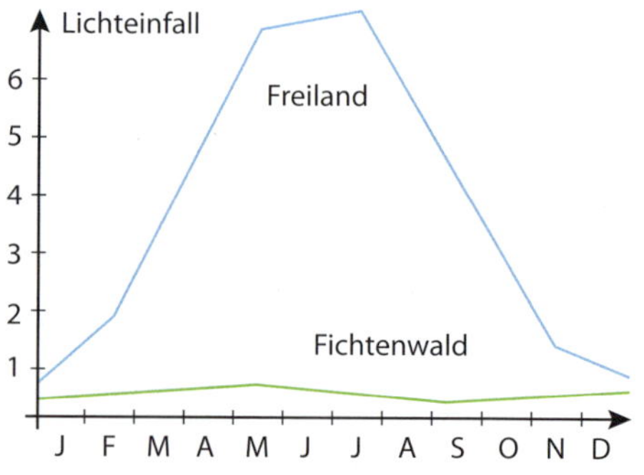

Abb. 3.20: Lichtverhältnisse Fichtenwald

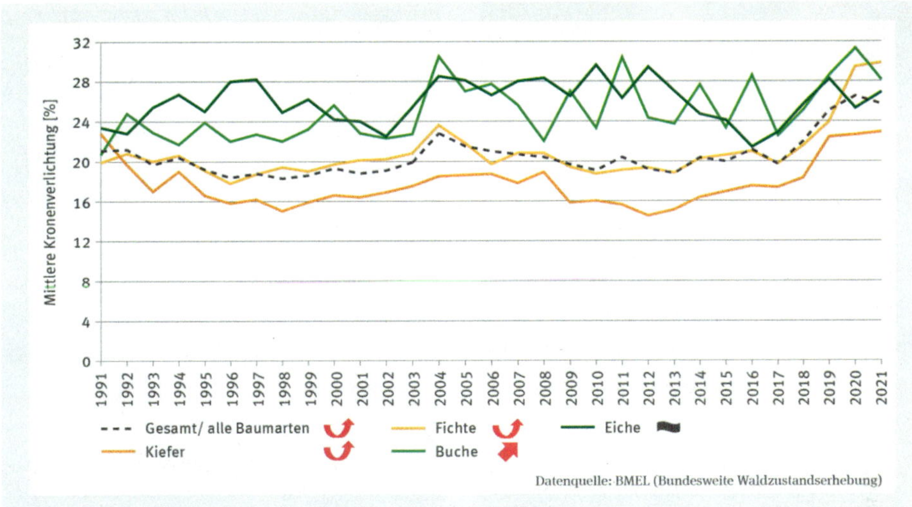

Abb. 3.21: Waldzustand: Kronenverlichtung

FW-I-3: Waldzustand

Das Liniendiagramm in Abb. 3.21 zum Waldzustand zeigt differenziert nach den Baumarten Fichte, Eiche, Kiefer und Buche sowie für alle Baumarten insgesamt die mittlere Kronenverlichtung in Prozent im Zeitraum 1991 bis 2021. Die Zeitreihen zur Buche sowie zur Eiche folgen einem stärker schwankenden Verlauf als die Zeitreihen zur Kiefer und zur Fichte. Mit Ausnahme der Kronenverlichtung bei der Baumart Eiche, die keinem klaren Trend folgt, hat die Kronenverlichtung der anderen Baumarten und aller Baumarten insgesamt von 1991 bis 2021 signifikant zugenommen. Je nach Baumart lagen die Kronenverlichtung im Jahr 2021 zwischen 23 % (Kiefer) und 30 % (Fichte).

Quelle: Umweltbundesamt: FW-I-3 und 4: Waldzustand und Absterberate. Monitoringbericht 2023 zur Deutschen Anpassungsstrategie an den Klimawandel. In: https://www.umweltbundesamt.de/monitoring-zur-das/handlungsfelder/wald-und-forstwirtschaft/fw-i-3_fw-i-4/indikator [15.07.2024]

3.1.3 Indikatoren als Mittel zur Analyse eines Ökosystems

Um ein Ökosystem praktisch zu analysieren, kann man sich unterschiedlicher Methoden bedienen. Eine umfassende Bestandsaufnahme schließt alle in den ersten Abschnitten dieses Kapitels erläuterten abiotischen und biotischen Faktoren ein, die jeweils für sich genau untersucht und schließlich in ihrer Gesamtheit und den Einflüssen aufeinander als Ökosystem dargestellt werden.

Bestimmte Merkmale können als Indikatoren für die Beschaffenheit eines Ökosystems genutzt werden, womit man in vereinfachter Weise wichtige Bedingungen eines Systems erkennen kann.

Pflanzen stellen artgemäße Ansprüche an ihre Umwelt und können so als „Zeiger" für bestimmte abiotische Faktoren Auskunft über die Beschaffenheit eines Standorts geben. Manche Pflanzen wachsen dort, wo zum Beispiel Wasser, Stickstoff oder Licht in besonders hoher oder besonders geringer Menge vorhanden ist.

Abb. 3.22: Buschwindröschen
Zeiger für frischen Boden, Austrocknen wird nicht vertragen; erträgt kein Salz; indifferent für Temperatur, Licht und Stickstoff

Abb. 3.23: Große Brennnessel
Zeiger für frischen bis nassen Boden, ausgesprochener Stickstoffzeiger

Aussagen über die Luftqualität lassen sich durch die Bestandsaufnahme von Flechten machen. Es handelt sich hierbei um eine Symbiose aus Pilzen und Algen, welche aufgrund ihrer Beschaffenheit und Lebensweise sehr direkt den Umwelteinflüssen, insbesondere der Luftqualität, ausgesetzt sind.

In vereinfachter Form kann man so Aussagen über Bedingungen an einem Standort machen.

Abb. 3.24: Gelbflechte

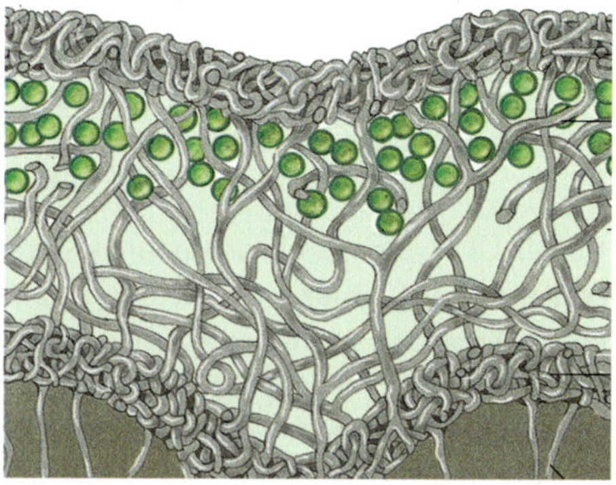

Abb. 3.25: Querschnitt Flechten

3.1.3.1 Umgebungsanalyse mithilfe von Indikatoren

Die im Folgenden dargestellten praktischen Landschaftsuntersuchungen sollen als Vorschläge betrachtet werden. Es handelt sich um Methoden, die mit relativ einfachen Mitteln und im Rahmen der regulären Unterrichtszeit durchgeführt werden können. Wenn das Untersuchungsgebiet entsprechend festgelegt wird und in gruppenteiliger Durchführung gearbeitet werden kann, lassen die dargestellten Methoden eine Einschätzung der Standortbedingungen an dem untersuchten Ort zu.

Selbstverständlich lässt sich eine solche Untersuchung eines Ökosystems auch in weiter gefasster Form durchführen. Dann ist jedoch ein entsprechender Zeitrahmen erforderlich.

Biologie praktisch: Ökosystemanalyse anhand von Indikatoren

A. Flechtenkartierung

Bei den Flechten handelt es sich um symbiontische Lebewesen: Pilze leben in Symbiose mit Algen und ergeben so das allen bekannte charakteristische Bewuchsbild. Weder die beteiligten Pilze noch die Algen verfügen über abgrenzende Zellschichten nach außen, es gibt auch keine Wurzeln, wie sie von Pflanzen bekannt sind. Flechten nehmen Wasser und Luft über die Zelloberflächen auf – sie sind möglicherweise schädigenden Einflüssen durch Schadstoffe in einem dieser Medien direkt ausgesetzt. Flechten reagieren daher sehr empfindlich auf mögliche Verschmutzungen; anhand des Vorkommens bestimmter Flechtenarten kann auf die Qualität der Umwelt geschlossen werden.

Prinzip: Kartierung und Zeigerwertauswertung

Die Untersuchungsflächen können je nach Umgebung ausgewählt werden. Flechten finden sich in der Regel an Baumrinden und auf Steinen, z. B. Mauern. Es ist darauf zu achten, dass die Vergleichbarkeit der Untersuchungen nur bei gleichartigen Untersuchungsflächen gegeben ist. Es können auch unterschiedliche Flächen gewählt und kombiniert werden, bei der Auswertung sind die unterschiedlichen Standorte entsprechend zu berücksichtigen.

Material: Zollstock, Lupe, Raster auf Folie, Beispielflächen zum Deckungsgrad, Auswertungsbogen, vereinfachter Bestimmungsschlüssel

Dauer: je nach Umfang 15–30 Minuten vor Ort

Durchführung: Zunächst ist eine geeignete flechtenbewachsene Fläche auszuwählen. Der untersuchte Ort ist kurz zu beschreiben (z. B. Mauer, 1 Meter Höhe, Südausrichtung). Bewachsene Flächen an Bäumen sollten in etwa 1,50 m Höhe liegen.

Das Folienraster unterteilt die zu untersuchende Fläche von 20 x 20 cm in 5 x 5 cm große Quadrate. Je Quadrat ist zu ermitteln, welche Flechtenarten in welchen Anteilen und/oder mit welchem Deckungsgrad vorzufinden sind (Abb. 3.26).

Auswertung: Aus dem Bestimmungsschlüssel (Anhang, S. 221 f.) sind neben den vertretenen Arten auch die Ansprüche der Flechten zu entnehmen.

Aus der Zusammenschau der Informationen ergeben sich die Standortbedingungen.

B. Vegetationsaufnahme

Die Vegetation, die an einem Standort natürlicherweise auftritt, lässt Rückschlüsse auf die Beschaffenheit eines Ökosystems zu, ähnlich wie bei den Flechten.

Die Auswahl eines Untersuchungsgebiets und der zu untersuchenden Vegetation kann je nach Standort variieren, lässt aber analoge Schlüsse zu.

Die gängigen Methoden für eine Vegetationsaufnahme arbeiten in der Regel mit Stichproben. Ein Untersuchungsgebiet in der Größe von 5 m x 5 m oder 10 m x 10 m wird abgegrenzt. Die dort vorzufindenden Pflanzen werden anhand eines Bestimmungsschlüssels ausgewählt und ihr jeweiliger Deckungsgrad bestimmt (vgl. Flechtenkartierung). Auch bei Pflanzen lassen sich aufgrund ihres Vorkommens Aussagen über die Beschaffenheit des Standorts machen. Der deutsche Biologe und Landschaftsökologe Heinz Ellenberg hat ökologische Zeigerwerte zusammengestellt, die diese Rückschlüsse auf den Standort zulassen. Solche Listen der Standortansprüche sind über das Internet zu finden – aufgrund der Vielfalt der möglicherweise anzutreffenden Pflanzen sind diese Tabellen nicht in diesem Buch enthalten. Verschiedene Apps zur Bestimmung von Pflanzen sind im Internet auffindbar, z. B. die App Flora Incognita zur interaktiven Pflanzenbestimmung. Damit ist auch ohne spezielles Wissen die eigenständige Bearbeitung möglich.

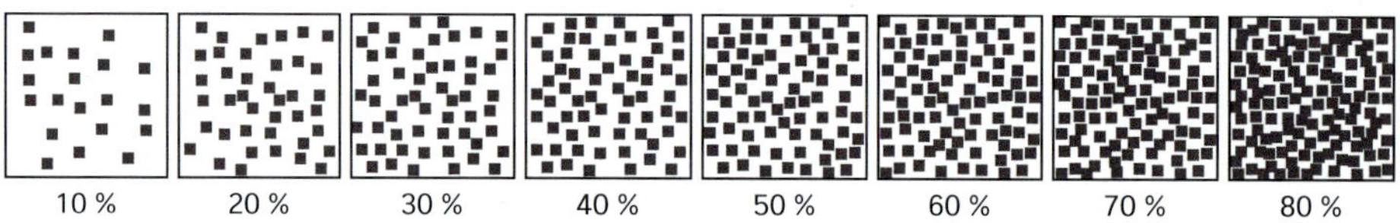

Abb. 3.26: Abschätzung des Deckungsgrades

3.1.3.2 Kartierung

Unter einer Kartierung versteht man die grafische Darstellung von Gegebenheiten. Die Umgebung, in der wir heute leben, unterscheidet sich von den naturräumlichen Gegebenheiten – in natürlichem Zustand wäre der größte Teil Deutschlands von Wald bedeckt. Die Nutzung durch den Menschen verändert den Raum. Ein Vergleich des heutigen Zustands mit dem vor einigen Jahrzehnten ermöglicht es, Entwicklungstendenzen festzustellen und Überlegungen zu den Auswirkungen der Nutzung durch den Menschen anzustellen.

Arbeitsauftrag 5:

Eine Flächennutzungskartierung soll erstellt werden. Dies kann mithilfe der nachstehend abgebildeten beispielhaften Karte (Abb. 3.27) oder (idealerweise) mit entsprechenden Materialien aus der Schulumgebung erfolgen.

Erstellen Sie anhand der Vorlagen jeweils Karten, die in unterschiedlichen Farben bebaute Flächen, Verkehrsflächen, Waldflächen bzw. Freiflächen ausweisen. Zu den Freiflächen zählen auch die unbebauten, ggf. landwirtschaftlich bewirtschafteten Flächen.

Bestimmen Sie mithilfe eines Rasters die jeweiligen Flächenanteile der Nutzungen und berechnen Sie, wie sich diese Anteile zwischen den Beispieljahren verändert haben.

Formulieren Sie die Ergebnisse. Begründen Sie, welche Faktoren sich für das Ökosystem durch die Veränderung der Flächennutzungen ergeben – im gesamten besiedelten Raum Deutschlands haben die Nutzungsbereiche durch Siedlungen zugenommen und nehmen weiter zu.

Abb. 3.27: Beispielhafter Flächennutzungsplan eines städtischen Randbereiches

Anteil der Siedlungs- und Verkehrsfläche an der Gesamtfläche 2022, davon unversiegelt und versiegelt
Daten für Deutschland insgesamt sowie für die Bundesländer

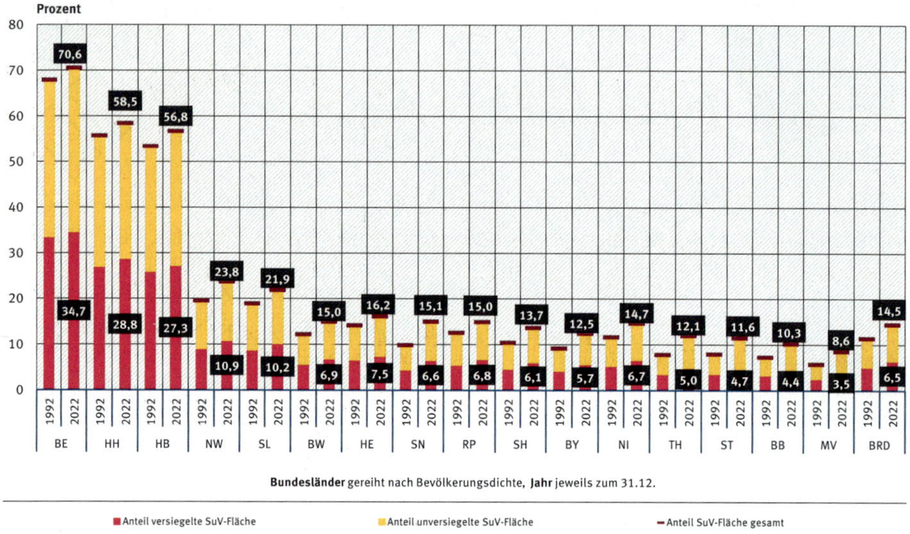

Quelle: Umweltbundesamt, eigene Berechnungen unter Benutzung der Fachserie 3, Reihe 5.1, Bodenfläche nach Art der tatsächlichen Nutzung 2011, Hrsg. Statistisches Bundesamt, Wiesbaden und Daten aus der Umweltökonomischen Gesamtrechnung der Länder (2023)

Abb. 3.28: Flächenversiegelung in Deutschland nach Bundesländern

Anstieg der Siedlungs- und Verkehrsfläche*

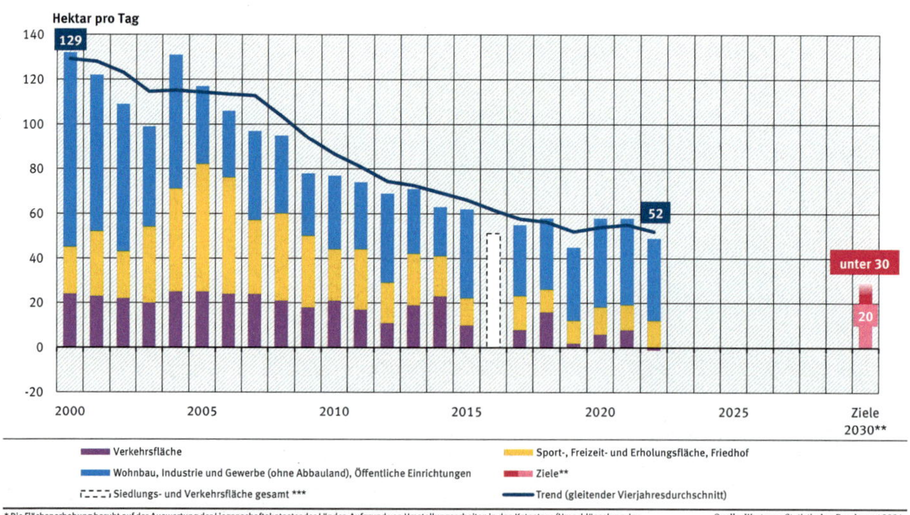

* Die Flächenerhebung beruht auf der Auswertung der Liegenschaftskataster der Länder. Aufgrund von Umstellungsarbeiten in den Katastern (Umschlüsselung der Nutzungsarten im Zuge der Digitalisierung) ist die Darstellung der Flächenzunahme ab 2004 verzerrt.
** Ziele 2030: "30 minus x" Hektar pro Tag: "Deutsche Nachhaltigkeitsstrategie, Neuauflage 2016"; 20 Hektar pro Tag: "Integriertes Umweltprogramm 2030"
*** Ab 2016 entfällt aufgrund der Umstellung von automatisierten Liegenschaftsbuch (ALB) auf das automatisierte Liegenschaftskataster-Informationssystem (ALKIS) die Unterscheidung zwischen "Gebäude- und Freifläche" sowie "Betriebsfläche ohne Abbauland". Dadurch ist derzeit der Zeitvergleich beeinträchtigt und die Berechnung von Veränderungen wird erschwert. Die nach der Umstellung ermittelte Siedlungs- und Verkehrsfläche enthält weitgehend dieselben Nutzungsarten wie zuvor. Weitere Informationen unter www.bmu.de/WS2220#c10929.

Quelle: Werte aus Statistisches Bundesamt 2024, Anstieg der Siedlungs- und Verkehrsfläche (gleitender Vierjahresdurchschnitt) und Anstieg der Unterarten der Siedlungs- und Verkehrsfläche

Abb. 3.29: Flächenverbrauch in Deutschland

3.1.4 Nahrungsnetze

Pflanzen sind **autotrophe** Organismen – das bedeutet, dass sie für ihre eigene Versorgung mit lebensnotwendiger Energie und Baustoffen nicht auf andere Organismen angewiesen sind. Dies ist ihnen aufgrund der Fähigkeit zur Fotosynthese möglich.

Fast alle anderen Organismen sind **heterotroph**, das bedeutet, dass sie sich von anderen Organismen ernähren.

Beziehungen zu anderen Lebewesen können von Vor- oder Nachteil für den einen oder anderen Partner sein. Informationen darüber finden sich in dem Abschnitt zu den biotischen Faktoren.

In den seltensten Fällen ernähren sich Organismen nur von einer Art von Nahrung. Ein Beispiel dafür ist der Koala, der sich ausschließlich von Eukalyptus ernährt. In der Regel ist es so, dass sich Tiere von verschiedenen Stoffen ernähren können und auch selbst Beute für andere Arten sind. In der Natur findet man meist Nahrungsnetze vor, die verschiedene Arten miteinander in Beziehung setzen.

Nahrungsnetze gibt es in allen Ökosystemen.

Grundsätzlich sind sie alle vom Grundaufbau gleichartig strukturiert, wie in Abbildung 3.30 dargestellt.

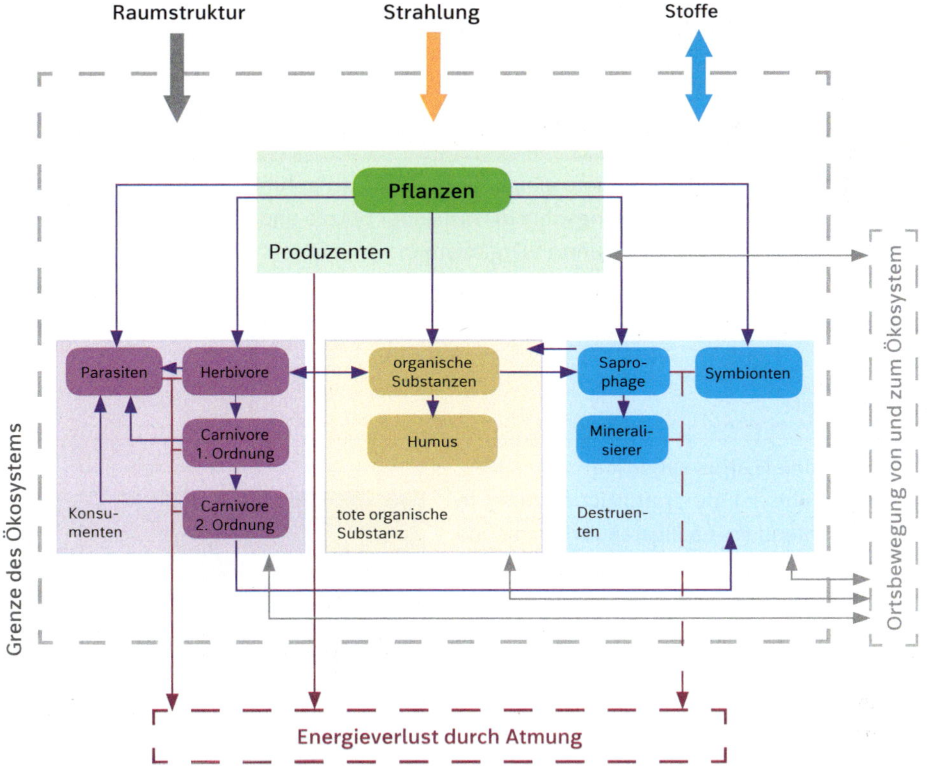

Abb. 3.30: Struktur von Nahrungsnetzen

Als **Produzenten** werden alle autotrophen Organismen zusammengefasst, also diejenigen, die organische Masse aus anorganischen Stoffen herstellen können. Die **Konsumenten** lassen sich in mehrere Ebenen gliedern: Konsumenten erster Ordnung oder Primärkonsumenten ernähren sich von pflanzlicher Biomasse und werden als **Herbivoren** (= Pflanzenfresser) bezeichnet. Konsumenten zweiter Ordnung (Sekundärkonsumenten) ernähren sich von den Konsumenten erster Ordnung und werden **Carnivoren** (= Fleischfresser) genannt, Konsumenten dritter Ordnung (Tertiärkonsumenten) ernähren sich von den Konsumenten zweiter Ordnung und so weiter. Endkonsument ist derjenige, der keine Fressfeinde im Ökosystem besitzt.

Jedes Lebewesen, ob Pflanze oder Tier, verstirbt und wird damit zu toter Biomasse. Diese tote Biomasse wird in ihre Bestandteile aufgelöst durch die große Artenvielfalt der **Destruenten** (= Zersetzer), zu denen viele Pilze, Insekten und Bakterien, aber auch Organismen anderer Gruppen gehören. Die Destruenten zersetzen die Biomasse in ihre Bestandteile, darin enthaltene Stoffe werden also in molekularer Form dem Kreislauf wieder zugeführt.

Der Weg der Energie in einem solchen Nahrungsnetz ist von dem der Stoffe zu unterscheiden – während sich alle Stoffe in einem Kreislauf befinden, geht die Energie durch Verbrauch auf den verschiedenen Trophieebenen und Wärmeabstrahlung unweigerlich verloren.

Arbeitsauftrag 6:

Beschreiben Sie den Weg der Energie in dem in Abb. 3.30 dargestellten Nahrungsnetz.

Arbeitsauftrag 7:

Im Folgenden sind Steckbriefe einiger Lebewesen aufgeführt. Werten Sie diese aus und erstellen Sie ein Nahrungsnetz in Form einer Skizze und einem kurzen erklärenden Text, in dem die aufgeführten Organismen vorkommen.

Ergänzen Sie ggf. für fehlende Funktionen des Nahrungsnetzes beispielhafte Organismen.

Steckbriefe

Die Buche (Fagus sylvatica)

Die Buche ist der natürlicherweise in Deutschland am häufigsten vorkommende Laubbaum. Buchenwälder sind die potenzielle natürliche Vegetation (ohne Einfluss des Menschen wären ausschließlich diese vorhanden). Heute macht sie einen Anteil von etwa 15 % der Bäume in den deutschen Wäldern aus. Sie wird bis zu 300 Jahre alt und erreicht eine Höhe von bis zu 35 Metern. Typischerweise erkennt man

Abb. 3.31: Fagus

sie an ihrer glatten und eher grauen Rinde, der typischen Blattform und den Bucheckern, die im Herbst in großen Mengen abgeworfen werden. Diese dienen als Nahrung für viele Vogelarten, Nagetiere und auch Wildschweine. Für den Menschen sind sie allerdings nur in kleinen Mengen verträglich. Das verrottende Laub ist für den Boden wichtiger Nährstofflieferant, das Holz der Buche wird aufgrund seiner Eigenschaften viel im Möbelbau verwendet.

Der Buntspecht (Dendrocopos major)

In Deutschland gibt es etwa zehn verschiedene Spechtarten. Eine von ihnen ist der etwa 24 cm große Buntspecht. Schwarzweißes Gefieder und ein roter Fleck am Schwanz machen ihn gut erkennbar. Mithilfe seines Meißelschnabels ist er in der Lage, Insekten aus der Rinde von Bäumen zu picken und Bruthöhlen in Stämme oder Äste zu bauen. Davon entstehen stets mehr, als der Specht selber benötigt, und so sind sie auch Lebensraum und Unterschlupf für viele andere Tiere wie Kohlmeisen, Wildbienen und Eichhörnchen. Das Klopfen dient unter anderem auch der Kommunikation untereinander.

Abb. 3.32: Dendrocopos

Totholz bedeutet Leben

Um möglichst vielfältigen Lebensraum zu bieten und sicherzustellen, dass die erforderlichen Nährstoffe vorhanden sind, ist für den Wald das tote Holz von großer Bedeutung. Es bietet Unterschlupf und Lebensraum für zahlreiche Insekten, Amphibien, Vögel und Fledermäuse. Auf die morschen und vermodernden Hölzer sind rund ein Fünftel aller Waldtiere angewiesen, Totholz ist Zeichen eines naturnahen Waldes.

Abb. 3.33: Totholz

Das Eichhörnchen (Sciurus spec.)

Das Eichhörnchen kommt deutschlandweit in Wäldern und Parks vor. Es lebt in den Baumwipfeln und springt bis zu fünf Meter weit. Sein Schwanz ist nahezu ebenso lang wie sein Körper – jeweils 20 Zentimeter – und ist eine Balancierhilfe bei der Fortbewegung. Die tagaktiven Tiere besitzen als Nest einen Kobel auf dem Baum, der im Winter von mehreren Tieren bewohnt wird (Wärmegewinnung). Als Winterruher schlafen sie viel, müssen aber im Abstand von einigen Tagen aufwachen und aus den unterirdischen Vorratskammern fressen. Im Frühjahr sind sie auch Nesträuber. Eichhörnchen werden bis zu sieben Jahre alt.

Abb. 3.34: Sciurus

Die Erdkröte (Bufo bufo)

Erdkröten suchen das Gewässer, in dem sie geboren sind, zur Eiablage jedes Jahr wieder auf. Aus den Eiern werden zunächst Kaulquappen, die sich dann zur Kröte weiter entwickeln. Als Wassertiere besitzen die Quappen zunächst Kiemen und Flossen, die ausgewachsene Kröte dagegen eine Lunge und Beine, die das Leben an Land ermöglichen. Ihr Sommerquartier sind insbesondere krautreiche Wälder. Neben dem Grasfrosch ist die Erdkröte das häufigste heimische Amphib.

Abb. 3.35: Bufo

Der Rotfuchs (Vulpes vulpes)

Der Rotfuchs ist deutschlandweit in Wäldern, Parks, auf Feldern und in Siedlungen zu finden. Während er tagsüber häufig Schutz in Gebüschen sucht, spürt er in der der Nacht Mäuse, Regenwürmer, Kaninchen und Früchte auf und verzehrt sie. Die etwa 70 cm langen Tieren leben in Familienverbänden aus einem Rüden und mehreren Fähren (Weibchen). Sie werden rund zehn bis zwölf Jahre alt.

Abb. 3.36: Vulpes

Der Mäusebussard (Buteo buteo)

Mit einer Körperlänge von ca. 60 Zentimetern und einer Flügelspannweite von etwa 120 Zentimetern ist der Bussard in weiten Teilen Europas und Asiens zu finden. Nördlich lebende Populationen, z. B. aus Skandinavien, ziehen im Winter in südliche Gebiete. Der Mäusebussard ist in vielfältigen Lebensräumen zu finden – von der Tundra bis in die alpinen Hochgebirge, auf landwirtschaftlichen Flächen ebenso wie in der Nähe menschlicher Siedlungen. In seinen etwa 20 Lebensjahren ernährt sich der Mäusebussard von Nagetieren wie Mäusen, Kaninchen und Ratten, aber auch Reptilien und Vögel werden erbeutet. Selten jagt er aus einem Suchflug heraus, in der Regel erspäht er seine Beute von einem Ansitz (= erhöhten Platz) aus.

Abb. 3.37: Buteo

Der Regenwurm (Lumbricus spec.)

Lumbricus lebt in Gängen von bis zu zwei Metern Tiefe. Aufgrund ihres fehlenden Hautschutzes sind Regenwürmer auf Schatten und Feuchtigkeit angewiesen. Viele Arten kommen daher nur bei Regen oder in der Nacht an die Erdoberfläche, manche

Arten sind dort aber auch regelmäßig zu sehen. Regenwürmer ernähren sich überwiegend von abgestorbenen Pflanzenteilen, die durch Verdauung zu Kothumus verarbeitet werden. Dieser ist oft als kleine Haufen an den Ausgängen der Wohnröhren an der Erdoberfläche zu finden. Abgefallene Pflanzenteile werden in die Röhren hineingezogen und dadurch die Verrottung beschleunigt. Das Graben im Boden sorgt für eine ständige Durchmischung und Lockerung des Bodens. So kann Wasser besser in den Boden eindringen. Die Tätigkeit der Regenwürmer trägt daher in erheblichem Umfang zur Bodenfruchtbarkeit bei.

Abb. 3.38: Lumbricus

Die Eberesche (Sorbus aucuparia)

Auch bekannt unter den Namen Vogelbeere oder Quitsche gedeiht die Eberesche vom Flachland bis zur Baumgrenze, typischerweise an Waldrändern, Lichtungen und Brachflächen. Sie erreicht eine Höhe von etwa 17 Metern und besitzt eine Lebensdauer von rund 100 Jahren. Die Eberesche ist eine wichtige Nahrungsquelle für zahlreiche Arten von Insekten, Vögeln und Säugetieren, die die Früchte mit sehr hohem Vitamin-C-Gehalt gerne als Nahrung nutzen.

Abb. 3.39: Sorbus

Die Hahnenfuß-Scherenbiene (Chelostoma florisomne)

Ein Vertreter der zahlreichen Arten von Wildbienen ist die Hahnenfuß-Scherenbiene. Sie hat eine Körperlänge von etwa einem Zentimeter. Hahnenfuß-Scherenbienen leben an Waldrändern und -lichtungen und sind auch in Gärten und Wiesen zu finden. Sie ernähren sich von Pollen und Nektar verschiedener Pflanzen und tragen damit erheblich zur Bestäubung bei. Um Pollen ernten zu können, besitzen sie eine Bauchbürste. Ihre Nester finden sich in Hohlräumen, zum Beispiel trockenen Ästen, und bestehen jeweils aus zwei bis acht Brutzellen, die mit einem Pollen-Nektar-Gemisch und einem befruchteten Ei gefüllt werden. Die Larven ernähren sich von dem Vorrat, überwintern als Puppe und schlüpfen im nächsten Frühjahr.

Abb. 3.40: Chelostoma

3.1.5 Stoffkreisläufe

In den Grundlagen der Biologie wurde bereits erläutert, dass die Fotosynthese ein Prozess der Fixierung von Kohlenstoffdioxid ist: Das anorganische CO_2 aus der Luft wird in organische Kohlenstoffverbindungen umgewandelt. Damit steht es den Organismen als Baustoff und Energieträger zur Verfügung. Alle Stoffe befinden sich auf der Erde in einem Kreislauf – im Gegensatz zur Energie, wie Sie bereits in den vorherigen Kapiteln gelernt haben.

Arbeitsauftrag 8:

Beschreiben Sie den Kreislauf des Kohlenstoffs (vgl. Abb. 3.41) strukturiert. Überlegen Sie sich zunächst, an welcher Stelle Sie anfangen und achten Sie auf die in sich schlüssige Reihenfolge.

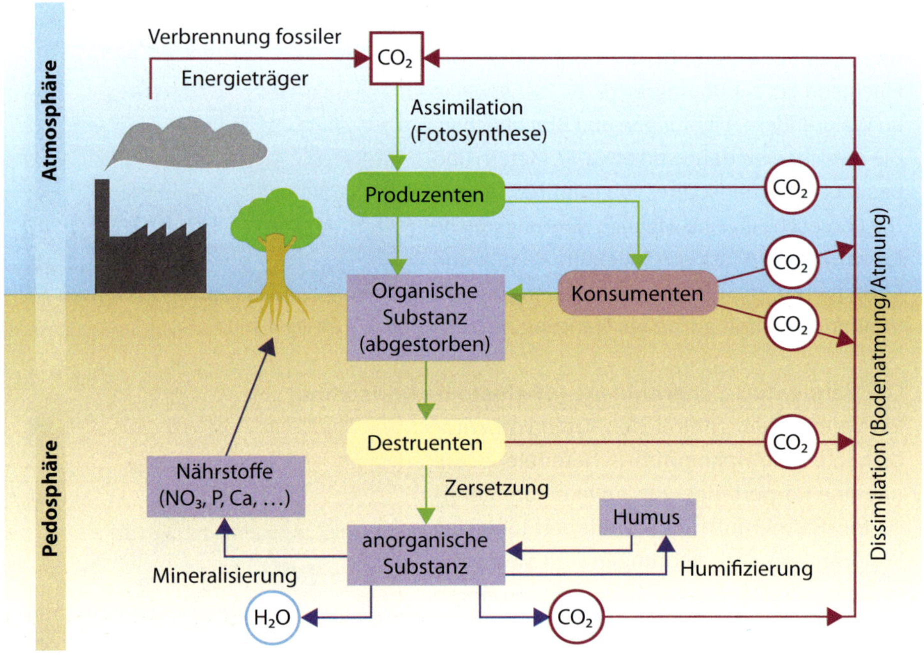

Abb. 3. 41: Kreislauf des Kohlenstoffs

Arbeitsauftrag 9:

Der Kohlenstoffkreislauf steht exemplarisch für den Kreislauf von Stoffen in Ökosystemen und auf der Erde. Sie sollen nun für zwei weitere Stoffe analog Kreisläufe entwerfen. Fertigen Sie dazu in Partnerarbeit jeweils Skizzen an. Gehen Sie dabei von einem abgeschlossenen Ökosystem wie zum Beispiel einem Waldgebiet aus.

a) Sauerstoffkreislauf

Sauerstoff (O_2) befindet sich in der Atmosphäre. Pflanzen, Tiere und Menschen benötigen ihn für die Atmung. Pflanzen stellen ihn aber auch im Rahmen der Fotosynthese her – aus Sicht der Pflanzen handelt es sich hierbei um ein Abfallprodukt.

b) Magnesiumkreislauf

Magnesium kommt aufgrund seiner starken Reaktionsfreudigkeit in der Natur fast nie in elementarer Form vor, sondern ist in der Regel in mineralischen oder organischen Formen mit anderen Stoffen gebunden.

Für alle Lebewesen ist es jedoch ein elementarer Baustein: Pflanzen benötigen ihn für das Chlorophyllmolekül, in tierischen Organismen findet man es oft als Baustein von Enzymen.

Arbeitsauftrag 10:

Alle Ökosysteme stehen untereinander über die globalen Kreisläufe in Verbindung und Austausch.

Entwerfen Sie jeweils ein Fließschema, bezogen auf den Kohlenstoffkreislauf und auf die lokalen sowie die globalen Auswirkungen zu den folgenden Szenarien:

a) Alle Wälder in Nordrhein-Westfalen fallen einem Unwetter zum Opfer. Daher gibt es nur noch sehr vereinzelte Bäume.

b) Aufgrund rasanter Entwicklungen der Wirtschaft und dem damit verbundenen Bevölkerungswachstum wird im kommenden Jahrzehnt sehr viel neue Verkehrs- und Siedlungsfläche benötigt. Im Jahre 2045 sind etwa 80 % der Landesfläche Nordrhein-Westfalens durch aufstehende Bebauung oder durch Verkehrswege versiegelt.

3.1.6 Analyse anthropogener Einflüsse – das Ökosystem Stadt

Menschliche Siedlungen können als größte Flächenverbraucher in Nordrhein-Westfalen angesehen werden. Die Unterschiede zwischen einem städtischen Ökosystem und den natürlichen Ökosystemen finden sich in allen Bereichen der abiotischen und biotischen Faktoren und werden im Folgenden ausschnittweise betrachtet.

Arbeitsauftrag 11:

Werten Sie die Abbildungen zu Veränderungen, die durch Bebauungen hervorgerufen werden (Abb. 3.42 bis 3.44), in Partnerarbeit aus. Erstellen Sie aus den Ergebnissen eine Mindmap.

Tauschen Sie die Ergebnisse mit einer weiteren Gruppe aus, mit der Sie sich zusammenfinden.

Aus dieser Vierergruppe entstehen im nächsten Schritt nach dem System „Einer bleibt, drei gehen“ nun neue Gruppen, indem Sie sich durchnummerieren von A bis D,

- Person „A“ bleibt,
- Person „B“ geht im Uhrzeigersinn eine Gruppe weiter,
- Person „C“ geht im Uhrzeigersinn zwei Gruppen weiter,
- Person „D“ geht im Uhrzeigersinn drei Gruppen weiter.

Damit sind neue Gruppenzusammensetzungen von je vier Personen entstanden.

Im dritten Schritt erweitern Sie Ihre Ergebnisse unter der Fragestellung, wie sich die Veränderungen auf Ökosysteme, die Sie bisher kennengelernt haben, auf regionaler bzw. globaler Ebene auswirken.

Fertigen Sie dazu jeweils Skizzen an.

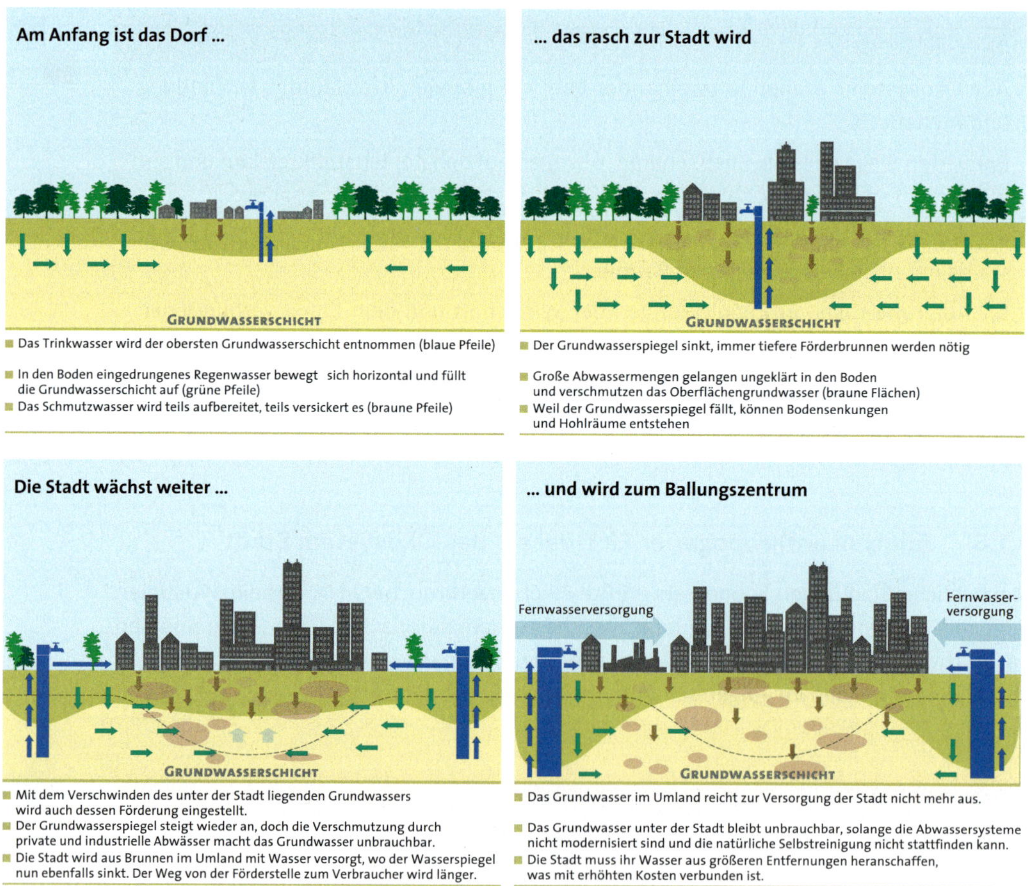

Quelle: Le Monde diplomatique (Hg.), Atlas der Globalisierung, Berlin (taz Verlag) 2006, „Die Stadt und ihr Grundwasser“, S. 18–19

Abb. 3.42: Die Stadt und ihr Grundwasser

Input				Output			
Material (t pro Jahr)		Energie (Mio. MJ pro Jahr)		Material (t pro Jahr)		Energie (Mio. MJ pro Jahr)	
Erdöl	60000	Erdöl	3000	Exkremente	7400	Erdölprodukte	160
Gas	10300	Gas	600	Müll	7200	Müll	110
Holzkohle	13500	Holzkohle	900	rückgewonnene Abfälle	14000	rückgewonnene Abfälle	70
Nahrungsmittel	76500	Strom	600				
Baustoffe	124000	Nahrungsmittel	950				
Andere	75000	Baustoffe	350				

Abb. 3.43: Input – Output: abiotische und biotische Faktoren eines Stadtökosystems mit ca. 150000 Einwohnern

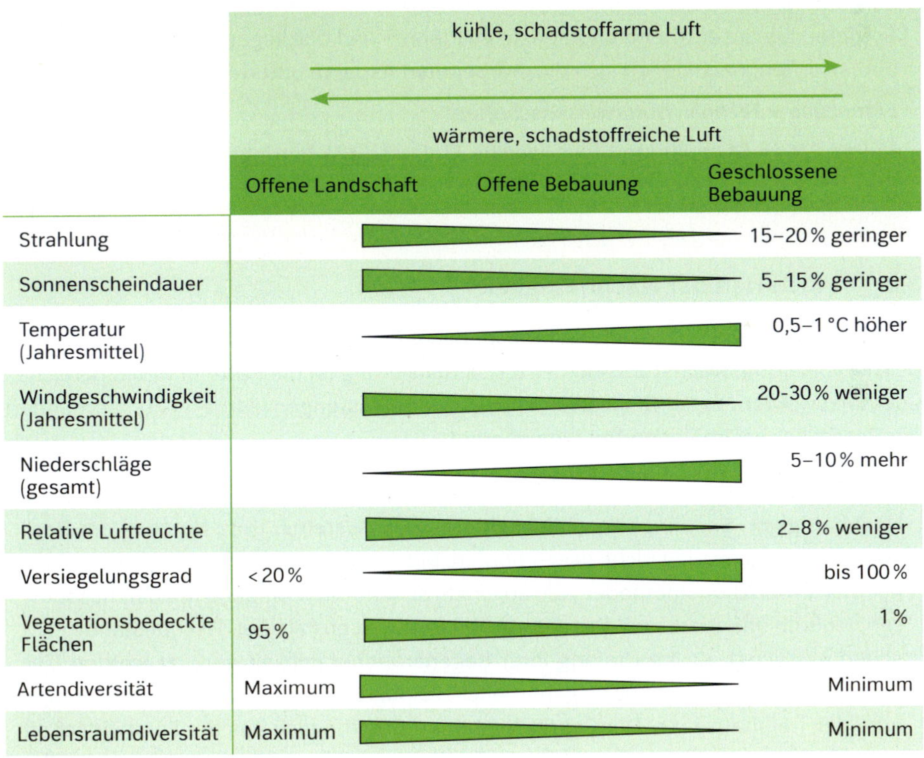

Abb. 3.44: Klimatische Auswirkungen bebauter Räume

3.2 Berufliche und wirtschaftliche Relevanz von Ökosystemen

Jedes Ökosystem erfüllt zahlreiche Funktionen, von denen Sie viele in den vorhergehenden Abschnitten kennengelernt haben.

Arbeitsauftrag 12:

Erstellen Sie in Partnerarbeit über Metakarten eine Liste der Bedeutungen, die ein Ökosystem für den Menschen und die Umwelt hat.

Folgende Hauptüberschriften sind zu berücksichtigen:

- natürliche Prozesse
- „Dienstleistungen" des Ökosystems
- Grundlagen des Wohlbefindens – Bedeutung für den Menschen

Sortieren Sie die erarbeiteten Aspekte im Plenum und überlegen Sie sich Zwischenüberschriften, nach denen sich die erarbeiteten Aspekte unterteilen lassen.

Ergänzung – Technik/Naturwissenschaften:

Halten Sie in Stichpunkten fest, welche Einflüsse die betrieblichen Abläufe Ihrer Branche auf ein Ökosystem haben können.

3.2.1 Kriterien der Nachhaltigkeit

Die Menschen haben über viele Jahrtausende im Einklang mit der Natur gelebt. Erst mit dem Bevölkerungswachstum und der Industrialisierung ist die Natur in vielen Bereichen übernutzt worden. In der Diskussion über Umweltbelastungen wurde im 20. Jahrhundert der Begriff der nachhaltigen Nutzung geprägt.

Nachhaltigkeit, *Sustainability*, Fähigkeit eines Ökosystems, trotz Nutzung der Ressourcen in der Leistung nicht zu erschöpfen. Mit nachhaltigem Wirtschaften bezeichnet man Produktionsmethoden, die an einem schonenden Umgang mit den Ressourcen der Erde orientiert sind. Die natürlichen Ressourcen (Wälder, Fischbestände etc.) sollen möglichst nur im Umfang ihrer Regenerationsfähigkeit genutzt werden. Zur nachhaltigen Wirtschaftsweise gehört auch die Begrenzung der freigesetzten Energie oder der Treibhausgase. Der Begriff N. stammt ursprünglich aus der Forstwirtschaft und steht dort für eine am Erhalt des Bestandes orientierte Bewirtschaftung des Waldes. N. im Sinne der Agenda 21 bezieht sich jedoch auf alle Formen des Wirtschaftens. Auf der Umweltkonferenz 1992 in Rio de Janeiro wurde der Begriff „sustainable development" (nachhaltige Entwicklung) in seiner heutigen Bedeutung geprägt. Die nachhaltige Nutzung der natürlichen Ressourcen wurde als ein wesentliches Ziel der Agenda 21 festgeschrieben.

Quelle: Spektrum der Wissenschaft Verlagsgesellschaft mbH: Nachhaltigkeit, Heidelberg 2023. In: https://www.spektrum.de/lexikon/biologie-kompakt/nachhaltigkeit/7960 [31.10.2024].

Im Jahr 2015 hat die Weltgemeinschaft die Agenda 2030 verabschiedet und damit 17 globale Nachhaltigkeitsziele, die Sustainable Development Goals (SDGs), für eine sozial, wirtschaftlich und ökologisch nachhaltige Entwicklung gesetzt. Die Agenda ist ein Fahrplan für die Zukunft, mit dem weltweit ein menschenwürdiges Leben ermöglicht und dabei gleichsam die natürlichen Lebensgrundlagen dauerhaft bewahrt werden.
Mit der Deutschen Nachhaltigkeitsstrategie hat die Bundesregierung konkret dargelegt, wie diese 17 SDGs umgesetzt werden:

Quelle: Presse- und Informationsamt der Bundesregierung: Die 17 globalen Nachhaltigkeitsziele verständlich erklärt. In: https://www.bundesregierung.de/breg-de/schwerpunkte-der-bundesregierung/nachhaltigkeitsziele-erklaert-232174 [31.10.2024].

Abb. 3.45: Ziele für nachhaltige Entwicklung

Arbeitsauftrag 13:

Überlegen und recherchieren Sie in Partnerarbeit, welche Maßnahmen zur Nachhaltigkeit in der Bundesrepublik zu den 17 Zielen beschlossen worden sind. Nutzen Sie hierzu die als Quelle des obigen Textes angegebene Internetseite. Teilen Sie die 17 Ziele innerhalb der Klasse auf oder einigen Sie sich zu Beginn darauf, welche der Ziele vorgestellt werden sollen.

Ergänzung – Technik/Naturwissenschaften:

Überlegen und recherchieren Sie in Partnerarbeit, welche Maßnahmen zur Nachhaltigkeit in den Betrieben Ihres beruflichen Feldes besonders wichtig sind.

3.2.2 Erhaltung der Biodiversität

Biodiversität – Vielfalt des Lebens

Als Biodiversität bezeichnet die Biodiversitätskonvention der Vereinten Nationen die Vielfalt aller lebenden Organismen, Lebensräume und Ökosysteme auf dem Land, im Süßwasser, in den Ozeanen sowie in der Luft. Biodiversität beinhaltet

- die Vielfalt unterschiedlicher Arten als auch innerhalb einer Art (taxonomische Diversität)
- die genetische Vielfalt innerhalb einzelner Arten sowie die Diversität aller Organismen eines Lebensraums (genetische Diversität)
- die Vielfalt an Biotopen und Ökosystemen sowie an Ökosystemfunktionen wie Bestäubung und Samenverbreitung (ökologische und funktionale Diversität)
- die Vielfalt an Verhaltensweisen von Tieren (kulturelle Vielfalt)

Quelle: Max-Planck-Gesellschaft zur Förderung der Wissenschaften e.V.: Biodiversität – Vielfalt des Lebens. In: https://www.mpg.de/biodiversitaet [31.10.2024].

Die **Biodiversität** steht seit den letzten Jahren stark in dem Fokus der öffentlichen Diskussion. Immer deutlicher zeigt sich, dass die Vielfalt an Lebewesen, Biotopen und Ökosystemen essenziell ist für die Fähigkeit, Störungen auszugleichen. Menschliche Einflüsse haben Veränderungen in der Umwelt beschleunigt, die Anpassungsgeschwindigkeit der Systeme kann nicht mithalten. Die Anzahl von Arten, deren Populationsgrößen und Varianten verändern sich in bisher stabilen Systemen und führen damit zu Instabilität. Dies hat auch wirtschaftlich eine hohe Bedeutung, denn drei Viertel aller Nutzpflanzen werden von Insekten bestäubt,[1] Mistkäfer übernehmen „Aufräumarbeiten" in der Landwirtschaft, Auenwälder verhindern Überflutungen, Wälder und Böden speichern Kohlendioxid und vieles mehr. Damit vermindert eine hohe Artenvielfalt die Folgen des Klimawandels, der Klimawandel dagegen führt zu einer Verminderung der Artenvielfalt. Dazu trägt der Mensch aber auch auf andere Weise bei: durch Umwandlungen von Flächennutzungen, z. B. zu landwirtschaftlich genutzten Monokulturen oder zur Versiegelung im Rahmen des Siedlungs- und Infrastrukturausbaus, durch Wilderei, Verschleppung von Arten und der damit verbundenen Verdrängung einheimischer Arten, durch Verinselung von Lebensräumen, die den Austausch unterbinden, durch Eintrag von Schadstoffen bei Düngungen und vieles mehr.

Damit reduzieren sich die sogenannten Ökosystemleistungen – lebenswichtige Güter und Leistungen, die dem Menschen von intakten Ökosystemen zur Verfügung gestellt werden – wozu auch das menschliche Wohlbefinden gehört.

1 Der ungefähre Wert der jährlichen landwirtschaftlichen Produktion, der der Insektenbestäubung zugeschrieben wird, beträgt 15 Mrd. Euro.

Arbeitsauftrag 14:

Im Folgenden sind einige Karten über globale Entwicklungen der Umwelt abgebildet.

Arbeiten Sie als Gruppenpuzzle in zunächst fünf Gruppen. Jede Gruppe (1–5) bearbeitet jeweils zwei Abbildungen (Abb. 3.46 – Abb. 3.56). Analysieren Sie die Materialien und formulieren Sie die Aussagen. Nutzen Sie ggf. zur Ergänzung weitere Materialien bzw. recherchieren Sie Genaueres im Internet.

Im zweiten Schritt werden die Gruppen neu zusammengesetzt aus je einem Mitglied der Stammgruppen 1 bis 5. Erläutern Sie den Mitschülerinnen und Mitschülern das Material und die Aussagen, die Sie im ersten Teil bearbeitet haben.

Simulationen sind unter den unten aufgeführten Links im Internet zu finden. Diese sollen in Eigenarbeit als ergänzende Information durchgeführt und die Inhalte eingebracht werden.

a) Modellversuch zur Demonstration des Treibhauseffekts
http://www.chf.de/eduthek/treibhauseffekt.html

b) Klimaszenarien
https://en-roads.climateinteractive.org/scenario.html?v=24.5.0&lang=de

c) Das Budget https://ufz.pageflow.io/co2-budget#304846

d) Virtueller Versuch zur Fotosynthese
https://basf.kids-interactive.de/

e) Polymerase-Kettenreaktion – Molekularbiologisches Labor; Plasmid – Mikrobiologisches Labor
https://mikie.hoou.tuhh.de/virtuellesLabor.html

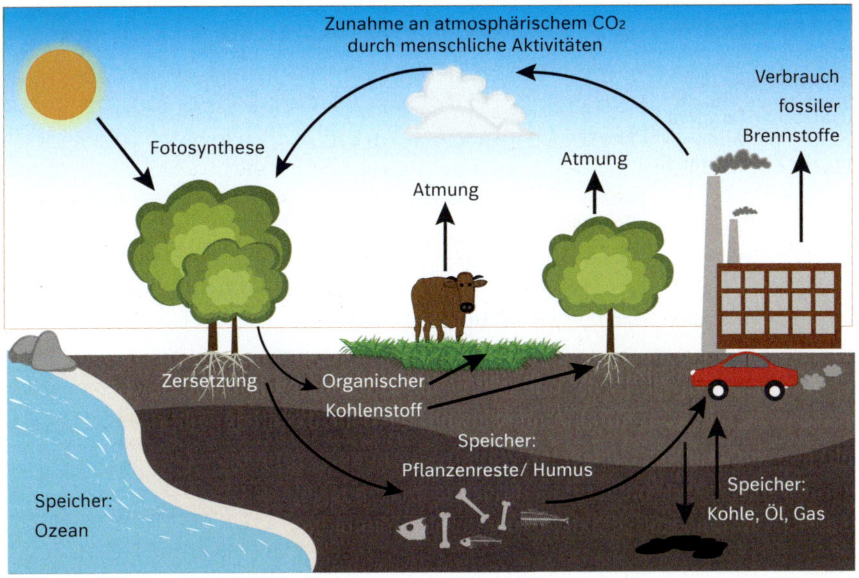

Abb. 3.46a): Vereinfachtes Schema des Kohlenstoffkreislaufs

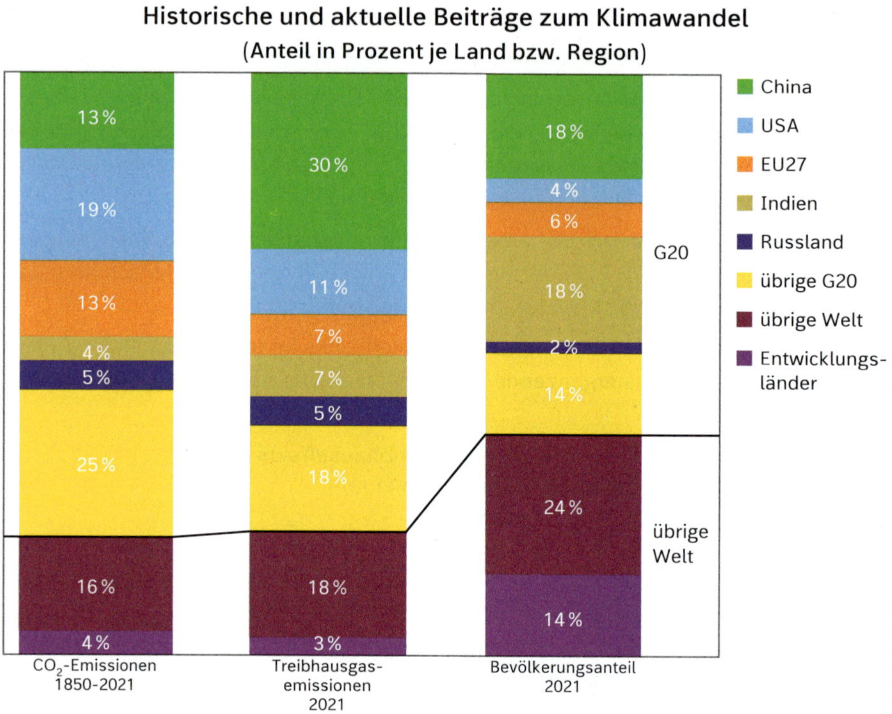

Abb. 3.46b): Anteil an der Weltbevölkerung und Anteil an CO_2-Emissionen im Vergleich

Treibhausgas	Kohlendioxid	Methan	Stickoxid	Ozon	Fluorkohlenwasserstoffe
Kurzbezeichnung	CO_2	CH_4	N_2O	O_3	FCKW
Anteil am Treibhauseffekt	50 %	20 %	4 %	7 %	5–10 %
Treibhauspotenzial*	1	20–30	200	2000	12000–16000
zusätzlicher Temperatureffekt bei Verdopplung der Konzentration	2–4 °C	0,3 °C	0,4 °C	0,9 °C	0,3 °C
Quellen	fossile Brennstoffe Waldrodung Bodenerosion	Reisanbau Rinderhaltung Mülldeponien Verbrennung von Biomasse	fossile Brennstoffe Dünger Bodenkultivierung	indirekt durch CO, NO_x, CH_4	Treibgase Kältemittel

* Unter dem Treibhauspotenzial versteht man die Wirksamkeit eines Moleküls des betreffenden Gases für den anthropogenen Treibhauseffekt in Bezug zu einem Molekül Kohlendioxid.

Abb. 3.46c): Treibhausgase

Abb. 3.47: Wasserkreislauf unter moderner menschlicher Nutzung. Die Grafik entstand im Rahmen des Recherche-Projektes der RiffReporter eG über die versteckten Quellen sauberen Wassers: https://www.riffreporter.de/de/umwelt/sauberes-wasser-fuer-milliarden-menschen-intakte-natur

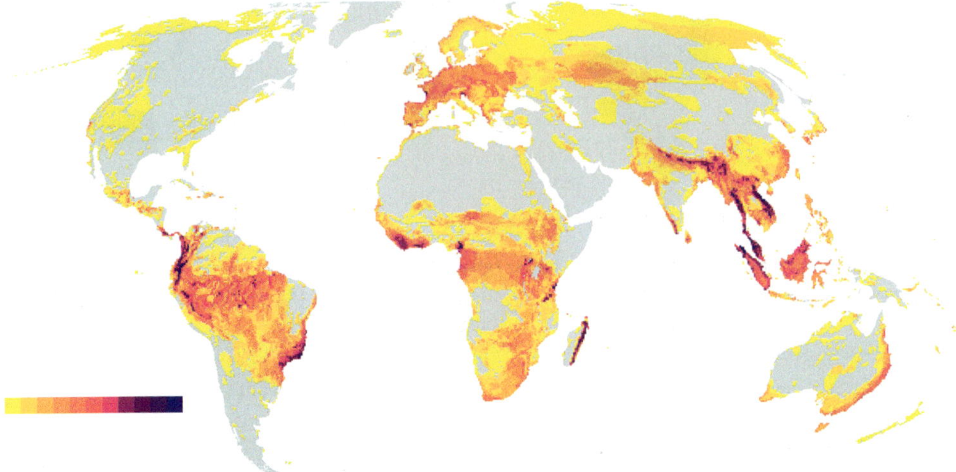

Abb. 3.48: Globale Hotspots der Artenbedrohung (2021)

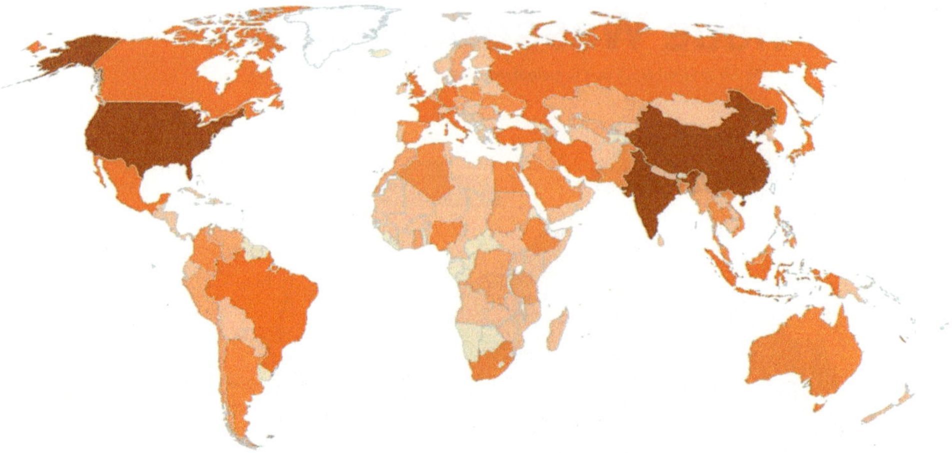

Gesamter ökologischer Fußabdruck der Bevölkerung eines Landes in Global-Hektar (gha)

< 10 Mio. 10 Mio.–25 Mio. 25 Mio.–50 Mio. 50 Mio.–100 Mio. 100 Mio.–250 Mio. 250 Mio.–1 Mrd. > 1 Mrd.

Abb. 3.49: Ökologischer Fußabdruck insgesamt weltweit (Daten von Global Footprint Network, Schätzung für 2022)

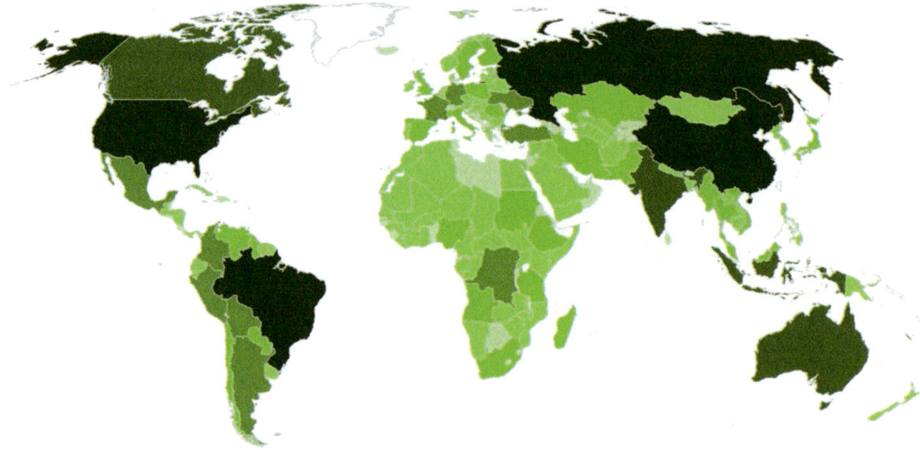

Biokapazität eines Landes in Global-Hektar (gha)

< 10 Mio. 10 Mio.–25 Mio. 25 Mio.–50 Mio. 50 Mio.–100 Mio. 100 Mio.–250 Mio. 250 Mio.–1 Mrd. > 1 Mrd.

Abb. 3.50: Erde – Biokapazität (Daten von Global Footprint Network, Schätzung für 2022)

Aspekte der Biodiversität

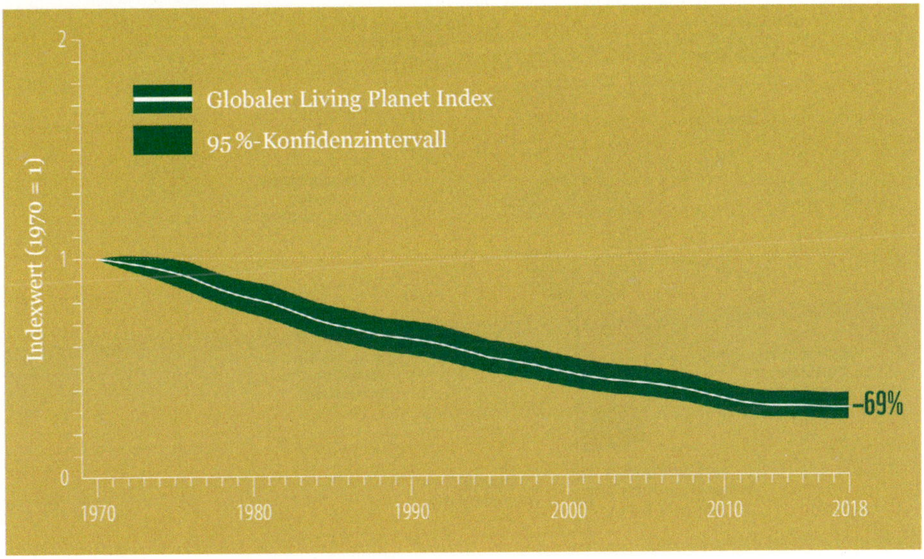

Abb. 3.51: Der Verlust an Vielfalt 1970–2018

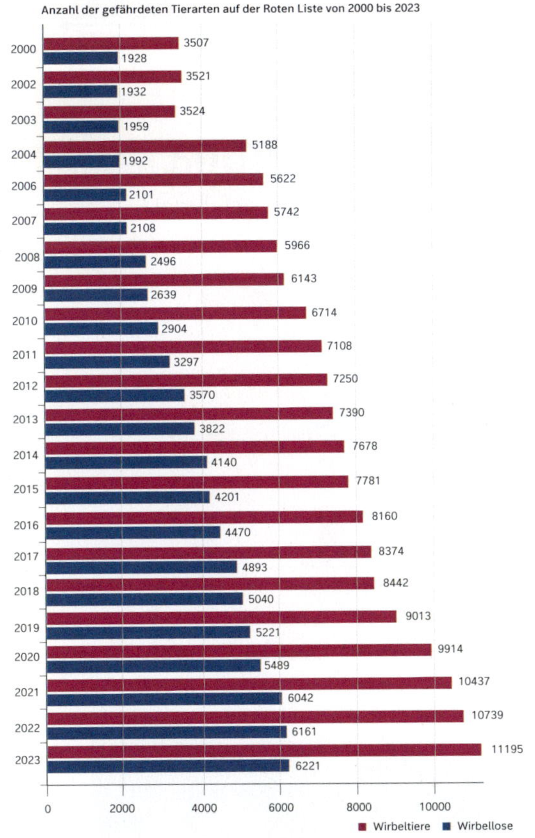

Abb. 3.52: Anzahl der gefährdeten Tierarten auf der Roten Liste von 2000–2023

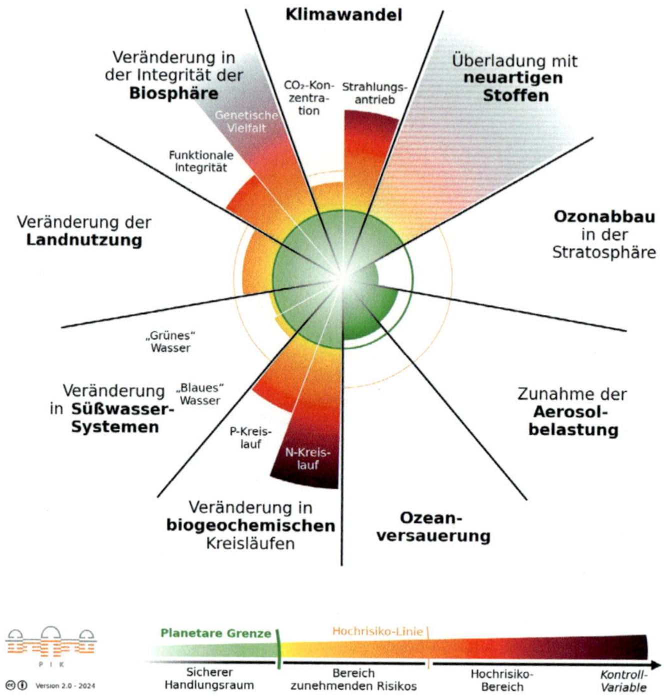

Abb. 3.53: Planetare Grenzen

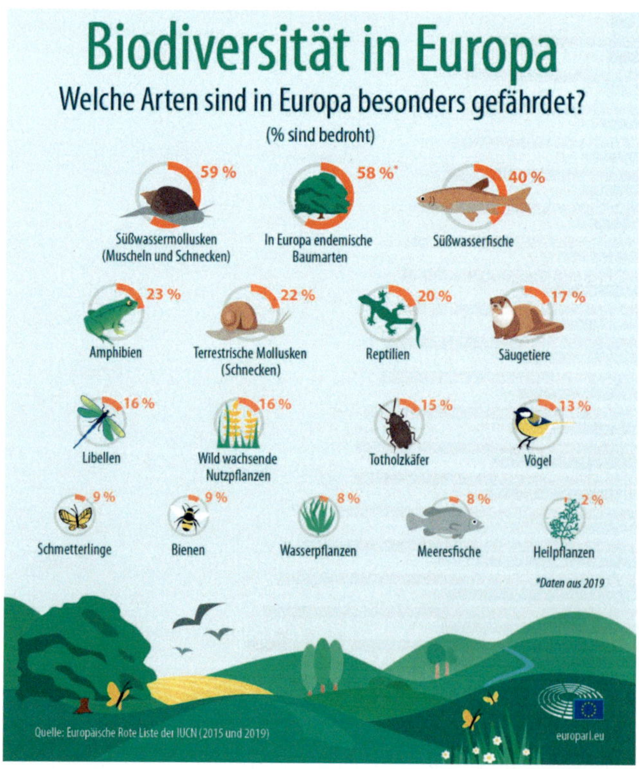

Abb. 3.54: Biodiversität in Europa

Abb. 3.55: Vom Aussterben bedrohte Arten in Europa

Abb. 3.56: Bestäuber

3.2.3 Handlungsstrategien des Umweltschutzes

Aufgrund der Agenda 21 wurden in vielen Ländern nationale Umweltrichtlinien erstellt und umgesetzt. Hierzu finden sich verschiedene Ansätze, die auf lokaler, regionaler, nationaler und internationaler Ebene Richtlinien nach den Maßgaben der Nachhaltigkeit installiert haben.

Dieser Prozess unterliegt laufenden Bearbeitungen und Veränderungen und unterscheidet sich in verschiedenen Regionen deutlich. Die Notwendigkeiten sind von den natürlichen und wirtschaftlichen Gegebenheiten eines jeden Raumes abhängig und können daher nur als zugeschnittene Konzepte nützlich sein.

Arbeitsauftrag 15:

Erstellen Sie Kurzreferate, indem Sie in arbeitsteiligen Kleingruppen die Konzepte und Strategien sowie beispielhafte Maßnahmen des Umweltschutzes

- in Ihrem Wohnort/in Ihrer Gemeinde,
- in Ihrer Region,
- in Nordrhein-Westfalen,
- in der Bundesrepublik Deutschland,
- in der Europäischen Union,
- in weltweiten Gremien und Konferenzen

recherchieren und für einen Museumsgang aufbereiten.

Ergänzung – Technik/Naturwissenschaften:

Überlegen und recherchieren Sie in Partnerarbeit, welche Maßnahmen des Umweltschutzes und damit der Verringerung der schädlichen Einflüsse auf Ökosysteme in Betrieben Ihrer Branche bestehen (sollten).

Arbeitsauftrag 16:

In der vorherigen Unterrichtsreihe zur Genetik haben Sie auch das Prinzip der Gendatenbanken kennengelernt: Die Entschlüsselung der genetischen Information eines Organismus erlaubt dessen Archivierung und möglicherweise auch gezielte Veränderungen an seinem Genom.

Teilen Sie die Klasse in zwei Gruppen. In jeder Gruppe wiederum werden Paare gebildet.

Alle der Gruppe 1 zugehörigen Paare bearbeiten Aufgabe 1, alle der Gruppe 2 zugehörigen Paare Aufgabe 2.

Im Anschluss an die Erarbeitungsphase wird ein Doppelkreis gebildet (Gruppe 1 innen, Gruppe 2 außen) und die Ergebnisse nach der Kugellagermethode ausgetauscht.

a) Bewerten Sie in Partnerarbeit die Bedeutung der Gendatenbanken für die Erhaltung von Arten und damit der Biodiversität.

b) Bewerten Sie in Partnerarbeit die Bedeutung der Gendatenbanken unter den Kriterien zur Nachhaltigkeit.

3.3 Umwelt und Gesundheit

Für die Gesundheit des Menschen gibt es in der heutigen Umwelt zahlreiche Schadensquellen. Chemische Gefahrenquellen wurden bereits im Kapitel Genetik angesprochen. Viele von uns sind im Alltag sowohl privat als auch beruflich Belastungen ausgesetzt, die wir in ihren Auswirkungen kaum überblicken können.

Immer wieder diskutiert werden zum Beispiel die Einflüsse von Lärm oder bestimmten Kunststoffen, Zusatzstoffen in Lebensmitteln und Ausdünstungen aus Baumaterialien, Strahlenbelastungen und Luftverschmutzungen. So beschäftigt das Thema Lärm die Experten seit Jahren: Der Verkehrslärm als die größte Quelle wird durch entsprechende bauliche Maßnahmen eingedämmt, weitere Belastungen nehmen jedoch zu – Freizeitlärm bei Jugendlichen, z. B. in Diskotheken oder durch Mobiltelefone.

Je nach Beruf geht der Mensch mit Materialien um, die potenziell geeignet sind, die Gesundheit zu beeinträchtigen. Für zahlreiche Tätigkeiten werden daher Gefährdungsbeurteilungen gefordert, die über Risiken und Schutzmaßnahmen informieren.

Arbeitsauftrag 17:

Aufgrund der unterschiedlichen individuellen und beruflichen Interessen in den Lerngruppen, die dieses Buch nutzen, und der fortlaufenden Aktualisierung der Erkenntnisse und Forschungen in diesem Bereich bietet es sich an, unterschiedliche Belastungen anhand von Kurzreferaten in Kleingruppen zu erarbeiten. Als Anregung dienen die Beispiele aus den Abbildungen 3.57 bis 3.58. Bei der Recherche sollte besonderer Wert auf die Seriosität der Quellen gelegt werden. So bieten sich hierfür insbesondere offizielle Stellen wie Ämter und Zentralen des Bundes, des Arbeitsschutzes, der Berufsverbände, medizinischer Verbände usw. an (z. B. BUND, BauA, BzgA, NUA NRW, BmG, DguV, Umweltämter der Bundesländer).

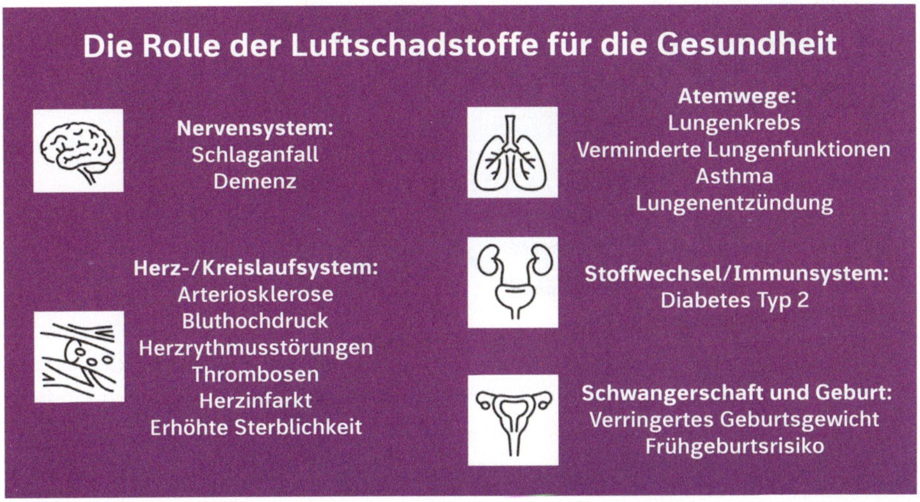

Abb. 3.57: Luftschadstoffe und Gesundheit

Umgebungslärm ...

... belastet die Bevölkerung seit Jahren unvermindert stark und nimmt in Teilen bereits gesundheitsgefährdende Ausmaße an. Hauptursache ist der Verkehr. Aufgrund hoher Zuwächse im Verkehrsaufkommen und begrenzter Finanzmittel für eine wirksame Lärmbekämpfung sind Fortschritte beim Lärmschutz schwer zu erzielen. Diese Entwicklung ist in ganz Deutschland und in allen europäischen Mitgliedstaaten zu beobachten.

In Nordrhein-Westfalen ist die Lärmsituation aufgrund der Dichte der Verkehrsnetze und der hohen Bevölkerungszahl besonders problematisch. Die Ergebnisse der beiden ersten Stufen der Lärmkartierung in 2007, 2012 und 2017 bestätigen diese Situation: Rund 1,45 Mio. Menschen sind nachts gesundheitsschädlichen Lärmpegeln von über 55 dB(A) ausgesetzt. Das Land Nordrhein-Westfalen misst deshalb der EG-Umgebungslärmrichtlinie als Instrument der Lärmbekämpfung große Bedeutung bei.

Quelle: Ministerium für Umwelt, Naturschutz und Verkehr des Landes Nordrhein-Westfalen (LANUV NRW): Umgebungslärm. In: https://www.umgebungslaerm.nrw.de/umgebungslaerm [31.10.2024].

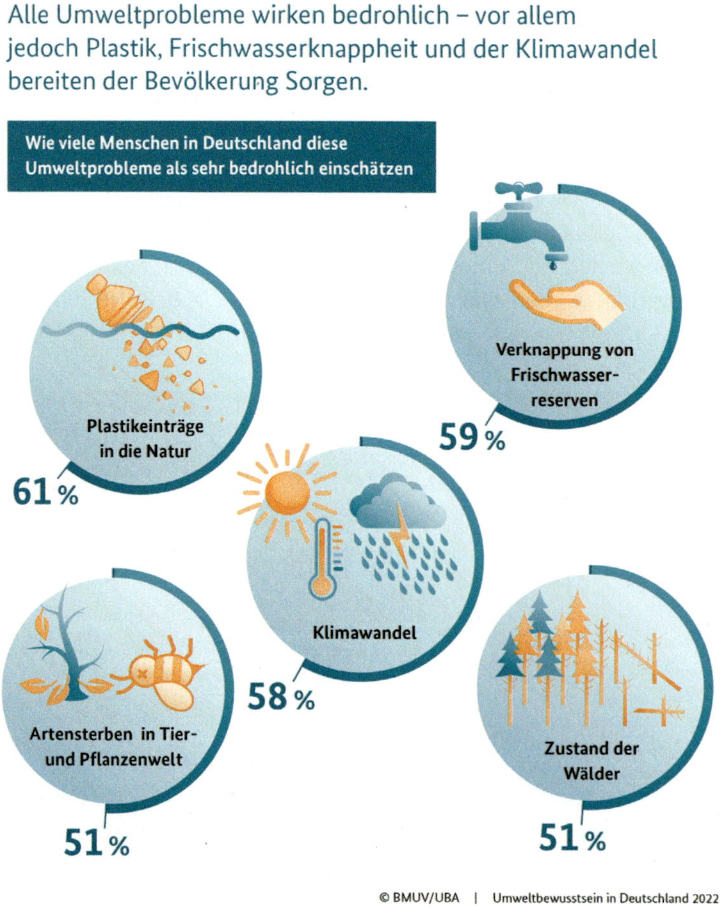

Abb. 3.58: Welche Umweltgefahren werden als bedrohlich eingeschätzt?

Kapitel 4

Ethologische Grundlagen sozialen Verhaltens

Das letzte Kapitel und damit auch Schuljahresthema beschäftigt sich mit dem Verhalten, der Ethologie. Ausgehend von Beispielen verschiedener Verhaltensweisen werden Sie sich hier mit der Forschung in diesem Bereich auseinandersetzen. Sie entwickeln eigenständig Versuchsbedingungen zur Durchführung ethologischer Experimente. Sie differenzieren unterschiedliche Arten von Verhalten und untersuchen insbesondere menschliches Verhalten.

Störungen menschlichen Sozialverhaltens wie Stress oder Mobbing sind aktuelle Themenbereiche, mit denen Sie sich auseinandersetzen. Die Steuerung von Prozessen, die Sie bereits in Hinblick auf den Stoffwechsel kennengelernt haben, werden Sie in diesem Rahmen auf der Ebene der Stresssteuerung und in Verbindung mit genetischer Prädisposition wiederholend vertiefen.

Im letzten Schritt geht es wiederum um die Bewertung – Auswirkungen gestörten Sozialverhaltens auf Individuum, Betriebe und Volkswirtschaft. Anhand der erworbenen Kenntnisse diskutieren Sie Formen angemessenen privaten und betrieblichen Sozialverhaltens.

Kapitel 4
Ethologische Grundlagen sozialen Verhaltens

4.1 Darstellung von Verhalten

Abb. 4.1 Abb. 4.2 Abb. 4.3 Abb. 4.4 Abb. 4.5 Abb. 4.6 Abb. 4.7 Abb. 4.8 Abb. 4.9 Abb. 4.10 Abb. 4.11 Abb. 4.12 Abb. 4.13 Abb. 4.14 Abb. 4.15

Arbeitsauftrag 1:

Auf der Einstiegsseite zum Kapitel finden Sie verschiedene Darstellungen von Verhalten.

Arbeiten Sie im Think-Pair-Share-Verfahren. Notieren Sie zunächst für sich:

- eine Beschreibung des dargestellten Verhaltens (Was ist zu sehen?),
- eine Interpretation (Was signalisiert das gezeigte Verhalten?),
- eine Systematisierung (Welcher Art von Verhalten ist die Abbildung zuzuordnen?).

Im zweiten Schritt vergleichen Sie Ihre Ergebnisse mit denen Ihres Banknachbarn oder Ihrer Banknachbarin. Finden Sie Kompromisse für möglicherweise sich unterscheidende Interpretationen oder Begrifflichkeiten.

Im dritten Schritt lösen sich die Zweiergruppen auf und neue Dreiergruppen finden sich zusammen. Erarbeiten Sie eine Darstellung, die die unterschiedlichen Arten von Verhalten übersichtlich zeigt.

4.1.1 Fragestellungen der Verhaltensbiologie

Als Verhalten bezeichnet man in der Biologie die Gesamtheit aller Aktionen oder Reaktionen eines Lebewesens.

Der Zweck von Verhalten ist eine der Kernfragen der Verhaltensbiologie – neben der zweiten, genauso wichtigen Frage: Woher kommt ein bestimmtes Verhalten?

4.1.2 Proximate und ultimate Erklärungen für Verhalten

Man kann die unterschiedlichen Ebenen, auf denen sich Verhalten betrachten lässt, an eigentlich allen Beispielen zum Verhalten festmachen.

Viele der einheimischen Vögel ziehen im Winter in den Süden.

Warum tun sie das?

Zu dieser Frage lassen sich, verhaltensbiologisch betrachtet, unterschiedliche Antworten geben.

Abb. 4.16: Der Vogelzug

1. Erklärung: Auslöser für das Zugverhalten der Vögel ist die Tageslänge, also die Dauer der Helligkeit, verbunden mit bestimmten Durchschnitts- oder auch einmaligen Lufttemperaturen.
2. Erklärung: Das Zugverhalten selbst ist genetisch bedingt: Jungvögel erben von ihren Eltern das Zugverhalten ebenso wie das Ziel des Fluges. In umfangreichen Versuchen konnten Ornithologen dies in den letzten Jahren belegen.
3. Erklärung: Schlechte Nahrungs- und Temperaturbedingungen machen das Überleben in unseren Breitengraden im Winter schwierig, weshalb der Flug in wärmere Gebiete für

den einzelnen Vogel sinnvoll ist. Der Energieaufwand für diese Reise ist natürlich sehr hoch, trotzdem ist in einer Kosten-Nutzen-Analyse der Flug als positiv zu bewerten.

4. Erklärung: Die Selektion in der Evolution hat positiv auf die Individuen gewirkt, die den Winter über wegfliegen.

Als **proximate Wirkursachen** werden die Grundlagen des Verhaltens bezeichnet, die die Mechanismen der Verhaltenssteuerung und Verhaltensentwicklung beschreiben. Dies wird in den ersten beiden Erklärungen zugrunde gelegt.

Um zu verstehen, wie sich diese Mechanismen entwickeln konnten, warum sie heute so sind, wie sie sind, muss man die **evolutionären Ursachen** untersuchen – welche Selektionsfaktoren haben so gewirkt, dass dieses Verhalten entstehen konnte? Die Funktionen des Verhaltens werden als **ultimate Ursachen** bezeichnet – was ist der Zweck eines Verhaltens? Dieser Teilbereich der Verhaltensforschung wird auch mit dem Begriff der Verhaltensökologie bezeichnet.

Umfassend können Fragen zum Verhalten nur beantwortet werden, wenn alle drei Ebenen betrachtet werden.

4.1.3 Untersuchungsmethoden der Verhaltensbiologie

Methoden der Biologie: Verhaltensbiologie I

Untersuchungsmethoden in der Verhaltensbiologie unterliegen aufgrund ihres Untersuchungsgegenstandes besonderen Bedingungen.

Arbeitsauftrag 2:

Arbeiten Sie in Gruppen zu maximal vier Personen. Stellen Sie zu den im Folgenden dargestellten Verhaltensweisen arbeitsteilig Hypothesen über die Ursachen auf den verschiedenen Ebenen auf. Entwerfen Sie begründet Untersuchungsabläufe, die den Nachweis der aufgestellten Hypothesen ermöglichen. Berücksichtigen Sie hierfür die „Grundlagen der Biologie – Arbeiten mit Hypothesen und Nachweisverfahren“ (siehe nachfolgend).

Fertigen Sie eine Präsentationsseite mithilfe eines geeigneten Programmes (z.B. PowerPoint) oder ein Plakat über Ihre Ergebnisse an. In einem Galeriegang werden diese den Mitschülerinnen und Mitschülern vorgestellt.

Beobachtung 1: Der Gesang männlicher Vögel im Frühjahr ist artspezifisch und dient der Partnersuche.

Beobachtung 2: Austernfischer ernähren sich von Muscheln, von denen sie aus einer Variationsbreite von unter 10 mm bis 60 mm Länge bevorzugt mittlere Größen (zwischen 30 mm und 50 mm) aussuchen und zum Fressen wegtragen.

Beobachtung 3: Lachmöwen entfernen aus den am Boden gebauten Nestern unverzüglich nach dem Schlüpfen der Jungen die Reste der Eierschalen, indem sie sie aufnehmen, wegfliegen und in einiger Entfernung ablegen.

Beobachtung 4: Eichhörnchen vergraben Nüsse im Boden, indem sie die obere Schicht wegscharren, die Nuss ablegen, zudecken und den Boden darauf feststoßen.

Beobachtung 5: Nacktmulle sind unterirdisch lebende, aufgrund des fehlenden Felles und riesiger Zähne bizarr anmutende Säugetiere, die in Kolonien von bis zu 300 Tieren leben.

Beobachtung 6: Obwohl die Ernährung der Elterntiere nicht gewährleistet ist, wandern Pinguine viele Kilometer über das Eis ins Landesinnere, um dort zu brüten.

Beobachtung 7: In der Organisation eines Honigbienenstocks gibt es eine differenzierte Arbeitsteilung: Es wird gesammelt, gefüttert, eingelagert und bewacht.

Arbeitsauftrag 3:

Erstellen Sie Ethogramme zum Verhalten von Farbratten. Auf der Seite der Biologiedidaktik der Universität Bremen (https://ml.zmml.uni-bremen.de/video/5e7b2310d42f1c96578b456a) sind Videos und Dokumente zu vier verschiedenen Aspekten hinterlegt: Suchverhalten, Sozialverhalten, Nahrungsverhalten und Kletterverhalten. Diese Ethogramme können arbeitsteilig oder in der Gruppe bearbeitet werden.

Grundlagen der Biologie: Arbeiten mit Hypothesen und Nachweisverfahren

Jede biologische Tatsache muss zunächst entdeckt werden. Zufällig wird ein Phänomen beobachtet – welcher Art auch immer.

Um die Funktionsweise dieses Phänomens zu untersuchen, werden zunächst Hypothesen (= Vermutungen) aufgestellt. Im nächsten Schritt wird überlegt, wie man die formulierten Hypothesen beweisen kann. Hierzu gehört immer nicht nur ein Nachweis, sondern auch ein Vergleich (als „Null-Versuch“) oder der Ausschluss anderer Möglichkeiten.

Lässt sich eine aufgestellte Hypothese mit einem entsprechenden Experiment belegen, so gilt dieses erst als Beweis, wenn es sich mit immer wieder dem gleichen Ergebnis wiederholen lässt. Aus einer bewiesenen Hypothese kann eine Theorie formuliert werden, die in der Regel einen größeren Zusammenhang aufgreift. Theorien in der Biologie sind immer nur so lange gültig, bis etwas anderes bewiesen wird. Gerade im Zusammenhang mit der technischen Entwicklung im Bereich der Mikro- und Nanotechnologie sind in den letzten Jahrzehnten zahlreiche Entdeckungen gemacht worden. Der Mensch ist auf technische Hilfsmittel angewiesen, seine Theorien sind demzufolge nur so gut wie die Technik, die diese Theorien ermöglicht.

Als Beispiel für eine solche Untersuchung lässt sich ein Phänomen aus der Zellbiologie gut und mit einfachen Mitteln darstellen:

Vermutet wird, dass Membranen aus Fettmolekülen bestehen.

Es ist bekannt, dass sich die Farbstoffe in der Vakuole einer Pflanzenzelle befinden. Diese ist vom Tonoplast umgeben, dieser wiederum vom Zytoplasma und der Zellmembran umschlossen.

Wenn es gelingt, die Membranen in der Zelle aufzulösen, muss der Farbstoff im Außenmedium sichtbar werden.

Stoffe, die geeignet sind, Fette zu lösen, müssen demnach auch in der Lage sein, Membranen aufzulösen.

Im Alltag wird Spülmittel benutzt, um Fette zu lösen. Dies ist kein Nachweis, sondern Alltagswissen.

Der Nachweis der Wirkung von Spülmittel erfolgt, indem wenig Wasser und Öl sowie Spülmittel in ein Reagenzglas gegeben werden. Die Beobachtung zeigt, dass die Verbindung zwischen den Fettmolekülen von dem Spülmittel gelöst wird.

Ein Präparat aus einer Pflanze, die Farbstoffe enthält, wie zum Beispiel Rotkohl, verliert ihre Farbe in einer Lösung aus Wasser und Spülmittel. Feststellbar ist dies dadurch, dass sich die wässrige Lösung rötlich verfärbt, während sich das Präparat entfärbt.

Um sicherzustellen, dass die Farbe aus den Pflanzenzellen nicht durch das Wasser herausgelöst wird, wird ein weiteres Präparat nur in Wasser eingelegt und beobachtet, wobei keine Verfärbung des umgebenden Wassers festzustellen ist.

Erst in dieser Kombination von Versuchen ist der Nachweis erbracht, dass Membranen in Zellen aus Lipiden bestehen.

Methoden der Biologie: Verhaltensbiologie II

Die wohl wichtigste Methode in der Verhaltensbiologie ist die **Beobachtung**. Beobachtungen, die als wissenschaftlich abgesichert gewertet werden können, müssen sich auf ein fundiertes Ethogramm stützen: Hier werden alle Verhaltensweisen, die ein Tier zeigt, aufgezeichnet. Diese Beobachtungen erfolgen idealerweise im Freiland, möglich sind sie auch im Zoo oder Labor.

Freilanduntersuchungen gestalten sich häufig sehr schwierig, denn die Tiere bewegen sich zum Teil über weite Strecken, verbergen sich vor den Menschen oder ändern ihr Verhalten, wenn sie die Beobachter bemerken. Insofern sind die Bedingungen im Freiland nicht kontrollierbar. Finden aber Beobachtungen unter wechselnden Bedingungen statt, so ist deren Aussagewert eingeschränkt. Andererseits findet man im Zoo oder Labor keine natürlichen Bedingungen vor und muss bei auf diese Weise erzielten Ergebnissen Abweichungen oder Änderungen, verursacht durch die Umgebungsveränderung, berücksichtigen. Außerdem bergen Experimente mit Labor- oder Zootieren immer auch die Gefahr, dass die Tiere kein natürliches Verhalten zeigen, da der Mensch in ihrer direkten Umgebung eine Rolle spielt, die dieses beeinflussen kann.

Neben den Beobachtungen spielen verschiedene Experimente in der Verhaltensbiologie eine Rolle:

Isolations- oder **Kaspar-Hauser-Experimente** arbeiten mit der Isolierung von Individuen. Diese Untersuchungsmethode wird angewendet, wenn überprüft werden soll, ob Verhaltensweisen angeboren oder erlernt sind. An den eingangs behandelten Beispielen lässt sich nach einem solchen Experiment mit isoliert und mit Pulverfutter aufgezogenen Eichhörnchen feststellen, dass die Bewegungsabfolge zum Vergraben der Nuss bei diesen vorhanden ist. Das vorstehend geschilderte Verhalten wird beim Erhalt der ersten Nuss ausgeführt. Isolierungsexperimente sind für komplexere Verhaltensweisen, insbesondere solche, die mit sozialen Kontakten verknüpft sind, ungeeignet.

Attrappenversuche sind geeignet, die Wirkung bestimmter Reize auf Verhaltensweisen festzustellen. Gut zu simulieren ist z. B. die Signalwirkung verschiedener Blütenfarben auf die Futterquellensuche von Bienen oder die Signalwirkung von Gefiederfärbungen auf Vogelweibchen. Eine natürliche Situation existiert bei solchen Versuchen nicht. Auch ist bei dieser Art von Versuchen nicht auszuschließen, dass die Tiere bereits Erfahrungen haben oder während der Versuche lernen, sodass sie verändert auf eine Attrappe reagieren.

Die physiologischen Grundlagen von Verhalten lassen sich zum Teil durch **Laborversuche** untersuchen, zum Beispiel die Frage, wie Reizweiterleitung funktioniert, welchen Zusammenhang es zwischen einem Signal und einer Reaktion gibt und Ähnliches mehr. Allerdings ist auch hier die natürliche Reaktion aufgrund der künstlichen Bedingungen nicht gegeben.

Moderne Methoden haben mit der technischen Entwicklung auch Einzug in die Verhaltensbiologie gehalten: Kleinsender, die an Tieren befestigt werden, Kameras, die selbstauslösend bei Bewegung an bestimmten Orten filmen, Hormonnachweise in Kot sowie genetische vergleichende Untersuchungen haben die Erkenntnisse der Verhaltensbiologie erweitert.

Verhalten ist durch proximate und durch ultimate Ursachen zu erklären.

4.2 Differenzierung von Verhalten

Verhaltensweisen können angeboren sein oder im Laufe des Lebens erworben werden.

4.2.1 Arten von Verhalten

Das Beispiel des Eichhörnchens hat eine angeborene Verhaltensweise gezeigt. Viele Verhaltensweisen sind genetisch mit ihrer Abfolge festgelegt: Auf einen bestimmten Schlüsselreiz erfolgt eine Abfolge von Bewegungen.

4.2.1.1 Reizaufnahme

Die Grundbedingung für Verhalten als Reaktion auf die Umwelt ist zunächst die Wahrnehmung der Umwelt. Zahlreiche Reize werden in unterschiedlichen Kanälen aufgenommen: Licht, Schall, chemische Stoffe (Geruch oder Geschmack), Temperatur, taktile Reize (Berührung), innere Zeitsteuerung, Magnetfelder, Schmerz sowie Ultra- und Infraschall sind dafür Beispiele.

Die empfangenen Reize werden über die Nerven weitergeleitet und lösen eine Reaktion aus. Viele der empfangenen Informationen können gespeichert werden und sind dann zu einem späteren Zeitpunkt wieder abrufbar. Verhalten ist neben der Reaktion auf die Umwelt gleichzeitig auch die Abgabe von Information an die Umwelt.

4.2.1.2 Handlungsbereitschaft

Allein der Reiz löst aber nicht unbedingt ein bestimmtes Verhalten aus. Durch bestimmte exogene (äußere) und endogene (innere) Reize wird Handlungsbereitschaft erzeugt, die dann zusammen mit den genetisch bedingten, artspezifischen, angeborenen Auslösemechanismen zu einer Handlung führt. Exogene Handlungsbereitschaft kann zum Beispiel durch ökologische, tages- oder jahreszeitliche Gegebenheiten bedingt sein, innere Handlungsbereitschaft durch Erfahrung oder Reife, hormonelle Steuerung, Hunger oder Durst.

4.2.1.3 Zweck von Verhalten

Das Verhalten selbst kann nach seinem Zweck differenziert werden: Orientierung oder Kommunikation sind dafür Beispiele.

Arbeitsauftrag 4:

Ergänzen Sie in der Gruppe über eine Wortwolke (z. B. Mentimeter u. a.) weitere Zwecke von Verhalten.

4.2.1.4 Angeborenes Verhalten

Wenn es sich bei einem beobachtbaren Verhalten um einen angeborenen Mechanismus handelt, der dazu führt, dass durch einen bestimmten Schlüsselreiz ein bestimmtes Verhalten ausgelöst wird, so sprach man ursprünglich von einer Instinkthandlung. Der biologische Begriff ist hier deutlich von dem Alltagsbegriff des Instinktes zu differenzieren. Häufig wird in der Biologie der Begriff Triebhandlung synonym gebraucht.

Diese **angeborenen auslösenden Mechanismen** (**AAM**) sind keine starren, unveränderbaren Verhaltensmuster. So läuft ein frisch geschlüpftes Gänseküken dem Objekt hinterher, das es als erstes in Bewegung und rhythmische Laute produzierend nach dem Schlüpfen entdeckt. Das Hinterherlaufen ist eine tatsächlich angeborene Handlung. Dass sich das Küken auf den Körper fixiert, der ihm als erstes begegnet, ist dagegen eine in dem Kontext, also der vorgefundenen Situation, stattfindende **Prägung**. Ein Prägungsvorgang ist auch das Erlernen des arteigenen Gesangs bei jungen Vogelmännchen – sie imitieren den Altvogel und lernen, wenn sie artfremde Lehrer als solche akzeptieren, auch artfremde Gesänge. Das Erlernen des Gesanges als grundsätzliches Verhalten dagegen ist angeboren und allen gemeinsam.

Als **Prägung** wird in der Verhaltensbiologie immer die Ausrichtung eines Verhaltens auf ein bestimmtes Objekt oder eben, wie bereits geschildert, eine bestimmte Klangfolge bezeichnet. Für Prägungsvorgänge gibt es in der Entwicklung von Tieren (und Menschen) jeweils ein bestimmtes zeitliches Fenster, nur in diesem genetisch festgelegten Zeitraum findet der Prägungsvorgang statt. Prägungen sind in der Regel nicht mehr veränderbar (irreversibel). Das geschilderte Küken wird sich auch bei Wahrnehmung seiner Mutter nicht mehr „umentscheiden"; das zuerst gesichtete Objekt erfüllt seine Funktion in der Wahrnehmung des Kükens unwiderruflich.

Viele der AAM können **durch Erfahrung modifiziert** werden. Sie werden dann als **EAAM** bezeichnet. So wird ein männliches Vogeljunges durch den arteigenen Gesang geprägt, dieser kann aber im Verlauf seines Lebens verfeinert und verbessert werden.

Als **Reflexe** werden angeborene Verhaltensweisen als festgelegte Reaktion bezeichnet: das schnelle Wegziehen der Hand bei Berührung einer heißen Fläche oder der Speichelfluss aufgrund des Anblicks oder der Geruchswahrnehmung von Essen. Reflexe werden durch äußere Einflüsse ausgelöst. Sie sind in mehreren Zusammenhängen als Forschungsgrundlage für die Veränderlichkeit von Verhaltensweisen und damit von Lernprozessen genutzt worden.

4.2.1.5 Erlerntes Verhalten

Angeborene Reaktionen können durch Lernen verändert werden.

Biologie praktisch: Bedingte und unbedingte Reaktion – Lidschlussreflex

Trifft ein Luftzug auf das Auge, so wird es geschlossen. Diese Reaktion erfolgt automatisch, sie ist nicht steuerbar. Es handelt sich um einen unbedingten Reflex.

Man kann diesen zu einem bedingten Reflex „umprogrammieren".

Material: Schutzbrille, Strohhalm, Block, Geräuscherzeuger: Glocke, Klingel oder Ähnliches

Durchführung: Arbeiten Sie in Dreiergruppen. Ein Proband setzt eine Schutzbrille auf, unter die ein Strohhalm geschoben wird. Das lange Ende des Strohhalms wird nach hinten gelegt.

Weitere Versuchsdurchführende positionieren sich jeweils so neben dem Probanden, dass sie nicht von ihm gesehen werden können. Der Protokollierende sitzt vor dem Probanden, sodass dessen Reaktionen beobachtet und protokolliert werden können.

Im ersten Versuchsteil wird vorsichtig in den Halm gepustet und die Reaktion des Probanden beobachtet und notiert.

Im zweiten Abschnitt wird jeweils zeitgleich mit dem Pusten mithilfe z. B. einer Klingel oder anderem ein Geräusch erzeugt. Wiederum werden die Reaktionen notiert. Diese Kombination wird etwa 10–15 Mal durchgeführt.

Im dritten Versuchsteil wird nun nur die Klingel betätigt, ohne dass gleichzeitig gepustet wird. Auch die jetzt erfolgenden Reaktionen werden notiert.

Im Anschluss werden die Aufgaben getauscht und der Versuch mit den anderen Gruppenmitgliedern durchgeführt.

Interpretieren Sie Ihre Beobachtungen.

Als relativ einfache Form werden Lernprozesse betrachtet, die auf einer Abwandlung von angeborenen Reaktionen beruhen. **Konditionierung** wird als eine Art des Lernens angesehen. Ein Organismus reagiert automatisiert auf bestimmte Umweltreize. Der Versuch zum Lidschlussreflex ist ein Beispiel dafür. Der bekannteste Versuch in Hinblick auf die Konditionierung als Lernprozess wurde von dem russischen Forscherteam um IWAN PAWLOW durchgeführt, der Hunde auf den Zusammenhang zwischen einem Glockenton und einer Futtergabe konditionierte. Diese reagierten nach entsprechendem Lerntraining allein auf den Klang der Glocke mit einem Speichelreflex.

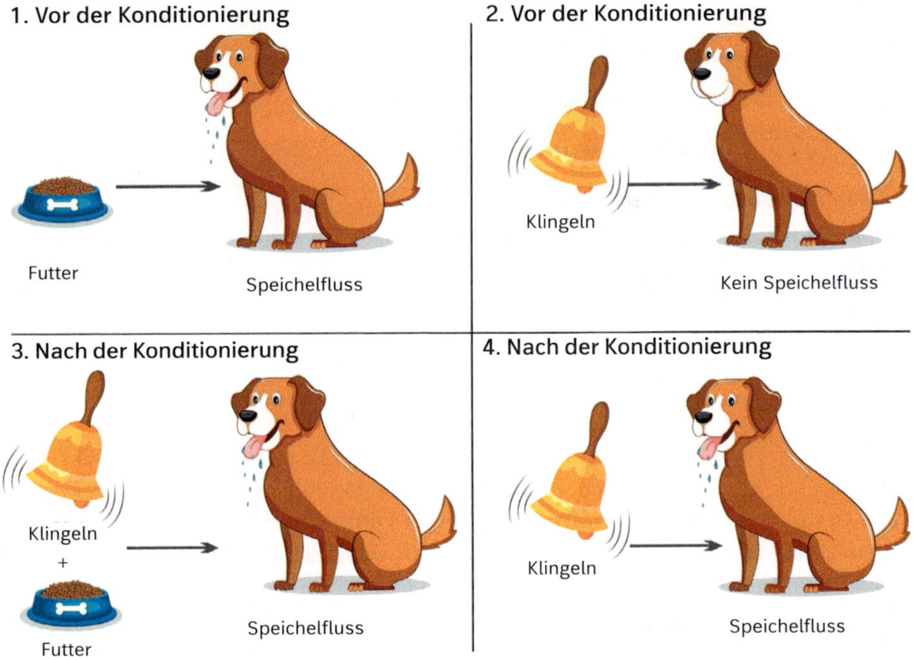

Abb. 4.17: Klassische Konditionierung nach PAWLOW

Arbeitsauftrag 5:

Listen Sie Alltagsreaktionen auf, die als eine Konditionierung auf bestimmte Umweltreize interpretiert werden können.

Lernen erfolgt auch auf weiteren, komplexeren Ebenen. So findet man bei fast allen Säugetieren, wie auch beim Menschen, ein **Spiel- und Erkundungsverhalten**, was das Erfassen und Ausprobieren beinhaltet. Hier geht es nicht um ernsthafte Handlungen, sondern um das Ausprobieren und Verfeinern von Reaktionsmöglichkeiten. Man findet in diesem Zusammenhang jedoch sehr oft Verhaltensweisen, die als ernsthaftes Verhalten nützlich sind. So raufen junge Hunde zum Beispiel oder sie spielen Verfolgen.

Viele Tiere sind in der Lage, Zusammenhänge herzustellen und dadurch zu lernen. Das wohl bekannteste Beispiel sind die Versuche von BURRHUS FREDERIC SKINNER, der Ratten beibrachte, einen bestimmten Knopf zu betätigen, woraufhin sie eine Belohnung erhielten. Im Verlauf einer Versuchsreihe lernten die Ratten, gezielt den entsprechenden Knopf zu berühren. Umgekehrt funktionieren solche Versuche auch mit Bestrafungen, die ein Vermeidungsverhalten erzeugen bzw. die Häufigkeit des Auftretens des unerwünschten Verhaltens vermindern. Dies wurde in einer erweiterten sog. Skinner-Box durch Stromschläge durchgeführt. Der Aufbau einer solchen Box ist in Abb. 4.18 dargestellt.

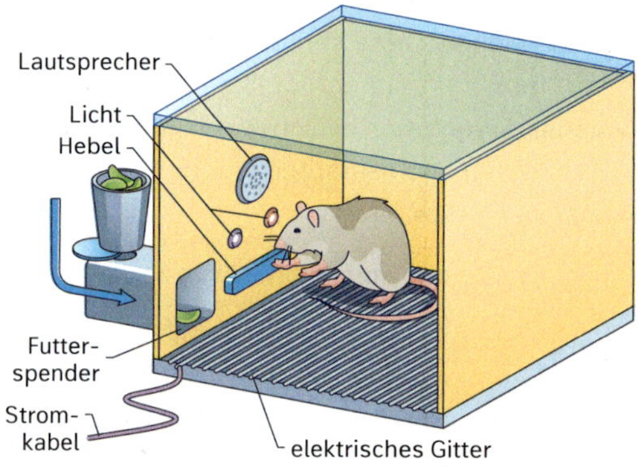

Abb. 4.18: Operante Konditionierung mit der Skinner-Box

Arbeitsauftrag 6:

Werten Sie die Abb. 4.18 aus, indem Sie sich zu den erklärten Gegebenheiten und Grundlagen von klassischer und operanter Konditionierung Experimente überlegen, die mithilfe dieser Box durchzuführen wären. Berücksichtigen Sie dabei auch die notwendigen Kontrollversuche.

Auch Gewöhnung spielt eine wichtige Rolle bei Lernprozessen. Fluchtreaktionen von Vögeln können im Laufe der Zeit weniger werden, wenn die fluchterzeugende Situation häufig genug auftritt. Ein bekanntes Beispiel hierfür ist die nur vorübergehende Wirksamkeit von Vogelscheuchen.

4.2.1.6 Genetische Bestimmtheit von Verhalten

Jede Art verfügt über genetisch festgelegte **Lerndispositionen**. Die Fähigkeit, bestimmte Verhaltensweisen lernen zu können, ist bei verschiedenen Arten unterschiedlich. Schnell gelernt werden kann in der Regel Verhalten, welches aus evolutionsbiologischer Sicht nützlich ist. Dies ermöglicht eine Anpassung an Umweltbedingungen, die sich möglicherweise im Laufe eines Lebens verändern können, und sichert damit das Überleben. Aber nicht jedes Tier kann jedes Verhalten lernen.

Bei Menschenaffen haben sich umfassende **kognitive Leistungen** dokumentieren lassen. Neben der Fähigkeit zu abstrahieren findet sich eine bereichsspezifische Intelligenz, die es ihnen erlaubt, Gemeinsamkeiten zu erkennen. Als **einsichtiges Verhalten** wird bezeichnet, wenn die Dokumentation von Verhalten zeigt, dass Tiere bei der Lösung eines Problems planvoll vorgehen und auch in der Lage sind, Pläne und damit Verhaltensweisen zu modifizieren.

Viele Verhaltensweisen sind nicht als solche genetisch festgelegt. Es ist vielmehr die Bereitschaft, ein bestimmtes Verhalten zu zeigen, genetisch bestimmt.

4.3 Menschliches Verhalten

Menschen verhalten sich in verschiedenen Situationen und Kontexten unterschiedlich. Man kann dieses Verhalten – unterschieden nach dem Zweck, dem es dient – genauso wie auch das Verhalten bei Tieren kategorisieren und beschreiben.

4.3.1 Verhaltensweisen von Menschen

Arbeitsauftrag 7:

Fertigen Sie Beobachtungsprotokolle an:

Jeweils ein Drittel der Lerngruppe beschäftigt sich mit einem Thema. Diese Einteilung findet in der Schule statt. Die Themen Kommunikationsverhalten, Sozialverhalten und Lernverhalten bieten sich für Beobachtungen in der Schule an; dieser Katalog kann beliebig verändert oder erweitert werden.

Die Form der anzufertigenden Protokolle wird in jeder Gruppe besprochen und ausgesucht.

Als vorbereitende Hausaufgabe fertigen alle zu ihrem Thema eine Liste der erwarteten Verhaltensweisen an.

Innerhalb eines Schultages treten die Gruppen zu unterschiedlichen Zeiten in die Beobachterrolle. Für jeweils zehn Minuten sollen Protokolle über das Verhalten von Mitschülerinnen und Mitschülern angefertigt werden. Das kann im Klassen- oder Fachraumunterricht, aber auch in der Pause, beim Sportunterricht oder zu Beginn oder Ende des Schultags auf dem Weg geschehen.

In der Folgestunde werden die Protokolle innerhalb der Gruppe verglichen, Ähnlichkeiten und Unterschiede der Ergebnisse sollen diskutiert werden. Im zweiten Schritt erfolgt ein Vergleich der Ergebnisse mit den Erwartungslisten: Haben Sie die Verhaltensweisen, die Ihnen vor der Untersuchung als wichtig erschienen, tatsächlich so feststellen können? Gab es Unterschiede? Fassen Sie die beobachteten Verhaltensweisen sinnvoll zusammen.

Formulieren Sie die Ergebnisse in der Gruppe gemeinsam. Hierzu soll auch eine grafische Darstellung Ihrer Ergebnisse in Form eines Plakates oder digitalen Dokumentes angefertigt werden.

Das Beispiel der Kommunikation wurde bereits im Rahmen des Deutschunterrichts umfassend behandelt. Dabei ging es schwerpunktmäßig um die verbale Kommunikation. Am Beispiel der **nonverbalen Kommunikation** kann man den evolutiven Ursprung menschlichen Verhaltens gut dokumentieren, denn viele dieser Ausdrucksweisen sind bei Menschen auf der ganzen Welt gleich. Insbesondere Emotionen lassen sich meist deutlich in der Mimik lesen und werden global als das verstanden, was sie zeigen – Freude, Ärger, Überraschung und Weiteres. Die vorzufindenden mimischen Ausdrucksweisen sind nach derzeitigem Stand der Forschung genetisch festgelegt. Dies zeigen jüngst veröffentlichte Untersuchungen von Wissenschaftlern der San Francisco State University, die die Mimik von sehenden, erblindeten und blind geborenen Sportlerinnen und Sportlern verglichen und auswerteten.

4.3.2 Die Bedeutung des gesellschaftlichen Rahmens für das menschliche Handeln

Das Verhalten des Menschen ist, wie das aller anderen Lebewesen auch, ein Produkt der evolutionären Entwicklung. Im Zusammenhang mit der biologischen und kulturellen Evolution sind „übliche" Verhaltensweisen entstanden, die aufgrund der biologischen Grundlagen auf gleichen Mechanismen beruhen, aufgrund kultureller Prägungen jedoch unterschiedlichen Bewertungen unterliegen können.

Auch bei vielen Tieren ist bereits eine Weitergabe von Verhaltensweisen nicht auf genetischer, sondern auf Basis von Lernen zu beobachten. Beim Menschen ist die kulturelle Weitergabe von erworbenen Verhaltensweisen Grundlage des sozialen Verhaltens. In der Regel wachsen Menschen in Gemeinschaften auf. Diese haben jeweils ihre eigenen Normen und Werte, die an die nachfolgende Generation übermittelt werden. Diese Informationen über Verhalten werden durch Lernen, häufig als **Lernen durch Beobachten** bzw. durch **Nachahmen**, weitergegeben.

Erfahrungen, die mit dem eigenen Verhalten gemacht worden sind, bilden in nachfolgenden, ähnlichen oder vergleichbaren Situationen die Bewertungsgrundlage zu einer Einschätzung. Gehirnbereiche für Sozialverhalten und Werte sowie die Hemmung von Verhaltensweisen und Überbrückung von Frustration sind in der Großhirnrinde zu finden.

Untersuchungen über die Funktionsweise der Situationsbewertungen werden mit verschiedenen Entscheidungssituationen simuliert. Das wohl bekannteste Experiment ist das **MILGRAM-EXPERIMENT**:

Einer von 1 000

Der Generator hat 30 Kippschalter. Die Reihe beginnt mit 15 Volt und endet mit 450 Volt. Über dem ersten Schalter ist ein Schild angebracht: „Leichter Schock". Über dem 30. Schalter steht: „Achtung: Schwerer Schock".

Bevor das Experiment begann, prognostizierten mehrere Psychologen, dass im Schnitt nur eine von 1 000 Personen den 30. Schalter betätigen würde, und bei dieser Person könne es sich nur um einen „krankhaften Sadisten" handeln. Als das Experiment vorbei war, waren im Protokoll folgende Zahlen zu lesen: 26 der 40 Versuchspersonen hatten den Schalter für den „schweren Schock“ betätigt. Das Experiment wurde in den frühen 60er-Jahren vom Psychologen STANLEY MILGRAM an der Yale-Universität in den USA durchgeführt. MILGRAM wollte herausfinden, wie Menschen Konflikte zwischen der eigenen Moral und den Forderungen einer Autorität lösen. Überspitzt formuliert: Er wollte wissen, ob man mit Befehlen das Gewissen brechen kann. Die Ergebnisse waren eindeutig: Ja, man kann.

Gespielte Schmerzensschreie

Der Versuchsaufbau wurde mehrfach variiert, folgte aber immer dem gleichen Prinzip. Es gab jeweils einen Versuchsleiter, einen Schüler und einen Lehrer. Der Versuchsleiter überwachte den Ablauf und gab dem Lehrer Instruktionen. Der Lehrer stellte dem Schüler Fragen und bestrafte ihn für jede falsche Antwort mit einem Stromschlag. Bei jedem Fehler steigerte der Lehrer die Intensität des Stromschlags um 15 Volt. Dachte er jedenfalls – man hatte ihm vorher erzählt, dass es darum ginge, den Zusammenhang zwischen Bestrafung und Lernerfolg zu erforschen.

In Wirklichkeit gab es gar keine Stromschläge und die Schmerzensschreie der Schüler waren nur gespielt. Die eigentlichen Versuchspersonen waren die Lehrer. Ziel des Versuchs war es, herauszufinden, wie lange sie weitermachen würden. Und obwohl viele der Lehrer während des Versuchs Bedenken äußerten, konnte der Versuchsleiter zwei Drittel von ihnen dazu bringen, bis zum Ende zu gehen – sie alle legten den 450-Volt-Schalter um.

Quelle: Schruff, Benjamin: Psychologie | Hintergrund. Das psychologische Experiment, Stuttgart, 01.01.2022. In: https://www.planet-schule.de/schwerpunkt/psychologie/hintergrund-676.html [31.10.2024].

Arbeitsauftrag 8:

Interpretieren Sie die Versuchsergebnisse des Milgram-Experiments: Zu welchem Ergebnis kann man aufgrund dieses Versuchsablaufs kommen? Zwischen welchen Werten haben die Versuchspersonen zu wählen – und für welchen von diesen entscheiden sie sich?

Bei veränderten Bedingungen ergaben sich gleiche oder unterschiedliche Ergebnisse. Variiert wurde z. B. die Rolle des Versuchsleiters: Die ursprünglich vorgesehene und auch schon eingeführte Person wurde sehr kurzfristig durch einen „Vertreter“ ersetzt. Welche Veränderung von Ergebnissen ist zu erwarten?

Viele alltägliche Einflüsse wirken Stress erzeugend. Überlegen Sie sich Versuche, mit denen Sie die Auswirkungen von Belastungen auf Ihre Mitschüler und Mitschülerinnen testen können. Vergleichen Sie ggf. hierzu auch die Hinweise im Anhang A.4.

Arbeitsauftrag 9:

Immer wieder wird über ethische und moralische Gesichtspunkte verhaltensbiologischer Forschungen bei Tieren und insbesondere auch bei Menschen diskutiert. Sind Isolierungsversuche ethisch vertretbar? Sind Experimente wie der oben geschilderte Milgram-Versuch als Experiment für die darin involvierten Personen einzuordnen, oder führt eine Teilnahme möglicherweise zu langfristigen unerwünschten Auswirkungen?

Der Plan für ein Rollenspiel zur Diskussion einer Ethikkommission kann unter dem untenstehenden Link abgerufen werden, die Diskussion kann in ca. einer Doppelstunde in einer Lerngruppe durchgeführt werden. Möglich ist hier auch eine digitale Unterrichtsvariante.

https://www.planet-schule.de/schwerpunkt/psychologie/psychologie-im-alltag-unterricht-108.pdf

Der Mensch ist letztendlich in der Lage, moralisch richtig und sozial kompetent zu handeln. Dies ist eine hohe Leistung, deren Erwerb bereits im Kleinkindalter beginnt und deren Weiterentwicklung auf das Erleben von verschiedenen Situationen und Bewertungsmöglichkeiten und daran gekoppelte positive oder negative Reaktionen – innere oder äußere – angewiesen ist. Auch ein **Lernen am Modell** ist möglich.

Bestimmte Wertvorstellungen können als allgemeingültig betrachtet werden, andere besitzen, je nach Kultur, unterschiedliche Stellenwerte. An bestimmten gesellschaftlichen Entwicklungen in den westlichen Ländern sind in diesem Zusammenhang auch zahlreiche Untersuchungen über die Auswirkungen der Medien gemacht worden. Eines der zu erwartenden, aber erschreckenden Ergebnisse dabei war, dass durch entsprechende Medien, in denen Gewalt verharmlosend und schmerzfrei dargestellt wird, offensichtlich die Gewaltbereitschaft junger Menschen gefördert wird. Ein Lernen am Modell erfolgt hier scheinbar in einem visuellen Umfeld, die Differenzierung zwischen Film bzw. Spiel und Wirklichkeit scheint nicht immer zu gelingen. Zusätzlich setzt ein Gewöhnungseffekt ein, der zu einer Abstumpfung führt.

Zunehmend sind Veränderungen von Verhalten und Kommunikation und deren Regeln unter dem Einfluss digitaler Medien festzustellen, die in den letzten Jahren zu einem festen Bestandteil des Alltags vieler Menschen geworden sind. Die technischen Fortschritte sind rasant und können angemessener tagesaktuell betrachtet und bewertet werden als in einem hier vorliegenden gedruckten Werk – welches bezüglich dieses Themas immer nur veraltete Informationen abbilden könnte. Auch die Arbeitswelt verändert sich dadurch rasant, die im folgenden dargestellten Aspekte menschlichen Verhaltens lassen sich allerdings auf diesen Bereich ausdehnen.

Viele menschliche Verhaltensbereiche werden, wie auch die geschilderte Untersuchung zur Mimik des Menschen zeigt, durch angeborene **Verhaltensneigungen** oder **-bereitschaften** mitbestimmt – sind aber jeweils in Abhängigkeit von der Umwelt des Einzelnen unterschiedlich ausgeprägt.

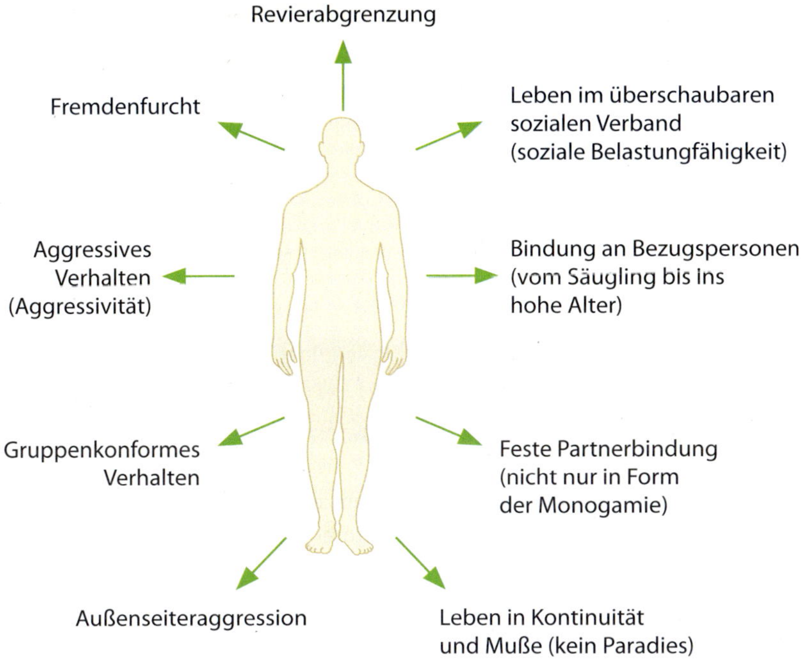

Abb. 4.19: Verhaltensbereiche des Menschen – mitbestimmt durch angeborene Verhaltensbereitschaft

4.3.3 Veränderungen menschlichen Sozialverhaltens

Abb. 4.20: Menschen in Gruppe

Als **„Störung menschlichen Verhaltens"** lassen sich all jene Verhaltensweisen zusammenfassen, die nicht der gesellschaftlichen Norm entsprechen. Hierzu zählt zum einen das Verhalten eines einzelnen Menschen gegenüber der Gesellschaft, zum anderen gehören Störungen dazu, die sich für den einzelnen Menschen aus der Gesellschaft heraus ergeben und sich auf sein Verhalten auswirken.

Die in unserer heutigen Gesellschaft wohl am häufigsten diskutierten Problembereiche sozialen Verhaltens sind die Bereiche **Mobbing** und **Stress**.

Arbeitsauftrag 10:

Tragen Sie die Meinungen in Ihrer Lerngruppe zusammen: Wie viele Mitschülerinnen und Mitschüler fühlen sich belastet durch Mobbing und/oder durch Stress? Fertigen Sie ein Diagramm mit einer geeigneten Skala an.

Diese Umfrage kann auch auf eine größere, von Ihnen zu definierende Gruppe ausgedehnt werden.

Arbeitsauftrag 11:

Recherchieren Sie: Was versteht man unter „Mobbing“? Wie ist der Begriff „Stress“ definiert?

4.3.3.1 Stress als biologischer Vorgang

In der heutigen Zeit kann der Eindruck entstehen, dass alle Menschen unter Stress stehen und dieser eine rein negative Erscheinung ist. Biologisch betrachtet ist Stress jedoch zunächst eine sinnvolle Reaktion.

Aus evolutionärer Sicht ist Stress eine körperliche Reaktion auf Veränderungen der Umwelt oder auf Gefahr, die es ermöglicht, sich diesen Veränderungen anzupassen.

Stressreaktionen als veränderte Stoffwechselreaktionen sind auch bei Pflanzen zu beobachten: Leiden sie unter Trockenheit, großer Hitze, Lichtmangel oder anderen veränderten Umweltfaktoren, so findet eine Anpassungsreaktion statt, durch die der Stoffwechsel unter den neuen Bedingungen möglichst optimal funktionieren kann. Diese Anpassungsreaktion erfolgt über eine Signalkette und kann z. B. im Falle von Wassermangel zu einer verringerten Wasserdampfabgabe durch die Blätter führen.

Stress ist ein genetisch festgelegtes, schon sehr altes System, das sich auch heute noch bei vielen Wirbeltieren findet. Für die frühen Menschen war Stress eine **Kampf-** oder **Fluchtreaktion**. In einer festgelegten Folge von Signalschritten, die zunächst über das Nervensystem und kurz darauf über das Hormonsystem erfolgen, findet eine Mobilisierung der körperlichen Leistungsfähigkeit statt. Die Herzfrequenz und der Blutdruck sowie die Atemfrequenz steigen, um eine bessere Sauerstoffversorgung zu erreichen.

Während die neuronalen Reaktionen über die Weitergabe elektrischer Impulse im Nervensystem funktionieren, wirken Hormone auf der Basis der Zellen über Schlüssel-Schloss-Prinzipien. Jede von einem Botenstoff (= Hormon) angesteuerte Station, wie z. B. das Nebennierenmark, besitzt entsprechende Rezeptoren, also Bindungsstellen für das jeweilige Hormon. Die Reaktion innerhalb der Zelle wird durch den Zusammenschluss des Hormons und des Rezeptors bewirkt.

Arbeitsauftrag 12:

Beschreiben Sie die nachfolgend abgebildete Stressreaktion. Nutzen Sie dafür auch die Erklärung der verwendeten Begriffe, die darunter abgedruckt ist.

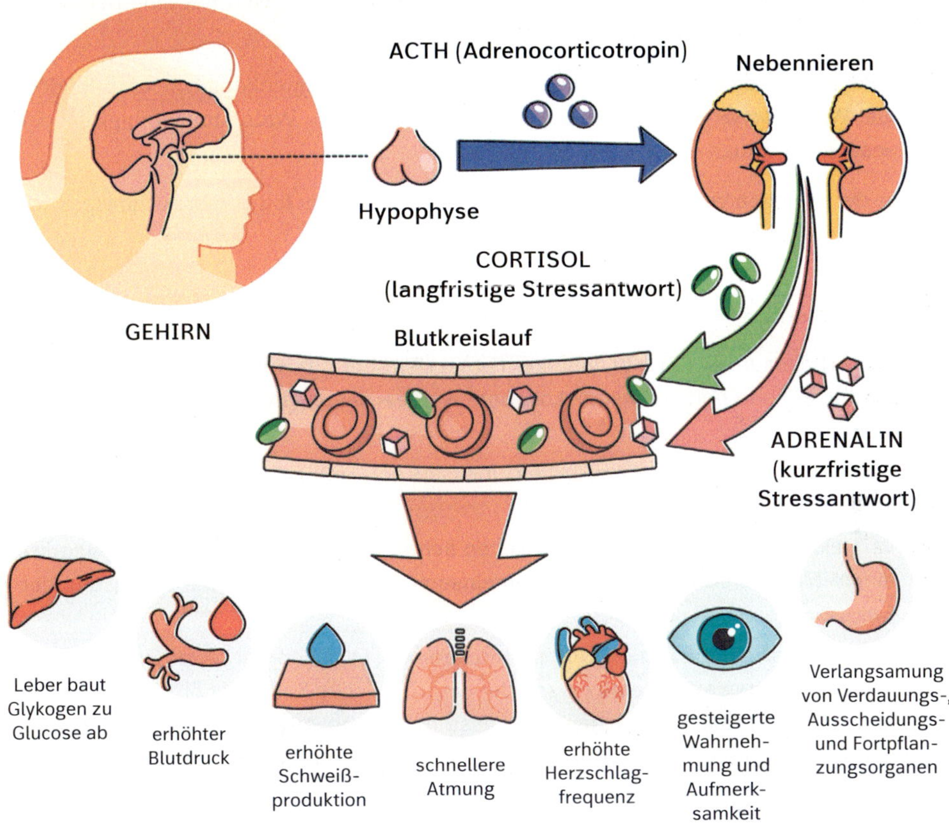

Abb. 4.21: Stressreaktion

Arbeitsauftrag 13:

Tauschen Sie die angefertigten Beschreibungen (Arbeitsauftrag 12) mit Ihrem Banknachbarn oder Ihrer Banknachbarin aus. Fertigen Sie anhand der Ihnen nun vorliegenden Beschreibung ein Fließschema der hormonellen Stressreaktion an. Überlegen Sie dabei zunächst geeignete Symbole.

4.3.3.2 Stressoren, Resilienz und Belastungsfähigkeit

Als Stressoren werden alle Anforderungen von innen oder von außen bezeichnet, die eine **bestimmte Reaktion erfordern**.

Die Einteilung in positive oder **negative Reize** erfolgt durch den Organismus in erster Linie nach emotionaler Empfindung. Auch als positiv einzustufende Reize können situationsbedingt den negativen Reizen zugeordnet werden, wenn sie z. B. zu intensiv sind oder zu überraschend auftreten.

Die Bewertung der Reize erfolgt individuell, d. h., jeder Mensch hat eine persönliche Belastungssituation und eine persönliche Belastungsgrenze.

Die Persönlichkeit eines Menschen spielt in diesem Zusammenhang eine entscheidende Rolle: Wissenschaftlich spricht man von der **Resilienz** (= Widerstandsfähigkeit) eines Menschen, die auch eine genetische Komponente besitzt.

Eine der aktuellen Veröffentlichungen zum Thema wird in der folgenden Buchbesprechung zusammengefasst:

Arbeitsauftrag 14:

Der Arbeitsauftrag kann in analoger Form oder über ggf. vorhandene digitale Ausstattungen und entsprechende kollaborative Bearbeitungsmöglichkeiten bearbeitet werden.

Fertigen Sie zunächst in Einzelarbeit eine Liste von Einflüssen an, die Sie persönlich als Stressor empfinden.

Vergleichen und ergänzen Sie im zweiten Schritt diese Liste mit einer Mitschülerin/einem Mitschüler. Überlegen Sie gemeinsam, welche Skala für die Bewertung der Stressoren sinnvoll sein kann.

Finden Sie sich nun in neuen Gruppen zusammen: Es sollen vier Gruppen entstehen, in jeder Gruppe darf nur eine Person der ursprünglichen Kombination vertreten sein. Es werden nun nicht mehr die Ergebnisse der ersten Arbeitsschritte thematisiert, sondern Fragen an das Thema Stress gestellt, die Ihrer Meinung nach wichtig oder inhaltlich genauer auszuführen sind oder weitergehende oder bisher vernachlässigte Aspekte enthalten. Jede Gruppe formuliert eine Frage und schreibt diese auf ein Plakat.

In einem vierten Arbeitsschritt führen Sie ein Schreibgespräch: Die vorbereiteten Plakate liegen auf vier Tischen aus und enthalten jeweils verschiedene Überschriften.

Gefragt sind Ihre Stellungnahmen, Anregungen, Ideen und Gegenargumente. Es wird in der Schreibzeit nicht gesprochen, Verständigung untereinander findet ausschließlich über die Plakate statt.

Nach einer festgelegten Zeitspanne wird das Schreibgespräch beendet und die Ergebnisse werden im Plenum ausgewertet.

Es ist zu erwarten, dass sich die Auffassungen von Stressoren sowie deren Bedeutung innerhalb der Klassengemeinschaft sehr unterschiedlich darstellen. Ein „mittlerer" Bereich von Stress erhöht die Leistungsfähigkeit, wird aber von jedem Menschen anders definiert. Zu viel oder zu wenig Stress führt zu Über- oder Unterforderung mit den entsprechenden Reaktionen wie schlechter werdenden Leistungen, der Häufung von Fehlern, Veränderungen der Motivation und weiteren Folgen bis hin zu erhöhter Krankheitsanfälligkeit. Grundsätzlich ist ein mittleres Stressniveau für die gute Bewältigung von Situationen und Anforderungen eher hilfreich und nicht negativ zu bewerten. In der Regel zeigt sich in diesem Bereich die höchste Leistungsfähigkeit eines Menschen.

Für die persönliche Bewertung einer Situation, ob etwas als Stress empfunden wird oder nicht, ist die persönliche Veranlagung und die Lebenserfahrung entscheidend. Was als Stress empfunden wird, ist auch geschlechtsabhängig. Während für Männer häufig berufliche Situationen und Konkurrenzverhalten Auslöser sind, sind es bei Frauen Doppelbelastungen durch Familie und Beruf sowie Konflikte und Diskussionen. Hier spielt das Harmoniebedürfnis eine große Rolle.

Genauso wichtig für die Einschätzung von Situationen bezüglich ihres Stresscharakters sind neben den äußeren Faktoren die inneren Faktoren wie die eigenen Wertmaßstäbe und Zielsetzungen. Stress wird erst dann negativ bewertet, wenn man zu der Auffassung gelangt, dass die eigenen Fähigkeiten nicht ausreichen, um eine Situation zu bewältigen. Außerdem wirken sich bestimmte persönliche Einstellungen auf die Stressanfälligkeit negativ aus, z. B. der Wunsch, von allen akzeptiert zu werden, oder das Gefühl, dass andere es immer besser hätten als man selbst.

Reaktionen auf Stress erfolgen auf unterschiedlichen Ebenen: Gedankliche und emotionale Ebenen signalisieren häufig Angst und Gereiztheit, Nervosität oder Schreckhaftigkeit, auf körperlicher Ebene werden bestimmte Funktionen heruntergefahren oder eingestellt (siehe oben), andere dagegen, wie Blutdruck oder Atemfrequenz, erhöht. Das Verhalten kann durch Überaktivität oder Erstarrung, Rückzug von sozialen Kontakten, Flucht in Suchtmittel und Weiteres gekennzeichnet werden.

Solange Stress eine nur für einen kurzen Zeitraum auftretende Erscheinung ist, hat er, wie vorstehend beschrieben, durchaus positive Auswirkungen auf die Leistungsfähigkeit. Damit er als **positiver Faktor** wirken kann, sind jedoch Erholungsphasen unabdingbar. Stress wird dann zu einem **negativen Faktor**, wenn er zu einem Dauerzustand wird und Körper und Seele nicht mehr die Möglichkeit bekommen zu entspannen und in Ruhephasen neue Kraft zu schöpfen.

Da sich unsere heutige Gesellschaft durch sehr viele unterschiedliche Anforderungen und Ansprüche an den einzelnen Menschen auszeichnet, gelingt es zunehmend weniger Menschen, für sich die entsprechenden Ruhephasen einzuplanen. Damit steigt die Gefahr der Überlastung, im schlimmsten Fall eines Burn-outs.

Resilienz: Das Immunsystem der Psyche stärken

Wie sehr in Krisenzeiten die psychische Gesundheit leidet, hängt nicht nur davon ab, wie hart das Schicksal zuschlägt. Entscheidend ist auch die persönliche Resilienz. Diese seelische Widerstandskraft lässt sich trainieren.

Krisen und Schicksalsschläge können einen Menschen aus der Bahn werfen. Auch angesichts globaler Gesundheitsbedrohungen, Klimakatastrophen oder Energiekrisen fällt es zunehmend schwer, das innere Gleichgewicht zu bewahren. Hinzu können schwierige persönliche Lebensumstände, Stress im Job, Geldsorgen oder Erkrankungen kommen. Solche Belastungen wirken sich bei manchen Menschen stärker auf die psychische Gesundheit aus als bei anderen. Die psychische Widerstandskraft, die Menschen auch unter widrigen Umständen den Lebensmut nicht verlieren lässt, heißt Resilienz.

Der Begriff Resilienz stammt ursprünglich aus der Werkstoffphysik und beschreibt die Fähigkeit eines Materials, nach einer äußeren Einwirkung wieder in seine Ausgangsform zurückzukehren. In der Psychologie ist der Ausdruck seit den 1970er-Jahren gebräuchlich. Analog zur physikalischen Bedeutung definiert man hier Resilienz als Fähigkeit, in Stresssituationen die psychische Gesundheit aufrechtzuerhalten oder rasch wiederherstellen zu können. Manchmal wird Resilienz auch als **Immunsystem** der Psyche bezeichnet. So wie Viren und Bakterien den Körper angreifen, belasten Alltagsstress, Krisen und Schicksalsschläge die Psyche. Resilienz hilft, die psychische Gesundheit zu bewahren.

Die Resilienz lässt sich in drei Subtypen mit verschiedenen Bewältigungsszenarien unterteilen. Das Bild eines Baums, der heftigem Wind ausgesetzt ist, verdeutlicht sie: Ein massiver Stamm kann den Sturm unbeschadet überstehen – das ist Resistenz. Vielleicht wird der Baum auch durchgeschüttelt und die Äste verbiegen sich, nehmen danach jedoch wieder ihre alte Form ein. Dann spricht man von Regeneration. Möglich ist aber auch, dass die Äste dauerhaft ihre Wuchsrichtung ändern, um künftigen Stürmen weniger Angriffsfläche zu bieten. Diese Resilienzstrategie heißt Rekonfiguration.

[...] Zu Beginn [der Resilienzforschung] gingen Forschende davon aus, dass Resilienz ein feststehendes Persönlichkeitsmerkmal ist, das durch die Gene und frühkindliche Einflüsse bestimmt wird. „»Heute wissen wir, dass wir Resilienz über die gesamte Lebensspanne erwerben«, erklärt Dr. Isabella Helmreich, Leiterin des Bereichs »Resilienz und Gesellschaft« am Mainzer Leibniz-Institut für Resilienzforschung (LIR) [...]. Die psychische Widerstandskraft wächst aus dem Zusammenspiel von neurobiologischen, psychologischen und sozialen Faktoren.Zwillingsstudien legen nahe, dass 30 bis 50 Prozent der Resilienz eines Menschen genetisch bedingt sind [...]. Immer jedoch bedarf es eines Zusammenwirkens von Umwelteinflüssen und Lebenserfahrungen, damit schützende oder risikofördernde Eigenschaften eines Gens zum Tragen kommen.

Resilienz ist ein dynamischer Prozess

Die gute Nachricht ist: Resilienz lässt sich trainieren. Unsere psychische Widerstandskraft ist ein Kontinuum – ein lebenslanger dynamischer Prozess, den wir durch unser Denken und Handeln aktiv beeinflussen können. [...]. Welche Strategie (problemorientiertes und emotionsorientiertes Coping) besser geeignet ist, um ein Problem zu bewältigen, hängt vor allem davon ab, wie stark es dem eigenen Einfluss unterliegt. »Wenn ich eine Situation nicht verändern kann, hilft es, das anzuerkennen und eine neue Sichtweise darauf zu finden«, erklärt Helmreich. Nicht gegen negative **Emotionen** anzukämpfen, sondern den Blick bewusst auf positive Aspekte zu richten, kann einer **Krise** das zerstörerische Potenzial nehmen, Distanz schaffen und neue Handlungsspielräume eröffnen. [...]

Um zu erkennen, wie sich die Widrigkeiten des Lebens am besten bewältigen lassen, ist eine gewisse kognitive Flexibilität erforderlich. Resiliente Menschen können sich rasch auf sich verändernde Gegebenheiten einstellen und neue Lösungen finden. Wenn sie feststellen, dass ein Weg nicht zum gewünschten Ziel führt, überlegen sie sich alternative Handlungsstrategien. [...]

Schutzfaktoren der Resilienz

Als einer der bedeutendsten und am besten belegten Schutzfaktoren für die psychische Gesundheit gilt soziale Unterstützung. Laborexperimente belegen, dass die Cortisolausschüttung, der Blutdruck und der Puls in einer stressvollen Situation weniger stark in die Höhe gehen, wenn Menschen eine Unterstützungsperson dabeihaben. »Ein funktionierendes soziales Netzwerk ist ein wichtiger Schutzschild gegen Belastungen«, bestätigt Helmreich. Dabei habe es sich als unerheblich erwiesen, ob die Unterstützung privater oder professioneller Natur sei. [...]

Stärken kann man sein soziales Netz, indem man sich zunächst bewusst macht, welche Menschen einen in seinem Leben umgeben und auf wen man zählen kann – und solchen Beziehungen dann gezielt mehr Zeit widmet. Vielleicht lässt sich auch der eine oder andere eingeschlafene Kontakt aus früheren Zeiten wiederbeleben. Was immer gut ist: anderen Menschen Hilfe anbieten oder eine Freude bereiten. Das stärkt auch die eigene Psyche und fördert ein stabiles Beziehungsnetz.

Die wichtigsten Resilienzfaktoren im Überblick:

- aktives Coping
- Selbstwirksamkeit
- Selbstwertgefühl
- Optimismus
- soziale Unterstützung
- kognitive Flexibilität
- positive Emotionen
- Kohärenzgefühl
- Sinn im Leben sehen
- Religiosität/Spiritualität

Selbstwirksamkeit, Selbstwertgefühl und Spiritualität

[..] »Selbstwirksamkeit ist die subjektive Überzeugung, herausfordernde Situationen aus eigener Kraft bewältigen zu können [...]. Wer daran glaubt, Dinge verändern zu können, fühlt sich nicht als Opfer, sondern als Schöpfer seiner Welt. Selbstwirksamkeit entsteht durch die Erinnerung an eigene Erfolgserlebnisse und bereits überwundene Krisen, aber auch durch sogenanntes Modelllernen: »Wenn ich Vorbilder habe, die ihren Kompetenzen vertrauen, kann ich mir das von ihnen abschauen und lernen, meine eigenen Stärken zu würdigen.« Verbale Ermutigung – Sätze wie »Ich glaube an dich!« – und das positive Feedback anderer können ebenfalls die Selbstwirksamkeit stärken. In ähnlicher Weise wirken Selbstaffirmationen wie »Ich schaffe das«.

Doch was kann der Einzelne gegen globale Bedrohungen tun? Im Angesicht von Kriegen oder Klimawandel fühlen sich viele Menschen machtlos und unbedeutend. Aber auch hier lässt sich Selbstwirksamkeit erleben: durch aktives Handeln im persönlichen Umfeld. Ob man etwa einem Helferkreis für Kriegsflüchtlinge seine Unterstützung anbietet, sich im Umweltschutz engagiert oder einfach nur häufiger mit dem Fahrrad statt mit dem Auto fährt – seinen eigenen kleinen Beitrag zu leisten, verringert das Ohnmachtsgefühl.

Auch ein gutes Selbstwertgefühl war in Studien mit einer höheren Lebenszufriedenheit und einem geringeren Risiko für eine psychische Störung assoziiert. »Eine liebevolle und akzeptierende Haltung sich selbst gegenüber hilft, bei Misserfolgen oder Kritik nicht gleich die eigene Kompetenz vollständig infrage zu stellen«, erläutert Helmreich. Um das Selbstwertgefühl zu stärken, hat sich beispielsweise Achtsamkeitstraining bewährt. [...]

Optimismus stärkt die Resilienz

Resilienzfördernd wirken darüber hinaus Optimismus und ein bewusster Blick auf die schönen Dinge des Lebens. [...] Wichtig sei vielmehr die Häufigkeit, mit der wir positive Emotionen wahrnehmen: »Das kann das Lächeln eines Menschen sein, die Sonne oder der Gesang der Vögel.« Resiliente Menschen zeichnen sich dadurch aus, dass sie auch in schweren Zeiten das Bewusstsein für Positives bewahren. »Eine gute Möglichkeit, das zu üben, ist ein allabendlicher positiver Tagesrückblick oder ein Dankbarkeitstagebuch, in das ich jeden Tag mindestens drei Dinge notiere, für die ich heute dankbar war.«

Die Fähigkeit, auch in schwierigen Situationen noch den Blick für das Positive zu behalten, [...] [,also] ein positiver Bewertungsstil kann sich demnach auf mehrere Resilienzfaktoren förderlich auswirken, etwa auf die aktive Stressbewältigung, die Suche nach neuen Werten und die Stärkung sozialer Beziehungen. Auch ein gutes Kohärenzgefühl – also die Tendenz, Anforderungen als verstehbar, bewältigbar und sinnhaft zu empfinden – ordnet Helmreich den übergeordneten Resilienzfaktoren zu. Ob und wie das Kohärenzgefühl trainierbar ist, ist allerdings umstritten.

Welche dieser zahlreichen Resilienzfaktoren für den Einzelnen wichtig seien, sei individuell sehr unterschiedlich, [...] Resilienz [sei] immer abhängig von den jeweiligen Stressoren. Manche Menschen können besser mit hohen beruflichen Belastungen umgehen, andere sind im privaten Bereich belastbarer. Ein gewisses Maß an Stress habe sich sogar als resilienzfördernd erwiesen. »Mit schwierigen Situationen konfrontiert zu werden, hilft dabei, Bewältigungsstrategien aufzubauen«, erklärt Helmreich. [...]

Wie das Mikrobiom die Resilienz beeinflusst

Die individuelle Zusammensetzung der Darmflora wirkt sich nicht nur auf die körperliche, sondern auch auf die psychische Gesundheit aus. Studien belegen, dass eine größere Vielfalt von Bakterienarten im Darm mit einem geringeren Risiko für psychische Erkrankungen assoziiert ist. In Tierversuchen zeigte sich darüber hinaus, dass Stress das Mikrobiom verändert. Das wiederum beeinflusst über die Hypothalamus-Hypophysen-Nebennierenrindenachse das Stresssystem – und damit die Resilienz. Ob man durch eine gezielte Lenkung dieser Darm-Hirn-Achse, etwa durch die Ernährung oder durch die Gabe von Probiotika, die Resilienz fördern kann, ist aber noch fraglich.

Resilienz gezielt fördern

[...] Sich zunächst einmal die vorhandenen Ressourcen bewusst zu machen (welche Schutzfaktoren sind schon gut ausgeprägt, welche noch verbesserungsfähig?),[...] spezifische Fähigkeiten zu trainieren – zum Beispiel mithilfe von Selbsthilfeliteratur [ist der erste Schritt]. Manchmal verhindere allerdings eine dysfunktionale Einstellung, dass Resilienzfaktoren genutzt würden. Zum Beispiel, wenn jemand zwar ein gutes soziales Netz besitzt, aber sich von niemandem helfen lassen will. Solche Hindernisse zu erkennen und aus dem Weg zu räumen, kann ohne professionelle Hilfe schwierig sein. [...]

Während der Fokus der Resilienzforschung in ihren Anfängen vornehmlich auf der Identifizierung von Schutzfaktoren lag, verschob sich dieser in den letzten Jahren mehr in Richtung Prävention – nicht nur auf der individuellen, sondern auch auf der gesellschaftlichen Ebene. Wie lassen sich Lern-, Arbeits- und Umweltbedingungen so gestalten, dass Stress und stressbedingte Erkrankungen verringert werden? Was befähigt die Gesellschaft, flexibel mit Krisen umzugehen? Gibt es auch eine kollektive Resilienz?

Hier bot die Covid-19-Pandemie ein breites Forschungsfeld. Als systemische Schutzfaktoren identifizierten Wissenschaftler unter anderem sozialen Zusammenhalt, Solidarität, Partizipation, kollektive Intelligenz und effektive Kommunikation. Daraus entwickelten sie spezifische Programme, die künftig die Widerstandsfähigkeit von Gemeinden gegenüber Katastrophen unterstützen sollen.

» [...] Dass Resilienz in den letzten Jahren zu einem Modebegriff avanciert ist und sich immer mehr Menschen damit beschäftigen [...] [birgt die Gefahr], dass psychische Erkrankungen stigmatisiert werden nach dem Motto ›der- oder diejenige ist nur nicht resilient genug‹.« Resilienz bedeute nicht, dass alles an einem abpralle: »Das Auf und Ab der Gefühle gehört zum Leben – ebenso wie psychische Krisen. Und man darf Resilienz nicht auf eine individuelle Aufgabe reduzieren, sondern muss auch strukturelle Bedingungen immer wieder überprüfen und verbessern.«

Quelle: Wildenrath, Clara: Das Immunsystem der Psyche stärken, 22.12.2022. In: https://www.pharmazeutische-zeitung.de/das-immunsystem-der-psyche-staerken-137409/ [31.10.2024].

4.3.3.3 Stressoren in der Arbeitswelt

Als Stressoren in der Arbeitswelt werden häufig zwei große Komplexe genannt: zum einen **psychischer Stress**, der vor allem durch die Anforderungen, die jeder an sich selbst stellt, bedingt ist, zum anderen **sozialer Stress**, der im Umgang miteinander entsteht und als Weitergabe von Stress in Form von Druck auf andere beschrieben wird. In vielen Tätigkeitsfeldern wird heutzutage ein enger Terminrahmen für die Fertigstellung bestimmter Arbeitsschritte vorgegeben und die Fähigkeit vorausgesetzt, mehrere oder viele unterschiedliche Aufgaben parallel zu bearbeiten. Erwartet wird oft auch eine ständige Erreichbarkeit, häufig über die Arbeitszeit hinaus. Dies führt dazu, dass den Mitarbeitern ein Abschalten nicht mehr möglich ist. Die Stressphasen werden nicht mehr durch Erholungsphasen abgelöst und dauerhafter Stress kann dann zu verschiedenen Leistungsbeeinträchtigungen und Krankheitsbildern führen.

Arbeitsauftrag 15:

Werten Sie die nachfolgende Abbildung aus, indem Sie diese in Textform darstellen und jeweils beispielhafte Situationen formulieren, in denen die geschilderten Belastungen auftreten können.

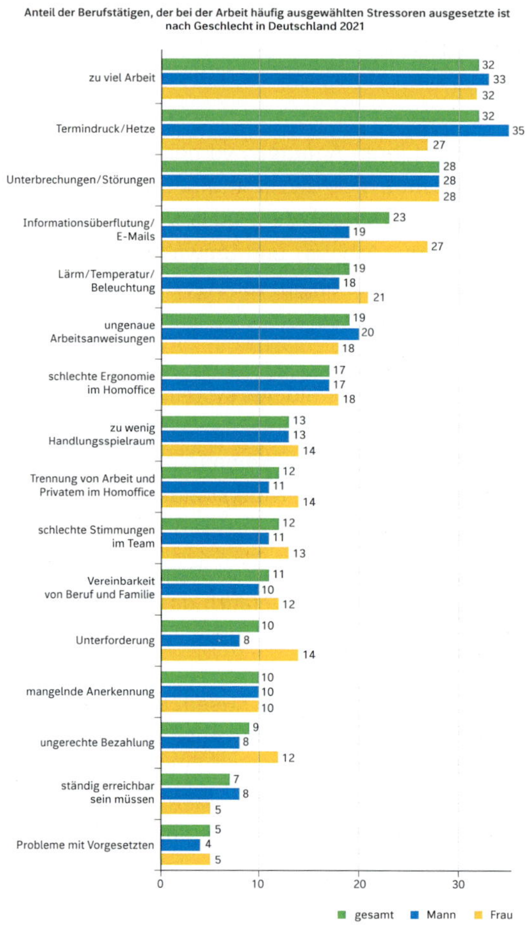

Jeder Erwerbstätige erlebt stresserzeugende Situationen individuell und bewertet diese für sich selbst. Auch für in leitenden Positionen Tätige ist es in der heutigen Zeit von großer Bedeutung, die Stressbelastung der Mitarbeitenden festzustellen und damit verbunden ggf. entsprechende Maßnahmen zu ergreifen, um (weitere) negative Auswirkungen zu vermeiden.

Abb. 4.22: Stressursachen von Berufstätigen (in Prozent)

Wie erkennen Sie Stress beim Mitarbeiter am Arbeitsplatz?

Stress gehört zu denjenigen Belastungen, die vor allem individuell zu betrachten sind und von jeder Arbeitsperson anders wahrgenommen wird. Es bestehen daher keine allgemeinen Richtwerte, so wie es bei physischen Belastungen und Gefährdungen (z. B. Lärm) der Fall ist. Allerdings gibt es einige Anzeichen, die sowohl die Arbeitsperson selbst als auch seine Umgebung schnell und einfach registrieren können. Hierzu zählt vor allem:

- Abnahme der Leistungsfähigkeit.
- Vermehrte Krankschreibungen und Fehltage.
- Vermehrter Konsum von Medikamenten oder Alkohol.
- Schlechte Werte beim betrieblichen Gesundheitscheck.

- Unkontrolliertes, teils auch aggressives Verhalten.
- Allgemeine Unzufriedenheit bis hin zu depressivem Verhalten.
- Arbeiten auch in den Pausen oder in der Freizeit. („Der Auftrag muss ja fertig werden.")

Darüber hinaus kann eine gezielte Umfrage unter den Beschäftigten weitere Erkenntnisse bringen. Ein solcher Fragebogen sollte stets vertraulich und anonym sein. Zu den Kernfragen zählen hierbei, ob die Arbeitsperson:

- oft Termindruck hat und in Zeitnot gerät.
- viel Verantwortung trägt und delegieren muss.
- in Konkurrenz zu anderen steht.
- oft in ihrer Arbeit unterbrochen wird (z. B. durch Anrufe, E-Mails, Kollegen).
- äußere Faktoren wie Licht, Lärm oder Dreck als stark belastend empfindet.
- mit der jetzigen Arbeitssituation zufrieden ist.
- sich jeden Tag mit vielen neuen Informationen und Aufgaben auseinander setzen muss.
- geregelte Arbeitszeiten und Pausen nicht einhält.
- oft einfach nur noch erschöpft ist und mit körperlichen Beschwerden, wie Kopfschmerzen, zu kämpfen hat.
- bereits Herz-Kreislauf-Erkrankungen, wie Bluthochdruck oder Herzrasen, hat.
- private Probleme derzeit im Vordergrund stehen.

Je mehr Fragen mit Ja beantwortet werden, desto höher ist die Wahrscheinlichkeit, dass die Arbeitsperson unter Stress leidet und hier Handeln gefragt ist. Ansonsten kann sich die Stressspirale ungehindert weiter drehen, bis der Burnout eintritt.

Quelle: Leinweber, Linda-Marlen: Stressmanagement im Betrieb – Ein Leitfaden für Personalmanager und Führungskräfte. In: https://www.gesundheitsmanagement24.de/praxisleitfaeden-checklisten/stressmanagement-im-betrieb-der-praxisleitfaden/#stress19 [31.10.2024].

Stress auslösende Faktoren können auch durch weitere Maßnahmen zunächst lokalisiert werden: Hierzu gehören die Überprüfung der Arbeitsbedingungen und Arbeitsplatzausstattung, Dokumentation organisatorischer Veränderungen, Gespräche mit leitenden Mitarbeitenden und weitere mögliche Erhebungen.

Die Möglichkeiten, den Arbeitsalltag von Stress zu entlasten, sind zahlreich. Entlastend wirken ergonomische und angemessene Arbeitsumgebungen, andere Strukturierungen von Arbeitszeiten und Pausen, Fortbildung beim Auftreten neuer Anforderungen sowie Aufklärung und möglicherweise auch interne Möglichkeiten zum Erlernen von Stressbewältigungsstrategien.

Für viele Berufstätige spielt bei dem Empfinden von Stress die eigene mangelnde Kompetenz und damit das Gefühl der Überforderung eine große Rolle. Wer plötzlich mit anderen Methoden, Vorgehensweisen oder Kommunikationsstrukturen arbeiten soll, die ihm nicht geläufig sind und auch nicht vermittelt werden, wer keine persönlichen Strategien entwickelt hat, Stress zu vermeiden oder abzubauen und damit Erholungsphasen zu installieren, ist für die Langzeitwirkungen von Stress deutlich anfälliger als Menschen, die in der Lage sind, sich gegebenenfalls selbstständig fortzubilden oder Erholungsphasen nicht nur zu planen, sondern sie sich auch zu gönnen.

4.3.3.4 Umgang mit Stress – Bewältigungsstrategien

Das Empfinden von Stress ist individuell – demzufolge sind auch die Möglichkeiten, belastende Situationen von vornherein so zu bewältigen, dass kein Stress entsteht bzw. Stressauswirkungen durch Erholungsphasen ausgeglichen werden können, unterschiedlich.

Arbeitsauftrag 16:

Versetzen Sie sich gedanklich in eine Situation, die Sie in jüngster Zeit als Stress erlebt haben.

Einzelarbeit: Fertigen Sie zunächst eine möglichst neutrale Beschreibung der Situation an, die Sie als Stress empfunden haben.

Notieren Sie anschließend: Wie haben Sie sich gefühlt? Wie haben Sie auf die konkrete Situation reagiert – in der Situation selbst, aber auch im Nachhinein oder zur Vorbereitung auf bekanntermaßen anstehenden Stress?

Sammeln Sie in Kleingruppen von vier oder fünf Personen, jeweils nach Geschlechtern getrennt, die Strategien, die angewendet wurden. Nutzen Sie verschiedenfarbige Metakarten für Schülerinnen und Schüler und notieren Sie die Strategien jeweils als Schlagworte oder Stichpunkte.

Tragen Sie die Ergebnisse in der Klasse strukturiert auf einem Plakat zusammen.

Sortieren Sie die Ergebnisse nach Strategien, die einer kurzfristigen Entlastung von Stressempfinden dienen und solchen, die eine länger- oder langfristige Entlastung zum Ziel haben.

Grundsätzlich kann man Stressbewältigung nach drei Ansatzpunkten klassifizieren:

- *Veränderungen der Stressoren,* also der Umwelt: Je nach Stressor kann man diesen ausschalten, entschärfen oder vermeiden. Störungen können verringert oder entschärft werden, indem man zum Beispiel Anrufe nur in bestimmten Zeiträumen zulässt und zu anderen Zeiten den Anrufbeantworter einschaltet. Stress durch überfüllte Straßen oder öffentliche Verkehrsmittel oder auch Supermarktkassen können vermindert werden, indem man seine Zeiten für diese Aktivitäten entsprechend anpasst.
- *Veränderungen der eigenen Belastbarkeit, Stressbewertung und Stressanfälligkeit,* indem man bewusst positives Verhalten und Fertigkeiten aufbaut; hierzu gehört insbesondere auch das positive Denken. Denkmuster zu verändern kann auch zu einer veränderten Wahrnehmung von Stressoren und damit zu einer Verringerung von Stresssituationen führen – Stress wird individuell empfunden und hängt damit von der Definition durch den Einzelnen ab. Der Erwerb von geeigneten Methoden für eine aktive Entspannung ermöglicht einen flexiblen Einsatz in Situationen, in denen der Stress als hoch empfunden wird, und dient der Förderung der Erholungsphase.
- *Veränderungen in der Situation,* indem man Stress erzeugende Situationen zum Beispiel unterbricht oder sich entsprechend ablenkt, um ein Aufschaukeln und höhere Belastungen zu verringern.

Da Stress ein individuell definiertes Problem ist, erfordern persönliche Strategien, die zu einer Verbesserung der Situation führen sollen, immer auch eine individuelle „Diagnose".

Arbeitsauftrag 17:

In der vorhergehenden Arbeitsphase haben Sie eine Beschreibung einer Situation angefertigt, die Sie als Stress empfunden haben.

Bearbeiten Sie diese Beschreibung nun, indem Sie ergänzen und erläutern, was genau an dieser Situation in Ihren Augen das Problem war, das zur Auslösung von Stress geführt hat. Bedenken Sie bei der Erläuterung auch, welches Ziel erreicht werden sollte und welche Hindernisse der Erreichung des Zieles möglicherweise im Weg gestanden haben.

Die angefertigten Situationsanalysen werden nun zentral gesammelt und in der Lerngruppe vertauscht ausgeteilt.

Bearbeiten Sie jeweils zu zweit zwei Situationen. Lesen Sie die Problembeschreibung genau und sammeln Sie Ideen, welche Lösungsmöglichkeiten sich in der geschilderten Situation ergeben könnten. Es sollten möglichst viele Ideen notiert werden, bevor Sie diese im nächsten Schritt in Partnerarbeit bewerten: Welche Ansätze erscheinen sinnvoll, aus welchen Gründen erscheinen andere Ideen nicht angemessen? Stellen Sie eine Rangfolge der Handlungsmöglichkeiten auf.

Anschließend werden im Plenum in Kurzvorträgen die Ergebnisse vorgestellt und verglichen.

Arbeitsauftrag 18:

Nachdem das Prinzip der Situationsbewertung und der Erarbeitung von Lösungsansätzen anhand der Beispiele verdeutlicht worden ist, ist es nun Ihre Aufgabe, im Laufe der nächsten Woche über eine Alltagssituation, in der Sie Stress empfinden, einen Bericht anzufertigen.

Überlegen Sie im Anschluss an die Beschreibung, welche Lösungsansätze es geben kann, um diese Situation weniger als Stress zu empfinden.

In einem weiteren Schritt erarbeiten Sie nun einen Handlungsplan: Was können Sie im Vorfeld oder in der Situation tun, sollte diese so oder ähnlich noch einmal auftreten, um die Belastung möglichst gering zu halten?

Der zweite Teil dieser Aufgabe ist eher mittelfristiger Natur: Tritt eine ähnliche Situation auf, ergreifen Sie im Vorfeld die überlegten Maßnahmen bzw. verhalten sich in der Situation so, wie Sie es sich in der theoretischen Bearbeitung überlegt haben.

Der dritte Teil der Aufgabe bezieht sich nun auf die Auswertung: Beschreiben Sie, ob die Bewältigung der Situation und die durch die Situation entstandene Belastung anders waren als in der ursprünglichen Situation. Gehen Sie darauf ein, was sich verändert hat und bewerten Sie, ob die von Ihnen erarbeiteten Handlungsstrategien den erhofften Nutzen hatten. Sollten, was wahrscheinlich ist, hier Mängel oder Fehler aufgetreten sein, überarbeiten Sie Ihren Handlungsplan anhand der in der Erfolgskontrolle gewonnenen Erkenntnisse.

Stressfaktor Zeitmanagement

Oft ist festzustellen, dass Stress durch zu enge oder nicht ausreichend organisierte zeitliche Vorgaben oder Rahmenbedingungen entsteht.

Um diesen Stressfaktor möglichst gering zu halten, kann es hilfreich sein, Zeitpläne aufzustellen. Das hilft, zunächst ein Zeitbewusstsein zu gewinnen und die anfallenden Aufgaben zu strukturieren. Checklisten ermöglichen die Kontrolle, ob alle erforderlichen Aufgaben erfüllt wurden. Feste Zeitfenster verringern die Ablenkung, z. B. durch Telefonate, E-Mails oder kleinere Erledigungen, für die ein eigenes Zeitfenster vorgesehen werden sollte. Damit nichts vergessen wird, können Listen angefertigt und abgehakt werden, die nach Wichtigkeit sortiert sind. Prioritäten zu setzen und jeweils ein Ziel nach dem anderen abzuarbeiten, entlastet und sorgt für Erfolgserlebnisse.

Arbeitsauftrag 19:

In der Abbildung 4.23 sind verschiedene Ansätze zur Stressbewältigung als Übersicht dargestellt.

Recherchieren Sie, um welche Maßnahmen es sich handelt, und stellen Sie diese in arbeitsteiliger Bearbeitung in der nächsten Stunde vor.

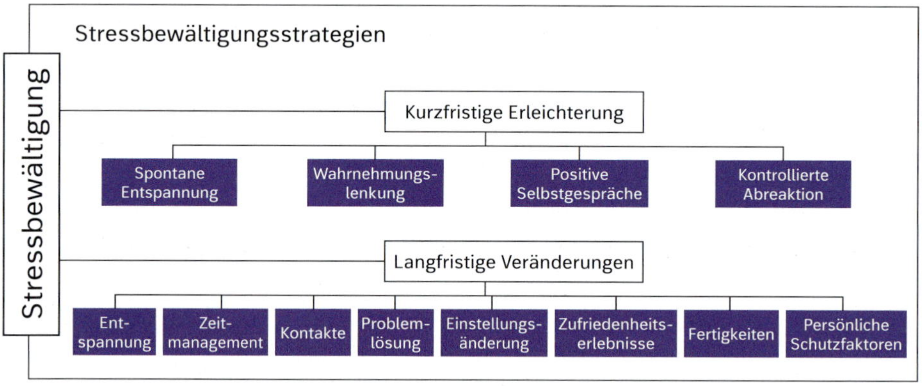

Quelle: Techniker Krankenkasse

Abb. 4.23: Stressbewältigungsansätze und -strategien

4.3.3.5 Verhaltensbedingte wirtschaftliche Konsequenzen am Beispiel von Stress

Arbeitsauftrag 20:

In den folgenden Abbildungen und Texten sind verschiedene Aspekte der Auswirkungen von Verhaltensweisen dargestellt.

Werten Sie die Materialien in Partnerarbeit aus, indem Sie die Kernaussagen der Materialien als Überschriften formulieren.

Kurzfristige Folgen	Mittel- bis langfristige Folgen	Folgen bezüglich der Bewältigung von Arbeitsaufgaben
▪ Ermüdung, Monotonie, Sättigung ▪ Gefühle der inneren Anspannung ▪ Konzentrationsprobleme ▪ Nervosität, Angst ▪ Reizbarkeit ▪ Ärger und Wut	▪ Ängstlichkeit ▪ Unzufriedenheit ▪ Resignation ▪ Depression ▪ Allgemeine Beeinträchtigung des Wohlbefindens ▪ Einschlafschwierigkeiten ▪ Kritisches Gesundheitsverhalten ▪ Psychosomatische Erkrankungen	▪ Leistungsschwankungen ▪ Abnahme der Qualität der Arbeitsverrichtung ▪ Kurzsichtige Entscheidungen ▪ Verschlechterung der sensomotorischen Koordination ▪ Konflikte mit Vorgesetzten und Kollegen ▪ Rückzugsverhalten ▪ Zunahme von Fehlzeiten

Quelle: nach Strobel, G. & v. Krause, J. (1997). Psychische Belastung von Bauleitern. (Schriftenreihe der Bundesanstalt für Arbeitsschutz und Arbeitsmedizin, Fb 778). Bremerhaven: NW Verlag.

Abb. 4.24: Folgen von Fehlbeanspruchungen für Gesundheit, Wohlergehen und das Erfüllen von Arbeitsanforderungen

Text 1

Wann spricht man von Mobbing am Arbeitsplatz?

Der Begriff Mobbing beschreibt ein Phänomen, das systematische und länger andauernde Anfeindungen, Schikanen oder Diskriminierung von Beschäftigten durch Vorgesetzte oder gleichgestellte Kolleg:innen umfasst. Systematisches Mobbing kann sogar Straftatbestände erfüllen.

Losgelöst von der abstrakten Definition von Mobbing, alarmieren vor allem die harten Fakten zu diesem Phänomen in Deutschland. Einer aktuellen Umfrage von Statista in Kooperation mit YouGov zufolge ist Mobbing am Arbeitsplatz kein Einzelphänomen. Im Gegenteil.

Demnach waren 29 Prozent der Befragten schon einmal Opfer von Mobbing am Arbeitsplatz. 17 Prozent haben bereits Mobbing bei Kolleg:innen oder Vorgesetzten miterlebt und immerhin vier Prozent gaben zu, selbst schon einmal am Arbeitsplatz gemobbt zu haben. Am häufigsten fand Mobbing in Form direkter sozialer Interaktion statt [...]. Besonders auffallend: Die Täter (sog. Mobber) waren in 72 Prozent der Fälle die eigenen Arbeitskollegen, immerhin 48 Prozent nannten ihre Vorgesetzten als Verursacher (hier spricht man von Bossing statt von Mobbing). Untergebene waren lediglich in sechs Prozent der Fälle die Täter. Um ein besseres Verständnis von Mobbing am Arbeitsplatz zu gewinnen, muss allen Beschäftigten klar sein, wo Mobbing überhaupt anfängt, welche Anzeichen darauf hinweisen [...].

- Mobbing kann Unternehmen jeder Größe treffen
- Warnsignale: Miserable Stimmung und abnehmende Leistungen
- Mobbing ist strafbar – der Arbeitgeber muss handeln
- Prävention kann Mobbing verhindern – Leitbilder und Unternehmenskultur helfen
- Mobber müssen sanktioniert werden

Quelle: Personio SE & Co. KG: Mobbing am Arbeitsplatz: Was HR dagegen tun kann. In: https://www.personio.de/hr-lexikon/mobbing/ [31.10.2024].

Text 2

Drei Beispiele für Mobbing am Arbeitsplatz

Der Chef von Jutta K. ist offensichtlich mit ihrer Arbeitsleistung nicht zufrieden. Vor anderen Teammitgliedern wird er ihr gegenüber in fast jedem Meeting laut und in seiner Wortwahl auch ausfallend. Im Pausenraum verbreitet er regelmäßig Gerüchte über Juttas angebliche Ehekrise. Zweimal täglich ruft er sie an und setzt sie unter starken Zeitdruck. Dieses Verhalten zieht sich über mehrere Monate hin, in deren Verlauf Jutta K. sich immer öfter krank meldet.

Peter W. wird von seiner Teamleiterin permanent ausgegrenzt. Er erhält keine Einladungen mehr zu den regelmäßigen Sitzungen, die online stattfinden. Weiterhin entzieht sie ihm ohne sein Wissen die Zugangsberechtigung zu relevanter Software und den Laufwerken, auf denen er wichtige Infos abrufen bzw. ablegen muss. Die anderen Teammitglieder wissen von der Taktik der Leitung, informieren aber Peter W. nicht. Termingerecht abgelieferte Arbeiten von Peter W. lässt die Teamleitung einfach verschwinden und kanzelt ihn dafür vor ihrem Vorgesetzten ab. Nach zwei Monaten erhält Peter nur noch einfachste Arbeiten, die nicht seiner Stellenbeschreibung entsprechen.

Jessy M. und Hannah W. arbeiten als Team in der Buchhaltung. Jessy hat in den letzten Monaten bei der Verteilung wichtiger Aufgaben vom Chef den Vorrang erhalten. Hannah fühlt sich übergangen und beginnt damit, die Kollegin im Kreis der Abteilung schlecht zu machen. Sie bekrittelt dauerhaft Jessys Arbeit und stört deren Konzentration durch überlaute, lange Telefonate und das Abspielen von Musik. Seit mehreren Wochen trägt sie in Anwesenheit von Jessy (die Allergikerin ist) ein starkes Parfum auf. Mehrfach spielt sie ihr fehlerhafte Dateien zu, die in der Folge gravierende Auswirkungen auf die buchhalterischen Ergebnisse haben. Die gemeinsamen Mittagspausen beendet Hannah abrupt und ignoriert zudem jede Kontaktaufnahme von Jessy. In allen drei – konstruierten – Beispielen lassen sich [...] Mobbingmuster finden:

Quelle: Personio SE & Co. KG: Mobbing am Arbeitsplatz: Was HR dagegen tun kann.
In: https://www.personio.de/hr-lexikon/mobbing/ [31.10.2024].

Text 3

Das kann HR gegen Mobbing unternehmen

Der beste Tipp für HR gegen Mobbing: Lassen Sie Mobbing gar nicht erst entstehen. So banal es klingen mag – Prävention ist der wichtigste Baustein einer Anti-Mobbing-Strategie. Ein Unternehmen, das ein eindeutiges Leitbild und einen klaren Wertekatalog entwickelt, schafft Bewusstsein bei Führungskräften und Mitarbeiter:innen.

Bereits während des Onboarding-Prozesses sollte neuen Beschäftigten die Bedeutung dieses Wertekanons unmissverständlich vermittelt werden.

Benennen Sie einen Mobbing-Beauftragten oder richten Sie eine anonyme Beschwerdestelle ein.

Je stärker es HR gelingt, die Führungskräfte dauerhaft für die Werte des Unternehmens zu sensibilisieren, desto größer ist die Chance, dass Mobbing nicht zum Problem wird.

Quelle: Personio SE & Co. KG: Mobbing am Arbeitsplatz: Was HR dagegen tun kann.
In: https://www.personio.de/hr-lexikon/mobbing/ [31.10.2024].

Text 4

Beim Arbeitsklima macht das „Wir“ den Unterschied

Gerade in Zeiten starken Wandels, bedingt durch Faktoren wie mehr Homeoffice und eine sich wandelnde Arbeitskultur, die die Sinnfrage zunehmend in den Fokus rückt, wird ein Wir-Gefühl im Unternehmen zum Erfolgsfaktor: Ist die Stimmung im Betrieb gut, steigen Engagement und Motivation. Zufriedene Teams halten zusammen. Ermöglicht ein Unternehmen gute Arbeit und wird gegenseitige Wertschätzung im Arbeitsalltag praktiziert, auch vom Führungspersonal, kann sich das positiv auswirken. In der Arbeitswelt verläuft nicht alles nach einem klaren „Wenn ...dann“-Prinzip. Die sogenannten Wirkketten, also das Zusammenspiel vieler Faktoren, ist komplizierter. Auch die Zufriedenheit mit dem Chef oder der Chefin spielt eine Rolle bei der Arbeitsatmosphäre.

Quelle: AOK-Bundesverband eGbR - Arbeitsgemeinschaft von Körperschaften des öffentlichen Rechts: Betriebsklima verbessern: Zehn Tipps für eine positive Arbeitsatmosphäre, Berlin 21.05.2024. In: https://www.aok.de/fk/betriebliche-gesundheit/gesund-fuehren/betriebsklima-verbessern-zehn-tipps-fuer-eine-positive-arbeitsatmosphaere/ [31.10.2024].

Text 5

Maßnahmen für ein gutes Betriebsklima [...]

Offene Kommunikation

Negative oder positive Aspekte sollten von Arbeitnehmer und Arbeitgeber angesprochen werden können. Grundlage hierfür ist eine vertrauensvolle Unternehmenskultur, bei dem jeder konstruktive Kritik in einem Gespräch aussprechen darf. Dazu gehört, regelmäßig Feedback einzuholen.

Konstruktive Fehlerkultur

Mitarbeiter sind Menschen – und jeder Mensch macht Fehler. Daher sollten Fehler auch offen und gemeinschaftlich thematisiert werden, damit eine gemeinsame Lösung gefunden werden kann.

Interesse am Angestellten

Damit sich ein Mitarbeiter weiterentwickeln und sein ganzes Potenzial ausschöpfen kann, braucht er einen Chef, der seine Stärken kennt. Wenn der Vorgesetzte regelmäßige Gespräche sucht, erreichbar ist und ein offenes Ohr für deren Anliegen hat, fühlt sich der Beschäftigte wohl.

Wertschätzende Haltung

Ein respektvoller Umgangston sowie gute Leistungen in Form von Lob oder leistungsgerechter Bezahlung anzuerkennen, trägt maßgeblich zu einem positiven Arbeitsklima bei. Die finanzielle Anerkennung kann ebenfalls durch Tankgutscheine, Kostenübernahme der Kinderbetreuung, Prämien, Fortbildungen oder flexiblen Arbeitszeiten erfolgen.

Quelle: VNR Verlag für die Deutsche Wirtschaft AG: Mitarbeiterzufriedenheit steigern und Betriebsklima verbessern. Bonn, 18.08.2018 In: https://www.personalwissen.de/fuehrung/motivation/mitarbeiterzufriedenheit-steigern-so-funktionierts/ [22.07.2024]

Text 6

Wenn man das körperliche und seelische Wohlbefinden der Arbeitnehmer in Deutschland betrachtet, ergibt sich ein gemischtes Bild: 58 Prozent bewerten ihren Gesundheitszustand als gut oder sehr gut, 42 Prozent als zufriedenstellend bis schlecht. Dabei spielen die Arbeitsbedingungen eine wichtige Rolle. Das zeigt die Auswertung einer Befragung für den DGB-Index Gute Arbeit, an der 2019 über 6500 abhängig Beschäftigte teilgenommen haben.

Lange Arbeitszeiten sind demnach weit verbreitet. Jeder Dritte arbeitet mehr als 40 Stunden pro Woche, jeder Zehnte mehr als 48 Stunden. Solche überlangen Arbeitszeiten beeinträchtigen die Gesundheit: Von den Beschäftigten mit mehr als 48 Wochenstunden sind 47 Prozent sehr häufig oder oft körperlich erschöpft, in der Vergleichsgruppe mit „normaler" Vollzeit nur 30 Prozent. Auch emotionale Erschöpfung, Schlafstörungen und Niedergeschlagenheit sind deutlich häufiger.

Die gesetzlich vorgeschriebenen elf Stunden Ruhezeit zwischen Arbeitsende und -beginn werden bei 46 Prozent der Befragten zumindest gelegentlich unterschritten. Das Risiko, unter Erschöpfungszuständen und Schlafstörungen zu leiden, verdoppelt sich bei den Betroffenen. Wer mehr als sechs Stunden arbeitet, dem stehen gesetzlich mindestens 30 Minuten Ruhepause zu, ab neun Arbeitsstunden 45 Minuten. Zwei Drittel der Beschäftigten berichten, dass es regelmäßig zu Ausfällen oder Verkürzungen der Pausen kommt. Körperliche und emotionale Erschöpfung sowie Schlafstörungen sind doppelt so häufig, wenn die Pausenzeiten nicht eingehalten werden.

Mehrbelastung aufgrund von Personalknappheit kennen vier von fünf Beschäftigten. Der Anteil der Erschöpften ist unter den Betroffenen mehr als doppelt so hoch. Rückenschmerzen haben 54 Prozent von ihnen, von den Befragten, die nicht oder nur selten mit Mehrarbeit wegen Personalnot zu kämpfen haben, 36 Prozent. Auch Arbeitsverdichtung ist ein verbreitetes Übel: 57 Prozent geben an, dass ihre Arbeitslast im vergangenen Jahr gestiegen ist. Deutlich häufiger sind bei ihnen Erschöpfung, Niedergeschlagenheit und Rückenschmerzen.

Quelle: Hans-Böckler-Stiftung: Hohe Arbeitsbelastung macht krank, Düsseldorf 2020. In: https://www.boeckler.de/de/boeckler-impuls-hohe-arbeitsbelastung-macht-krank-28161.htm [31.10.2024].

Text 7

Grenzen setzen im Job

Kennen Sie das? Es ist kurz vor Feierabend und Sie haben schon Mühe, Ihr Tagespensum noch rechtzeitig abzuarbeiten. Nun fragt Sie der Chef oder ein Kollege, ob Sie nicht noch schnell eine Kleinigkeit für ihn übernehmen können. Sie wissen genau, dass die Kleinigkeit keine ist und Sie locker zwei Stunden kosten wird. Dennoch – Grenzen setzen, ohne zu verletzen scheint Ihnen unmöglich. Und während Sie noch darüber nachdenken, was aus Ihrer Verabredung zum Abendessen werden soll, hören Sie sich plötzlich sagen: „Ja, klar – kein Problem." Informieren Sie sich in folgendem Beitrag, wie Sie künftig Grenzen setzen bei der Arbeit. [...]

Grenzen regeln das soziale Zusammenwirken von Menschen immer und überall. Seine eigenen Grenzsetzungen genauso zu respektieren wie die der anderen, sollte eigentlich ganz normal sein. Um Grenzlinien als weniger schwierig wahrzunehmen, hilft es, sich zu vergegenwärtigen, wo Menschen im Berufsalltag ans Limit stoßen.

Diese Grenzen setzen bei der Arbeit den Rahmen, in dem alle Beteiligten sich bewegen:

- Persönliche Grenzen: Qualifikation, Belastbarkeit, geistige und körperliche Fähigkeiten
- Zeitliche Grenzen: Vertraglich vereinbarte Arbeitszeit, Überstundenregelungen und objektive Auslastung von Mitarbeitern
- Räumliche Grenzen: Unterschiedliche Arbeits- und Einsatzorte setzen unumstößliche Grenzen
- Mentale Grenzen: Umgang mit Stress und Gefühlen und die Fähigkeit, professionelle Distanz zu wahren
- Sachliche Grenzen: Definiert zum Beispiel durch Verantwortungsbereich und Stellenbeschreibung
- Ethische Grenzen: Grundsätze zum Umgang mit Informationen, Fairness und Respekt gegenüber anderen, Loyalität gegenüber Kollegen und Arbeitgeber
- Legale Grenzen: Allgemeine sowie berufsspezifische Gesetze

[...]

Viele Angestellte fühlen sich für das Unternehmen und die Kollegen verantwortlich. Sie entwickeln daher starke Schuldgefühle, wenn sie eine Bitte ablehnen. Dabei haben sie einerseits Mitgefühl mit dem Fragesteller und andererseits das Gefühl, denjenigen nicht im Stich lassen zu dürfen.
Gleichzeitig ist Hilfsbereitschaft eine lobenswerte Eigenschaft, die schließlich auch Anerkennung bringt. Am Ende eines außerplanmäßigen Arbeitseinsatzes gibt es meistens Lob für die eigenen Fähigkeiten und die außerordentliche Leistungsbereitschaft.

[...]

Sind Grenzen nicht klar definiert, ist ihre regelmäßige Überschreitung die Folge.
Entstehen können daraus unter anderem:

- Überlastung und Stress [...]
- Unzufriedenheit und Demotivation [...]
- Fehlende Work-Life-Balance [...]
- Zwischenmenschliche Konflikte [...]
- Kommunikationsprobleme [...]
- Vertrauensverlust [...].

[...] Grenzen setzen im Job ist eine Fähigkeit, die im Grunde jeder im Beruf benötigt. Alle können lernen, wie sie Grenzen setzen, ohne Schuldgefühle aufzubauen. Wie so oft macht auch hier Übung den Meister. Die erste Übung ist Abgrenzung mit Nein sagen. Wenn Sie beispielsweise mit der Frage konfrontiert sind, zusätzliche Arbeitsaufträge zu übernehmen, fragen Sie sich zuerst:

- Bin ich zuständig?
- Ist es meine Verantwortung, dass XY noch nicht erledigt ist?
- Habe ich Zeit, die Aufgabe zu übernehmen?
- Will ich das überhaupt?

Wenn jemand Ihnen gegenüber die Grenzen der Höflichkeit überschreitet, grenzen Sie sich ebenfalls ab: Das schlechte Benehmen anderer liegt außerhalb Ihrer Verantwortung. Sie haben keinen pädagogischen Auftrag zur Erziehung Ihrer Mitmenschen. Sie haben lediglich ein Recht darauf, dass sie sich Ihnen gegenüber höflich verhalten. Wie Sie effektiv Grenzen setzen, ohne zu verletzen, hängt von jedem Einzelfall und seinen Umständen ab. Grundsätzlich ist es aber wichtig, selbst keine Grenzlinien zu übertreten, während Sie Grenzen setzen bei der Arbeit üben. Wenn Ihr Kollege Sie anbrüllt, rechtfertigt das nicht unbedingt, dass Sie zurückbrüllen. Viel mehr erreichen Sie, wenn es Ihnen gelingt, freundlich und sachlich zu bleiben.

Quelle: Randstad Deutschland GmbH & Co. KG: Grenzen setzen am Arbeitsplatz: einfach mal Nein sagen, Eschborn 15. 02.2024. In: https://www.randstad.de/karriere/karriereratgeber/grenzen-setzen-arbeit/ [31.10.2024].

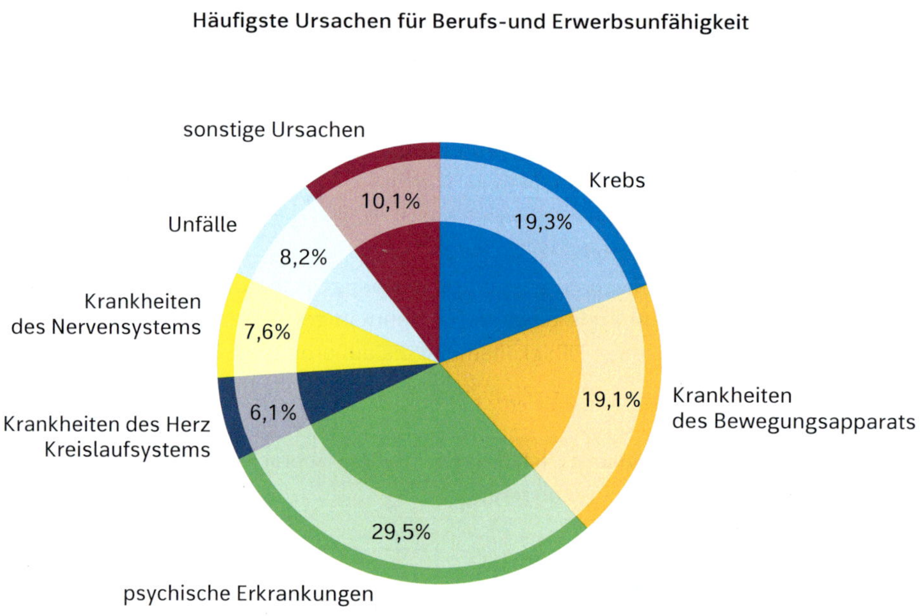

Abb. 4.25: Häufigste Ursachen für Berufs- und Erwerbsunfähigkeit 2023

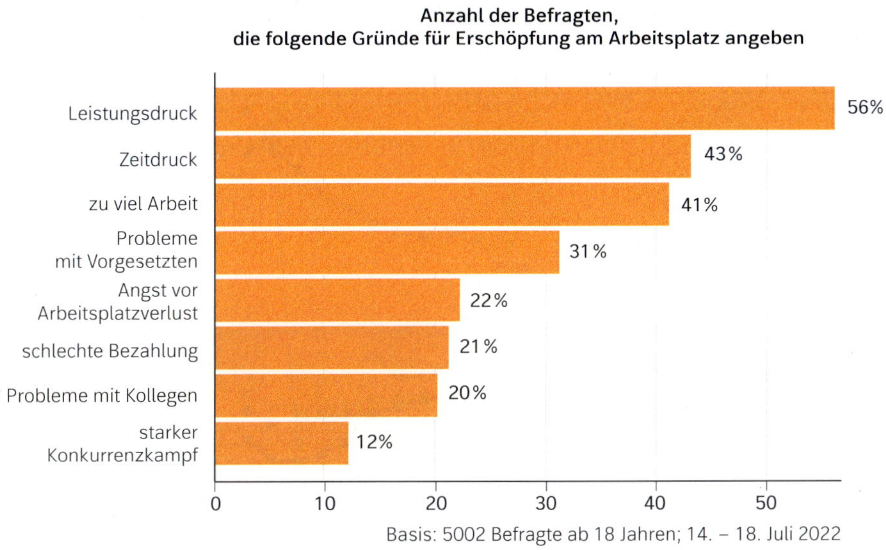

Abb. 4.26: Ausgebrannt und kaum erholt

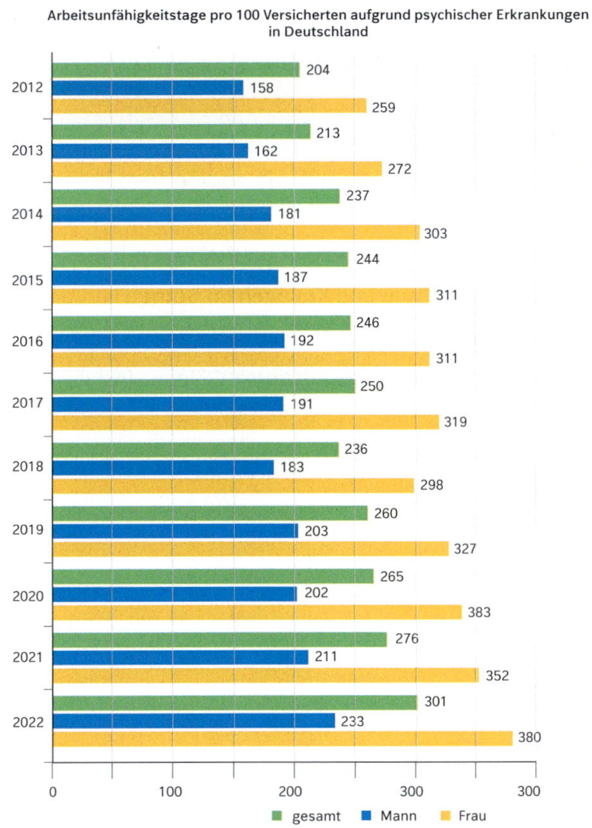

Abb. 4.27: Wenn Arbeit psychisch krank macht

Relative Veränderungen der Fehlzeiten in relevanten Diagnosekapiteln in den Jahren 2000 bis 2023

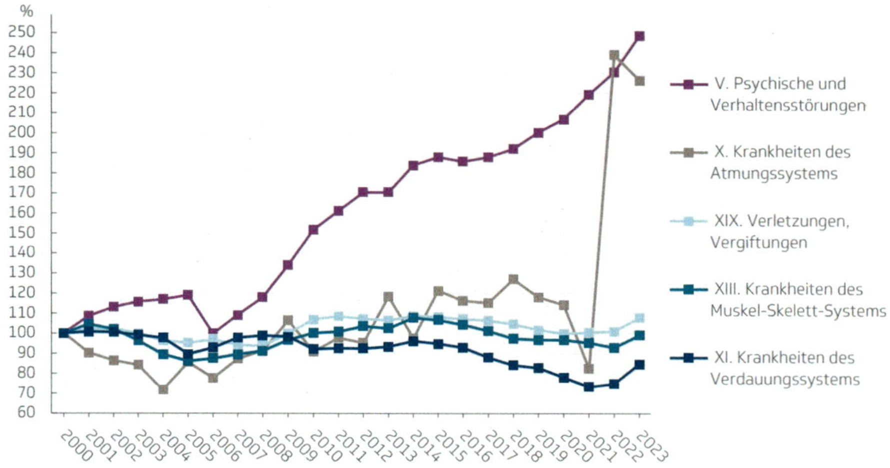

Abbildung 31 (Erwerbspersonen mit Mitgliedschaft in der Techniker, standardisiert)

Abb. 4.28: Betriebliche Gesundheitsförderung

Arbeitsauftrag 21:

Formulieren Sie anhand der erworbenen Kenntnisse über Verhaltensweisen und deren Auswirkungen in einem Schreibgespräch Listen von Verhaltensweisen unter den folgenden Fragestellungen:

- Wie sollten sich Menschen in Ihrem privaten Umfeld verhalten?
- Wie sollten sich die Kolleginnen und Kollegen im Betrieb verhalten?
- Welche Verhaltensweisen sind ausdrücklich nicht wünschenswert?
- Welche Möglichkeiten der Beeinflussung durch Kollegen/Arbeitgeber sind gegeben und umsetzbar?

Diskutieren Sie die Ergebnisse im Anschluss an das Schreibgespräch im Plenum.

Anhang

A.1 Grundlagen der Biologie – Hintergrundinformationen

A.1.1 Vertiefte Darstellung der Immunreaktion

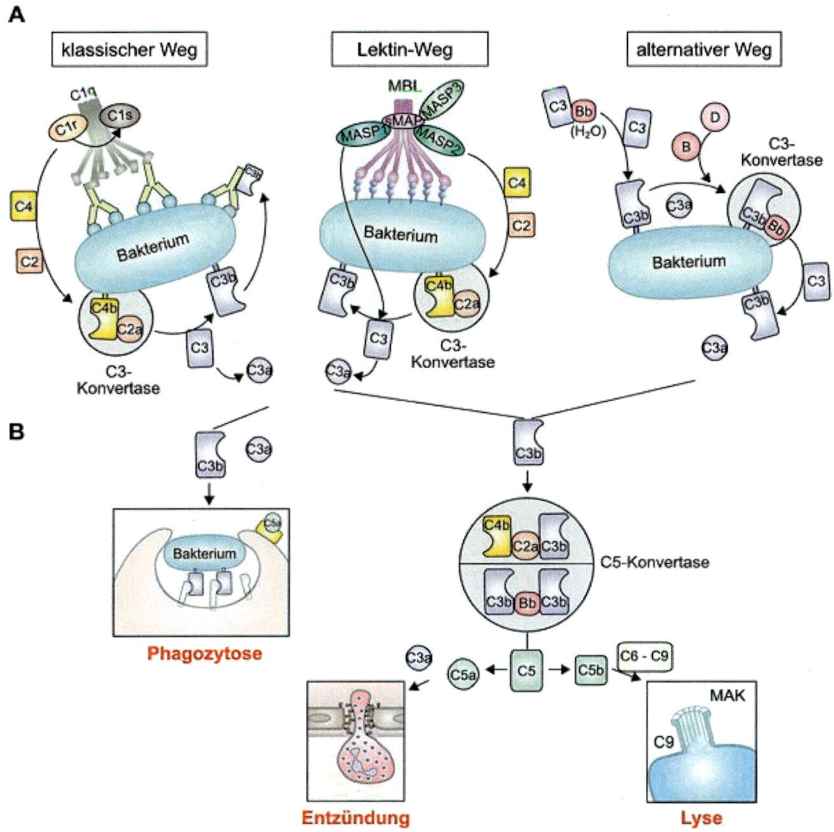

Abb. A.1: Reaktion des Immunsystems

Abbildung A.1 zeigt im oberen Teil (A) eine vertiefte Darstellung, wie das Komplementsystem ein Bakterium (Antigen) beseitigt, von der Aktivierung bis zur C3-Konvertase. Beim klassischen Weg liegt ein Komplex von Antigen und Antikörpern (gelbes Y) vor, der dann vom Komplementfaktor C1 (bestehend aus C1q und je zwei C1r und C1s) erkannt wird. Nach Bindung von C1 an die Antikörper wird die Protease C1r aktiv, die wiederum C1s aktiviert, was in der Folge die Komplementfaktoren C4 und C2 spaltet. Die entstandenen Fragmente C4b und C2a bilden die C3-Konvertase, die den Komplementfaktor C3 spaltet. C3b-Fragmente sind essenziell für die Eliminierung des Antigen-Antikörper-Komplexes durch Phagozytose. C3a-Fragmente werden freigesetzt und dienen als Signalmoleküle. – Der Lektin-Weg wird durch einen Komplex aus Mannose-bindendem Lektin (MBL), den drei Serinproteasen MASP1, -2, -3 und einem MBL-bindenden Protein (sMAP) initiiert. MASP2 ist verantwortlich für die Spaltung von C4 und C2, was (wie im klassischen Weg) zur C3-Konvertase und zur Spaltung von C3 führt. MASP-1 kann C3 direkt spalten. – Beim alternativen Weg bindet ein Bruchstück von Faktor B (Bb) an hydrolysiertes C3 und spaltet darüber C3. Das dabei entstandene Fragment C3b bindet Faktor B, der durch Faktor D gespalten wird. Der Komplex aus C3b und Bb (C3bBb) ist die C3-Konvertase des alternativen Wegs.

Zum unteren Bildteil B: Das genannte Fragment C3b ist auch ein Opsonin: Es bindet an Bakterien und gibt damit den Makrophagen das Signal zur Phagozytose (links). Außerdem komplexiert es mit der C3-Konvertase und Bb zur C5-Konvertase, die den Komplementfaktor C5 spaltet. Die kleinen Fragmente C5a und C3a stellen Entzündungsmediatoren dar, die insbesondere Phagozyten anlocken. Freies C5b induziert die Polymerisierung mit den Komplementfaktoren C6 bis C9 zum membranangreifenden Komplex (MAK). Der MAK bildet eine Pore (bestehend aus C9-Molekülen) in der Zellwand des Bakteriums und führt damit dessen Lyse herbei (rechts).

A.1.2 Reaktionskaskaden des Immunsystems

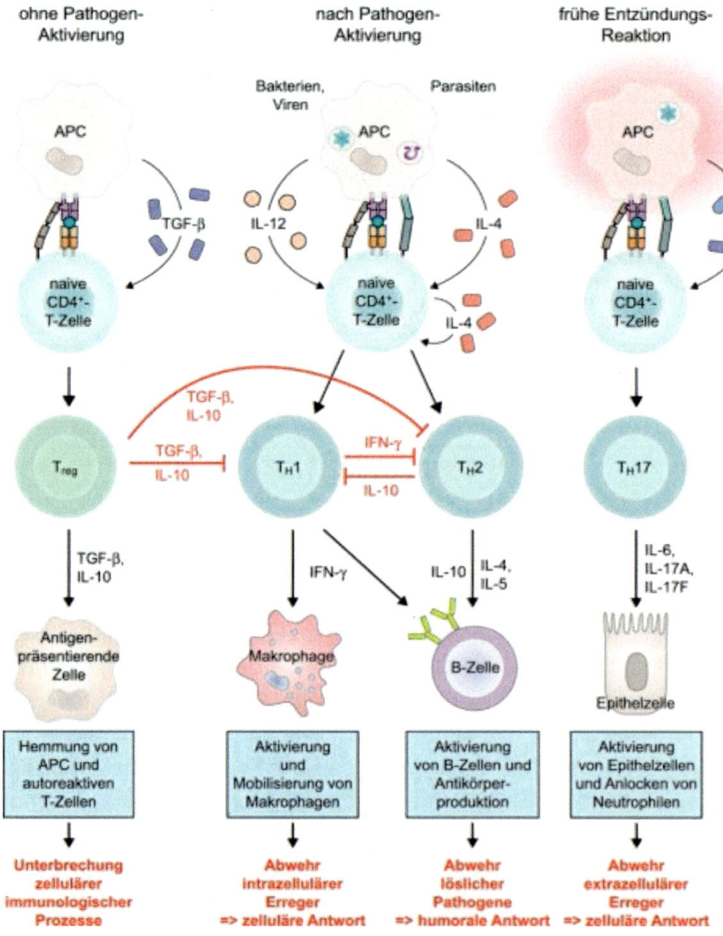

Abb. A.2: Reaktionskaskarden des Immunsystems im Detail

Eine genauere Darstellung der Reaktionskaskarden des Immunsystems zeigt Abb. A.2. Vertiefende, sehr detaillierte Informationen sind beispielsweise unter https://www.deutsche-apotheker-zeitung.de/daz-az/2013/daz-9-2013/unser-immunsystem abrufbar.

A.1.3 Zellkern

Das Rätsel um Aufbau und Funktionsweise von Lebewesen wird in der Wissenschaft schon sehr lange bearbeitet. Einen Einblick in die Funktionsweise wissenschaftlicher Forschung geben die Zellkernexperimente zum Beispiel von J. HÄMMERLING in den 1930er-Jahren. Er beschäftigte sich mit Schirmalgen (*Actebularia*), die nur aus einer Zelle bestehen und in die drei Abschnitte „Wurzel", „Stiel" und „Hut" gegliedert sind. Es gibt davon mehrere Arten, die sich durch die Form ihrer Hüte voneinander unterscheiden. HÄMMERLING legte seinen Versuchen die Arten *A. crenulata* (Karibik) und *A. mediterranae* (Mittelmeer) zugrunde. Diese sind in der Abbildung A.3 skizziert.

Zunächst hat HÄMMERLING die Folgen der Amputation einzelner Zellabschnitte untersucht. Das Ergebnis ist in Abb. A.4 dargestellt.

Arbeitsauftrag 1:

a) Beschreiben Sie das in Abb. A.4 gezeigte Ergebnis. Formulieren Sie die daraus abzuleitende Aussage zur Auswirkung der Amputationen.

b) In Abb. A.5 ist ein weiterer Versuch dargestellt: eine Implantation des Zellkerns in den Stiel und die anschließende Entfernung von Hut und Wurzel. Welches Ergebnis erwarten Sie bei diesem Versuch? Begründen Sie Ihre Vermutung.

c) In den Abbildungen A.6 und A.7 sind Ergebnisse weiterer Versuche dargestellt. Beschreiben Sie zunächst die abgebildeten Versuche. Folgern Sie daraus im zweiten Schritt, welche Aussagen die Versuche über die Bedeutung der verschiedenen Bereiche der Schirmalgen machen.

d) Welche Aussage über die Bedeutung des Zellkerns können Sie aus den Versuchen ableiten?

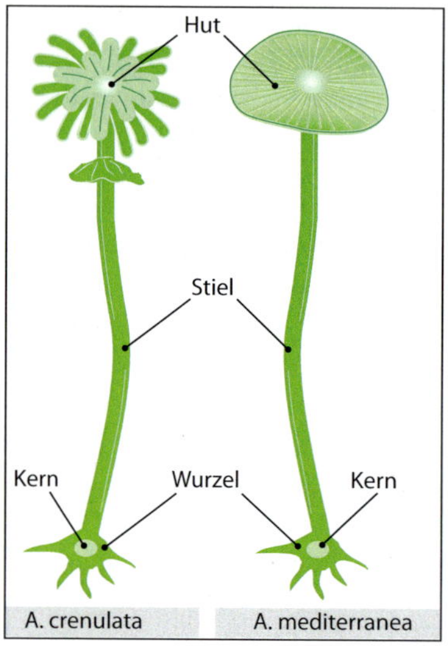

Abb. A.3: Actebularia

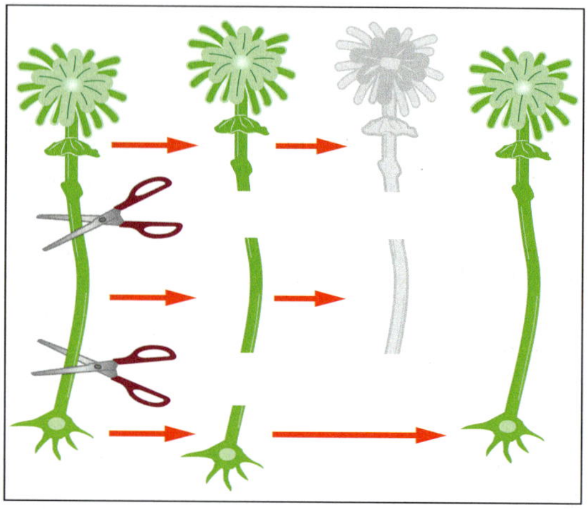

Abb. A.4: Amputation einzelner Zellabschnitte

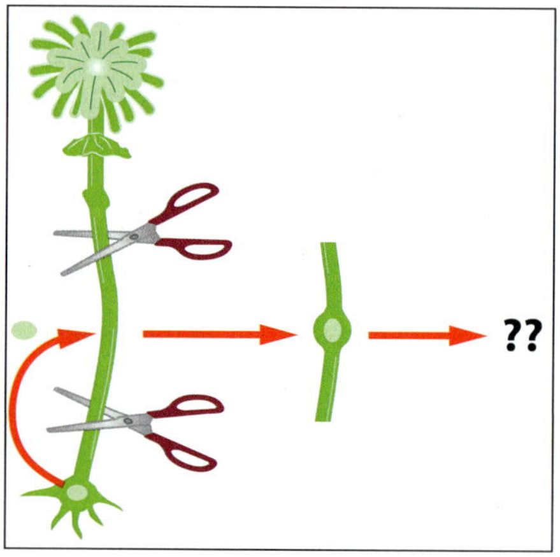

Abb. A.5: Versuchsablauf I

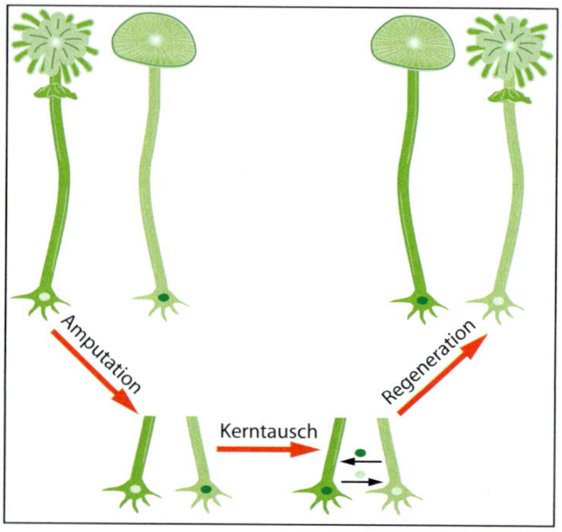

Abb. A.6: Versuchsablauf II

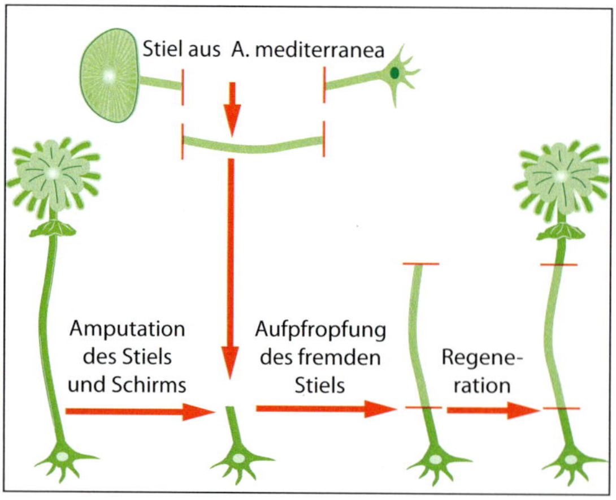

Abb. A.7: Versuchsablauf III

A.1.4 Evolution

Evolution – das ist die Entwicklung des Lebens und der Lebensformen, wie wir sie heute kennen.

Da dieses Thema bereits in der Sekundarstufe I gemäß Lehrplan behandelt worden ist, wird hier nur eine kurze Zusammenfassung als Überblick gegeben.

Die Grundgedanken der heute als „synthetische Evolutionstheorie" bekannten Forschungsmeinung zur Evolution stammen von CHARLES DARWIN (1809–1882). Anhand der von ihm auf einer Weltreise gesammelten vergleichenden Belege hat er erstmalig ein Konzept entworfen, welches die Idee von gemeinsamen Vorfahren der heutigen Lebewesen beinhaltete. Dank der modernen Forschungsmethoden und der technischen Entwicklungen, die Einblicke gewähren in zu DARWINS Zeit noch nicht mögliche Bereiche wie zum Beispiel die Molekularbiologie, kann seine Theorie heute von Belegen aus zahlreichen Disziplinen unterstützt werden.

Die Grundidee DARWINS wird sehr oft mit dem „Überleben des Stärkeren" übersetzt. Dieser Begriff ist jedoch irreführend, denn die Evolution setzt nicht an der Lebensdauer einzelner Individuen an, sondern beschäftigt sich im Grunde mit der Menge und Zusammensetzung der Gene einer bestimmten Population und damit auch der Art. Die dahinterstehende Vorstellung ist in Kurzform so zu beschreiben:

Die Gene bestimmen, was und wie ein Lebewesen beschaffen ist. Die Ausprägung der Gene erscheint im Phänotyp. Dieser ist der Umwelt ausgesetzt. Diese Umwelt wirkt nun selektierend auf den Organismus: Wer für die vorhandene Umwelt Vorteile besitzt (am besten angepasst ist), hat bessere Chancen, viele Nachkommen zu zeugen. Damit sind die Gene, die die gute Angepasstheit ausmachen, in der folgenden Generation stärker vertreten, denn umgekehrt gilt auch, dass Lebewesen, die für die aktuelle Umwelt schlechtere Anpassungen aufweisen, weniger Nachkommen zeugen. Auf diese Weise verschiebt sich also die Häufigkeit der Gene über die Generationen.

Selektion kann nur von Bedeutung sein, wenn es unterschiedliche Variationen von Eigenschaften gibt, also verschiedene Allele der Gene. Diese Variabilität innerhalb der Arten entsteht durch Mutationen, die Gene verändern, und durch Rekombination bei der geschlechtlichen Fortpflanzung. Mutationen entstehen immer zufällig, Evolution ist also immer ungerichtet und kann nur mit dem vorhandenen Material arbeiten.

Die Umwelt, in der die Selektion wirkt, kann sich dagegen verändern. Daher kann, was gestern noch vorteilhaft angepasst war, sich morgen nicht mehr gut in eine veränderte Umwelt einfügen, und vorhandene oder durch Mutation entstehende Allele, die andere Phänotypen hervorbringen, setzen sich durch.

Alle heute auf der Erde vorhandenen Lebewesen sind Produkt der Evolution und unterliegen dieser weiterhin – nur die Umwelt verändert sich heutzutage viel schneller und anders, da der Einfluss des Menschen weltumspannend ist. So verschwinden zurzeit viele Arten, die das Tempo der Anpassung an die neuen Bedingungen nicht mit der Veränderung der Umwelt in Einklang bringen können.

A.1.5 Anpassungen von Organismen an das Biotop – ökologische Potenz und Toleranz

Alle in einem Biotop vorkommenden Organismen sind körperlich so ausgestattet, dass sie dort zurechtkommen – sie besitzen eine Toleranz bezüglich der abiotischen Faktoren. Nur wenn dies gewährleistet ist, kann eine bestimmte Art in einem bestimmten Lebensraum auf Dauer existieren. Die Durchsetzungsfähigkeit gegenüber anderen, dort vorkommenden und damit um die abiotischen Faktoren konkurrierenden Arten hängt von der Breite der entsprechenden Toleranzen ab.

Die sogenannte ökologische Potenz beschreibt die „Eckpunkte" der abiotischen Gegebenheiten, die für das Vorkommen einer Art gegeben sein müssen. So kann die vorhandene Menge an Licht und Mineralstoffen für eine Art ausreichend sein. Wenn jedoch nicht gleichzeitig genügend Wasser zur Verfügung steht, so wird diese Art dort trotzdem nicht auftreten. Für alle abiotischen Faktoren gibt es einen optimalen Bereich, Vorzugsbereiche sowie Mindestansprüche. In den Minimumbereichen kann eine Art existieren, sich aber nicht fortpflanzen. Außerhalb des Toleranzbereichs ist ein Vorkommen nicht mehr möglich.

Allgemein ist die Intensität der Lebensvorgänge am höchsten, wenn alle abiotischen Faktoren in ihrem Optimalbereich vorhanden sind. Mit dem Begriff der Intensität werden zum Beispiel Wachstum, Stoffwechselvorgänge im Allgemeinen, z. B. die Fotosyntheserate, aber auch die Fortpflanzungsrate zusammengefasst. Für jedes Lebewesen sieht eine solche Kurve in schematischer Darstellung aus wie in Abb. A.8 dargestellt.

Die Toleranzen verschiedener Lebewesen werden nach ihrer Weite, also wie groß der Bereich ist, den sie umfassen, unterschieden. Euryöke Lebewesen haben dabei einen weiten Toleranzbereich (z. B. Ratten bei der Temperatur); stenöke Lebewesen einen engen Toleranzbereich (z. B. Bachforellen bei der Temperatur).

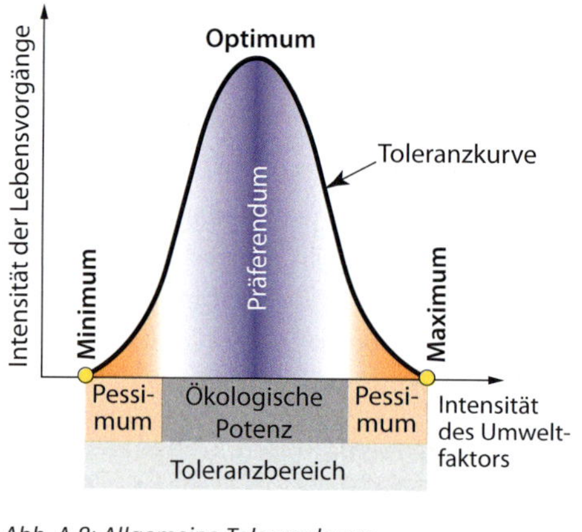

Abb. A.8: Allgemeine Toleranzkurve

Problematisch ist hierbei, dass diese Bereiche, wenn sie unter Laborbedingungen dokumentiert werden, nicht den natürlichen Bedingungen entsprechen müssen. Die Einflüsse aller anderen Faktoren werden in diesen Versuchen nicht berücksichtigt. Daher sind auf diesem Weg erworbene Aussagen nur sehr eingeschränkt aussagefähig.

A.2 Vereinfachter Bestimmungsschlüssel für Flechten

A Nummer auf der Bildtafel der nächsten Seite **B** Farbige Zuordnung der Luftqualitätsstufe

BESTIMMUNGSSCHLÜSSEL: HÄUFIGE EINHEIMISCHE FLECHTEN

FLECHTENTYP	KENNZEICHEN			NAME	A B
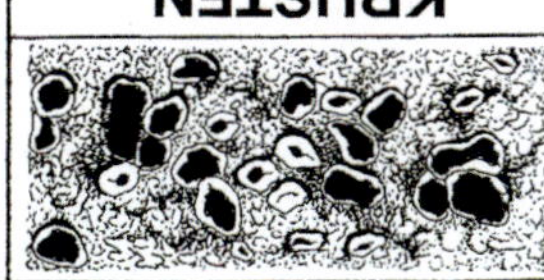 KRUSTEN	Ohne Fruchtscheiben	gelb		Candelariella xanthostigma	4
		weiß bis leicht grünlich oder bräunlich		Lepraria incana	3
	Mit Fruchtscheiben	unscheinbar grau, Fruchtscheibe schwarz		Buellia punctata	2
		grün, Fruchtscheibe oliv bis braun		Lecanora conizaeoides	1
		weiß bis grau Fruchtscheibe braun		Lecanora spec.	
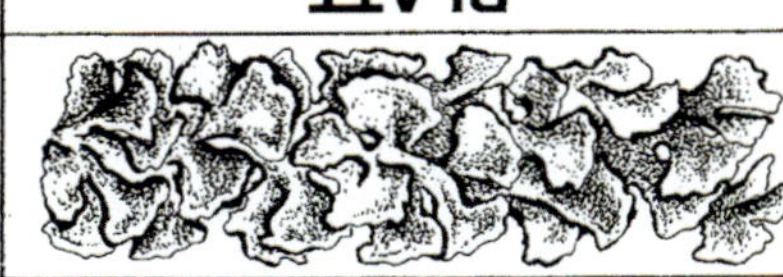 BLATT	gelborange, großlappig			Xanthoria parietina	7
	grau, kleinlappig mit Wimpern			Physcia tenella	8
	grau-großlappig	dickes Lager, fleischig		Hypogymnia physodes	6
		hellgrau, weißliche Struktur		Parmelia sulcata	5
		graublau		Platismatia glauca	10
	düster, braun bis oliv	oben mit Auswüchsen		Parmelia exasperatula	11
		großlappig, oft mit brauner Fruchtscheibe		Parmelia acetabulum	14
	gelblich – grün			Parmelia caperata	13
 STRAUCH	flach, bandartig	gelblich-grün	Lager unten weiß	Evernia prunastri	9
			Lager oben und unten gleichartig	Ramalina farinacea	15
		oben grau mit Stiftchen, unten schwarz		Pseudevernia furfuracea	12
	rund, bartartig hängend			Usnea spec.	16

ISBN 3-925342-13-3

FLECHTEN -

Bioindikatoren für die Qualität der Luft

(Lupenvergrößerung)

Da sich manche Flechtenarten gegenüber Umweltbelastungen wie Schwefeldioxid als empfindlich erwiesen, konnte man daraus einen Anzeiger als Maß für die Luftbelastung entwickeln. Heute bezieht man die Empfindlichkeiten der Flechten gegenüber weiteren Schadstoffen, wie beispielsweise Stickoxiden, in die Bewertung mit ein. Eine geringe Toxitoleranz von Flechten gegenüber Umweltbelastungen (rote Zahlen, nach WIRTH) läßt auf eine gute Luftqualität schließen. Je höher die Toxitoleranz der Flechten, desto stärker ist die Umwelt belastet und die Luft entsprechend schlecht (siehe Tabelle gegenüber).

Die schwarze Nummer an den Fotos entspricht der Nummer im Bestimmungsschlüssel auf der Rückseite

A: Luftgüte **B**: SO_2-Empfindlichkeit der Flechtenarten

Nackte Rinde

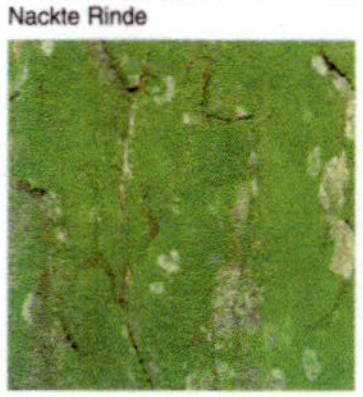

Algen

Lecanora conizaeoides T9 1

Buellia punctata T9 2

Lepraria incana T9 3

Candelariella x. T6 4

Parmelia sulcata T8 5

Hypogymnia physodes T8 6

Xanthoria parietina T7 7

Physcia spec. T8 8

Evernia prunastri T6 9a

Evernia/Unterseite T6 9b

Platismatia glauca T5 10

P. exasperatula T6 11

Pseudevernia furfuracea T7 12a

Pseudevernia/Unterseite T7 12b

Parmelia caperata T3 13

Parmelia acetabulum T6 14

Ramalina farinacea T6 15

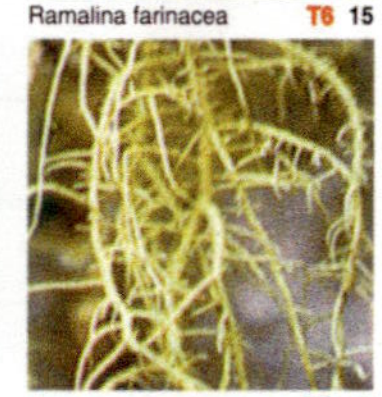

Usnea spec. T3 16

A	Flechtenwüste stark belastet	Kampfzone belastet	mäßig belastet	gering belastet	Luft gut	Luft sehr gut
B	> 0,15 mg/m³	0,1–0,15 mg/m³	0,07–0,1 mg/m³	bis ca. 0,06 mg/m³	bis ca. 0,05 mg/m³	< 0,05 mg/m³

Toxitoleranz-Tabelle

(nach WIRTH)

T 1	Sehr gering (*d. h. Flechte ist extrem empfindlich gegen Umweltbelastungen*)
T 2	ziemlich gering
T 3	zwischen 2 und 4
T 4	mittel
T 5	zwischen 4 und 6
T 6	mäßig hoch
T 7	ziemlich hoch
T 8	hoch
T 9	sehr hoch

Mit Hilfe der Toxitoleranz-Tabelle lassen sich zusätzliche Differenzierungen angeben, die als Zahlen in die Meßpunktkreise eingegeben werden. Bei Abweichungen ist die Toxitoleranz die Meßpunkt bestimmende Größe.

Ausführliche Anleitungen zu diesem Flechten-Schlüssel in dem Buch "LUFTQUALITÄT SELBST BESTIMMT" (Verlag S. Naglschmid / ISBN 3-925342-12-5) von H. Bartholmeß und E. John.

A.3 Hinweise und Ergänzungen: Vorschläge für den Arbeitsauftrag 1, Kapitel 1: Datenverarbeitung (S. 12)

Mögliche Kategorien von Lebensmittelgruppen:

Frisches Obst/Gemüse	Wasser
Kartoffeln	Kaffee
Nudeln	Tee
Reis	Energy-Drinks
Fleisch	Limonade
Brot (ggf. Vollkorn-/Weißbrot), Brötchen	Saft
Fertiggerichte	Alkoholische Getränke
Gefrorenes Obst/Gemüse	...
Konserviertes Obst/Gemüse	
Kartoffelchips (und ähnliche Produkte)	
Schokolade (und ähnliche Produkte)	

Mögliche Kategorien zu Tätigkeiten

Art:	*Dauer:*
Joggen	Stunden/Tag
Laufen	Stunden/Woche
Billard spielen	
Ballsportarten	
...	

A.4 Hinweise und Ergänzungen: Vorschläge für den Arbeitsauftrag 8, Kapitel 4: Versuche zum Stress (S. 191)

Zunächst sollten Sie sich überlegen, anhand welcher Indikatoren Sie den Stresslevel der Versuchspersonen messen können. Hierzu können Sie einen Fragebogen einsetzen oder den Puls bzw. Blutdruck messen.

Im zweiten Schritt sollten Sie sich Gedanken über Situationen machen, in denen Stress erzeugt wird. Dies kann z. B. durch Lautstärke geschehen, durch Unruhe oder absolute Ruhe in Situationen, in denen dies im Normalfall nicht zutrifft, durch das Erzeugen von Zeitdruck, durch das Stellen schwer oder gar nicht lösbare Aufgaben und vieles mehr.

Kapitel	Wirtschaft und Verwaltung				Technik				Gesundheit/Soziales				Ernährung/Hauswirtschaft			
	AF	Z	Kapitel	Seite	AF	Z	Kapitel	Seite	AF	Z	Kapitel	Seite	AF	Z	Kapitel	Seite
1	1	1	1.1.1, 1.1.2	10	1	1	1.1.1, 1.1.2	10	1	1	1.1.1, 1.1.2	10	1	1	1.1.1, 1.1.2	10
		2	1.1.3	14		2	1.1.3	14		2	1.1.3	14		2	1.1.3	14
		3	1.1.3, 1.1.5,	14, 30		3	1.1.3, 1.1.5,	14, 30		3	1.1.3, 1.1.5,	14, 30		3	1.1.3, 1.1.5,	14, 30
		4	1.1.7	37		4	1.1.7	37		4	1.1.7	37		4	1.1.7	37
		5	1.2	38		5	1.2	38		5	1.1.6	32		5	1.2	38
		6	1.3	44		6	1.3	44	2	1	1.3.2	49		6	1.3.4	68
		7	1.3.3.1,1.3.3.2,	53, 54						2	1.3.2.4	52	2	1	1.1.6, 1.3.2	32, 49
			1.3.3.3							3	1.3.3.1,	53		2	1.3.2.4	52
		8	1.3.4	61							1.3.3.2			3	A 1.1	215
		9	1.3.4.3	65 ff						4	1.3.3.4	59		4	1.3.3.4	59
										5	1.3.4	61		5	1.3.4	61
2	2	1	2.1.3	76	2	1	2.1.3	76	3	1	A 1.3	217	3	1	A 1.3	217
		2	2.2	79		2	2.2.	79		2	2.1.3	76		2	2.1	72
		3	2.1, 2.3	72, 83		3	2.1, 2.3	72, 83		3	2.3.3	85		3	2.2, 2.3.3	79, 85
		4	2.3.3	85		4	2.3.3	85		4	2.1, 2.3	72, 83		4	2, 2.3.6	71, 111
		5	2, 2.3.6	71, 111		5	2, 2.3.6	71, 111		5	2.1	72		5	2, 2.3.6	71, 111
		6	2.3.7	124		6	2.3.7	124		6	2.2	79		6	2.3.7	124
		7	2.3.8	133		7	2.3.8	133		7	2.3.3	85				
										8	2, 2.3.6	71, 111				
3	3	1	3.1, 3.1.1	135, 136	3	1	3.1, 3.1.1	135, 136	5	1	3.1	135	4	1	3.1	135
		2	3.1	135		2	3.1	145		2	A1.5	220		2	3.1	135
		3	3.2.3	174		3	3.2.3	174		3	3.1.4	155		3	3.1.6	161
		4	3.2.1	166		4	3.1.1.3	153		4	3.3	175		4	3.2.1, 3.2.2	164, 166
		5	3.1.5	160		5	3.1.5	160								
		6	3.1.5	160		6	3.1.5	160								
		7	3.1.4	155		7	3.1.4	155								
		8	3.2.3	174		8	3.2.3	174								
4	4	8	4.1	179	4	1	4.1	179	4	1	4.2.	184				
		2	4.1.3	181		2	4.1.3	181		2	4.3.	189				
		3	4.2	184		3	4.2.	184		3	4.1.3	181				
		4	4.3.	189		4	4.3.	189		4	4.3.3.	193				
		5	4.3.3	192		5	4.3.3	193		5	4.3.3.1,	194				
		6	4.3.3.1	194		6	4.3.3.1	194			4.3.3.3	201				
		7	4.3.3.3	201		7	4.3.3.3	201								

Bildquellenverzeichnis

|2 & 3d design Renate Diener, Wolfgang Gluszak, Düsseldorf: 150.4. |action press, Hamburg: ZUMA PRESS INC. 10.17. |akg-images GmbH, Berlin: 83.1. |Alamy Stock Photo, Abingdon/Oxfordshire: Ali Damouh / Alamy Stock Vector 78.1. |Brauner, Angelika, Hohenpeißenberg: 61.1, 63.1, 65.1, 66.1, 132.1, 171.2, 202.1, 212.1, 213.1, 213.2. |Bundesministerium für Umwelt, Naturschutz, nukleare Sicherheit und Verbraucherschutz (BMUV), Berlin: BMUV/Umweltbundesamt 2022, www.bmuv.de/PU706 176.1. |Deutsche Gesellschaft für Ernährung e. V. (DGE), Bonn: 24.1. |Deutscher Apothekerverband e. V., Berlin: 215.1, 216.1. |do care!, Köln: 64.1, 64.2. |Europäisches Parlament, Berlin: 172.2, 173.1, 173.2. |fotolia.com, New York: Akinshin, Ilya 10.11; ExQuisine 10.9; Fälchle, Jürgen 179.7; Jhne, Karin 157.1; Kzenon 10.6; moonrun 10.20; rdnzl 10.1. |Future Mindset 2050 GmbH, Gehrden: 50.2, 50.3, 51.1, 51.2, 52.2, 53.2, 60.1, 77.1, 84.1, 85.1, 85.2, 218.1, 218.2, 218.3, 218.4, 218.5, 220.1. |Giertzsch, Stefan (RV), Werder (Havel): 64.3, 152.1, 168.1. |Global Footprint Network, Oakland: 170.1, 170.2. |Heuzeroth, Sarah, Hamburg: RiffReporter eG 169.1. |Hild, Claudia, Angelburg: 45.2, 55.1. |Huk, Thomas Dr., Braunschweig: 52.1. |Imago Editorial, Berlin: imagebroker 180.1. |iStockphoto.com, Calgary: aislan13 71.1; BigBearCamera 34.1, 35.1; gemenacom 10.4; PeopleImages 10.16; Tetiana Lazunova 21.1. |Jouve Germany GmbH & Co. KG, München: 105.1. |mauritius images GmbH, Mittenwald: Rosenfeld 10.15. |Neumann, Nike, Dortmund: 179.1. |OKAPIA KG - Michael Grzimek & Co., Frankfurt/M.: BHB-Foto 53.3; BIOS/Vernay, Pierre 179.3; BSIP 45.1, 54.1; Kunz 150.3. |OKS Group, Delhi: 15.1, 17.1, 20.2, 46.1, 47.1, 81.1, 145.2, 146.1, 193.1. |Picture-Alliance GmbH, Frankfurt a.M.: Wissen Media Verlag 104.1. |plainpicture, Hamburg: Maskot 10.2. |Potsdam-Institut für Klimafolgenforschung (PIK) e.V., Potsdam: 172.1. |Schobel, Ingrid, Hannover: 74.4. |Science Photo Library, München: Eye of Science 50.1. |Shutterstock.com, New York: 58.1, 147.3, 188.1; A Step BioMed 74.1, 74.2; ABCDstock 147.2; Afzal, Arif 135.1; Albers, Guenter 137.6; Ansty 16.1; artem evdokimov 18.1; Asamoah, Deborah 57.1; Aunt Spray 51.3; BalanceFormCreative 179.2; Beukhof, Albert 157.3; Bildagentur Zoonar GmbH 148.2, 159.2; BlueRingMedia 35.2; Bogaard, Henk 179.10; Bolbot, Olga 31.1; Chalabala, Jaromir 137.7; CharuneeHn 167.1; Dark_Side 179.12; Designua 37.1, 73.1, 78.2; Dmitri T 148.3; DMITRII STARTCEV 137.4; Dobilas, Marius 137.2; fizkes 179.4; Giedriius 179.6; grayjay 73.2, 80.1; HWall 159.3; kanyanat wongsa 88.4; Karamitros, Dimitrios 56.1; Kike.garcia.85 158.3; Konakhovska, Yuliia 17.2; Kooto 87.1; LeManna 147.4; Ljupco Smokovski 9.1; LukaSkywalker 72.1; lyzhechka, Orest 156.1; maeching chaiwongwatthana 140.1; mapman 137.10; Matchou 137.1; metamorworks 32.1; Miranda, Alejo 76.1; Murilo, Cacio 137.8; NadzeyaShanchuk 193.2; NinaM 10.5; O2creationz 74.3; online express 179.5; ozkan ulucam 137.9; PACO COMO 179.8; PeopleImages.com - Yuri A 179.9; PhotoSoulQA 179.11; Pikovit 46.2; Rehak, Matyas 137.3; Robert Harding Video 158.2; robuart 44.1; Sarkar, Nandalal 187.1; Scatena, Francesco 153.1; Shubhrojyoti 179.16; silvae 137.5; snapgalleria 36.2, 139.1; Soho A Studio Titel, Titel; solar22 20.3; Soleil Nordic 80.2; Starostin, Andrey 179.13; Stephen Cook Photography 19.1; stockcreations 30.1; StudioMolekuul 20.1; studiovin 20.4; Sushitskaya, Helen 88.1; Takoyaki Tech 175.1, 175.2, 175.3, 175.4, 175.5; Tarras, Teo 137.11; Topchii, Max 179.15; Valentino, Bo 158.1; VectorMine 195.1; von Maelstroem, Markus 157.2; Wood, Christopher 137.12; Ye, Danny 179.14; yusufdemirci 138.1. |SIB Swiss Institute of Bioinformatics, Geneva: ViralZone/CC-BY-4.0. 36.1. |stock.adobe.

com, Dublin: Armstrong, Cello 10.3; BalanceFormCreative 10.14; Bonn, Andre 10.7; by-studio 10.13; Coburn, Stephen 10.12; Dörr, M. & Frommherz, M. 10.8; koya979 10.19; Lakobchuk, Viacheslav 10.10; Michael Tieck 159.1; pia-pictures 10.18; PRILL Mediendesign 53.1; Schuppich, M. 150.1. |taz Verlags u. Vertriebs GmbH, Berlin: 162.1, 162.2. |Techniker Krankenkasse, Hamburg: Gesundheitsreport 2024 S.27 214.1. |tiff.any, Berlin: 38.1, 39.1, 40.1, 41.1, 88.2, 88.3, 106.1, 107.1, 135.2, 145.1, 146.2, 147.1, 148.1, 148.4, 148.5, 160.1. |transparenz Gentechnik, Aachen: 113.1, 125.1, 128.1. |Umweltbundesamt, Dessau-Roßlau: BMEL (Bundesweite Waldzustandserhebung) 149.1; eigene Berechnung unter Benutzung der Fachserie 3, Reihe 5.1, Bodenfläche nach Art der tatsächlichen Nutzung 2011. Hrsg. Statistisches Bundesamt, Wiesbaden und Daten aus der Umweltökonomischen Gesamtrechnung der Länder (2023) 154.1; Statistisches Bundesamt 144.1; Statistisches Bundesamt 204, Anstieg der Siedlungs- und Verkehrsfäche (gleitender Vierjahresdurchschnitt) und Anstieg der Unterarten der Siedlungs- und Verkehrsfläche 154.2; © Kopfarbyte UG / Bosch + Partner GmbH (nach Koerber 2014 erstellt im Auftrag des UBA) 43.1. |United Nations, New York, NY: https://www.un.org/sustainabledevelopment/, The content of this publication has not been approved by the United Nations and does not reflect the views of the United Nations or its officials or Member States 165.1. |Verband Lebensmittel ohne Gentechnik e.V. (VLOG), Berlin: 124.1. |Verlag Stephanie Naglschmid, Stuttgart, Stuttgart: 221.1; H. Bartholmeß und E. John aus „Bestimmungsschlüssel zur Luftqualität“ ISBN 978-3-925342-13-4 222.1. |Vogelsang, Carsten, Spenge: 150.2. |© WWF Deutschland, Berlin: WWF Deutschland/Living Planet Report 2022 169.2, 171.1.

Sachwortverzeichnis